Webで実践
生物学情報リテラシー

BIOINFORMATICS
LITERACY

広川貴次／美宅成樹 ……… 著

中山書店

BIOINFORMATICS
序

　ほぼ10年前にヒトゲノムの解読が完了しましたが、その後の生物ゲノム解析の勢いには目ざましいものがあります。次世代シーケンサと呼ばれる高速DNA塩基配列読みとり装置が開発されたことで、個々人のパーソナルゲノムも現実的な時間と現実的な費用で解析できるようになり、医学応用にもう一歩で手が届きそうです。10年前には、このようなスピードで技術的な発展が起こるとは考えられませんでした。前著『できるバイオインフォマティクス』から10年が経ち、新たに『Webで実践 生物学情報リテラシー』と題して、この時代に即応した本書を出版することにしました。生物のゲノム情報の基礎は変わらないので、1章（生物情報データベース）、2章（配列解析）、3章（立体構造予測）および4章（文献データベース）は前著の内容をある程度継承しています。これに対して、医薬応用に近い活性部位の話題を5、6章で、時々刻々増大していくゲノムデータについての話題を7章で紹介しました。まったく新しい話題として8章（相互作用ネットワーク、システム生物学系）では、大量の遺伝情報をお互いに関連付け、生物体内のシステムを解きほぐそうという試みを紹介しました。さらに、9章では、創薬研究を支援するインシリコスクリーニング関連ツールを紹介しました。

　次世代シーケンサは、ゲノム情報から生物的意味を解読するプロセスのハードウェアに当たります。そして、それに対応するソフトウェアが完成して始めて、社会的にも意味のあるものとなります。しかし、これらのソフトウェア部分は、まだ次世代シーケンサや構造解析装置などが生産する生物情報が持つ潜在的な生物的意味の一部を抽出しているにすぎません。ゲノム情報を本当に理解するためには、さらに高度なソフトウェアを開発していかねばなりません。

　生物も自然の中にあり、すべて分子でできています。確かに生物らしい分子（生体高分子）は大きく複雑です。しかし、生物が地球上で大きく進化した理由は、生物らしい分子が持つ一見複雑な配列の裏には、非常に単純な物理的側面があるという事実があるからです。これまで見かけの複雑さに隠れて、配列の物理的単純さは注目されてきませんでした。しかし、近年ハードウェアが生産するゲノムデータはあまりにも大量で、ゲノム情報解析のパラダイムシフトへの圧力は年々高まっています。この方向での残された課題と新しい情報リテラシーのあり方を、10章で紹介します。

　さて、初めて生物科学のデータベースを使う人にとって、ある1つの仕事の流れを何のナビゲーションもなく、最短の道筋で進むことは不可能です。ある程度慣れてきた人にとっても、別の流れの解析を行おうとすると同じことが起こります。それだけ生物情報は階層的で奥が深いのです。本書は生物科学の研究を志しているが、データベースの利用に関してはまったくの初心者というような人たちに対して、できるだけ親切に解説を加えることを目的として企画されました。本書の最も大事な部分はインターネットのホームページの画面で構成されています。公共のデータベースはすべてインターネットで公開され、そこでは付属のツールによっ

て、ある程度情報抽出ができます。しかし、データの情報が膨大で、ツールが高機能であればあるほど情報抽出のためのコマンドが多く、その条件設定も複雑になります。データがどのような形をしていて、ツールのどのコマンドを使えば目的の情報にたどりつけるかを知るには、実際にホームページの画面を見て試してみることが最も簡便で、確実です。本書で生物情報の典型的な仕事で出てくるデータベースの画面を流れに沿ってたどることによって、自分のやりたい仕事が自然に覚えていただけることでしょう。そういう意味で本書は講習会に適したテキストになっています。

本書ではタイトルに「情報リテラシー」という言葉を用いました。情報リテラシーは一般には「情報を使いこなす力」というような意味ですが、生物科学の分野では二重の意味があります。生物自体が一種の情報処理機械ですので、私たち人類が誕生する以前から、生物は自分を構成する情報（ゲノム配列情報を中心とした多様な情報）を完全に使いこなし、生き、世代を重ねてきました。つまり、生物は内部に完全な情報リテラシーのシステムを持っているのです。これに対して、20世紀後半以降、人間は生物についての多様な情報を解読・操作する技術を開発してきました。そのプロセスは、人間が生物を理解するための情報リテラシーを向上してきた歴史と言うことができます。しかし、現状を客観的にみると、後者の意味での情報リテラシーは、大量の生物情報の解析にもかかわらずまだまだ未熟です。そこで本書では、生物理解への情報リテラシーの最前線に、できるだけ多くの人々が触れられるようにし、最終的な生物理解への道を太くしたいと考えたのです。

生物情報の講習会を行ってみると、より広い範囲の人たちが受講してきて、実は生物のデータベースから利益を得ることができるのは、研究をすでに行っている人たちばかりではないということに気づきます。大学では、生物系の講義がたくさんあります。必ずしも生物科学を志す人たちだけではありませんが、レポートを書くため、あるタンパク質に関係する文献を検索することが必要になるかもしれません。また、医学部・看護学部などの学生は、ある遺伝子病について発表するために関連の情報を短時間で収集しなければならないということがあるでしょう。企業の人で、それまで生物学の知識はないが、バイオテクノロジーの部門に回ったので、すぐに遺伝情報を使えるようになりたいと講習会を受けに来ることもあります。そうした人たちの自習用としてもこの本は役立つに違いありません。

本来、生物分野のデータベースは非常に専門化した情報の集まりですから、それを利用するには高度な知識が必要だと思われがちです。しかし、少し親切なインストラクターがいれば、初心者でも使ってみること自体は意外と簡単です。生物科学の普及には、専門家にとっては親切すぎるかもしれない本書のような本が、実は最も必要とされているのだと思います。「これまでなんとなく敷居が高くて、敬遠していた生物情報のデータベースとソフトウェアツールをとにかく利用してみようという気になった」という人が少しでも現れたら、この本の意図が達成されたということになります。より多くの人たちに使っていただけることを期待しています。

本書は、1章から9章を広川がまとめ、未来に向けた解説の10章と全体の監修を美宅が行いました。ご協力いただいたすべての関係者に深く感謝いたします。

2013年7月　美宅成樹

CONTENTS

CHAPTER 1　分子生物学データベースを利用してみよう

実習の前に
- 2　分子生物学データベースの基礎知識
- 3　分子生物学データベース
- 3　パスウェイデータベース

実習
- 4　実習1　タンパク質配列データ取得（Genome Net）
- 7　実習2　タンパク質立体構造データ検索（PDB）
- 12　実習3　遺伝子情報の検索（KEGG GENES）
- 15　実習4　ゲノム種別配列の取得（NCBI FTP）
- 17　文献および関連サイト

CHAPTER 2　配列を比較してみよう

実習の前に
- 20　配列を比較する意味
- 20　配列を比較する方法
- 21　生物学的意味を持つ文字（アミノ酸残基）置換
- 22　相同性配列検索
- 23　多重配列アラインメント
- 25　系統樹解析

実習
- 26　実習1　相同性配列検索（BLAST）
- 31　実習2　多重配列アラインメント（Clustal X, Phylodendron）
- 33　実習3　プライマー設計（Primer3）
- 36　文献および関連サイト

CHAPTER 3 タンパク質の立体構造を予測してみよう

実習の前に
- 40 タンパク質立体構造予測
- 42 予測構造の評価
- 42 タンパク質−タンパク質複合体予測

実習
- 43 実習 1　ホモロジーモデリング法（SWISS-MODEL）
- 47 実習 2　タンパク質−タンパク質ドッキングによる
タンパク質複合体予測（ClusPro）
- 50 実習 3　タンパク質折りたたみ体験（Foldit）
- 53 文献および関連サイト

CHAPTER 4 文献データベースを活用してみよう

実習の前に
- 56 Entrez：分子生物学データ統合検索システム

実習
- 57 実習 1　指定した論文の検索（PubMed）
- 60 実習 2　Advanced 機能による検索（PubMed）
- 63 実習 3　MeSH 項を利用した広域論文の検索（PubMed）
- 66 実習 4　My NCBI による個人設定（Entrez）
- 70 文献および関連サイト

CHAPTER 5 配列情報からタンパク質の機能を予測してみよう

実習の前に
- 72 遺伝子オントロジー
- 73 モチーフデータベース
- 74 モチーフの表現方法
- 75 膜貫通領域の推定
- 76 シグナルペプチドの予測
- 77 細胞内局在予測

実習
- 78 実習 1　モチーフ検索（InterPro）
- 80 実習 2　シグナルペプチド予測（SignalP）

- 81 **実習3** 細胞内局在予測（PSORT）
- 83 **実習4** 膜タンパク質予測（SOSUI）
- 87 文献および関連サイト

CHAPTER 6 立体構造情報からタンパク質の機能を予測してみよう

実習の前に
- 90 タンパク質の立体構造情報と機能
- 91 立体構造モチーフ
- 93 タンパク質の折りたたみ様式

実習
- 94 **実習1** 活性ポケット候補部位探索（CASTp）
- 97 **実習2** リガンド結合および活性部位予測（PINTS）
- 100 **実習3** 静電ポテンシャル解析（eF-surf）
- 103 文献および関連サイト

CHAPTER 7 ゲノムデータを閲覧してみよう

実習の前に
- 106 ゲノム地図の作成と塩基配列の決定
- 107 ゲノム配列を調べる
- 108 ゲノムデータの閲覧ツール：ゲノムブラウザ
- 110 これからのゲノム解析

実習
- 110 **実習1** ゲノムプロジェクト検索（GOLD）
- 112 **実習2** 遺伝子検索（Map Viewer）
- 120 文献および関連サイト

CHAPTER 8 生物情報をネットワークで眺めてみよう

実習の前に
- 122 生体ネットワークの種類と表現方法
- 123 ネットワークの解析方法：次数分布とスケールフリー性
- 124 ネットワークの解析方法：クラスター係数

実習
- 124 **実習1** 代謝データベース検索（KEGG）
- 128 **実習2** 化合物、遺伝子情報検索（DrugBank）

- 134 実習3　ネットワークの可視化と編集（Cytoscape）
- 140 文献および関連サイト

CHAPTER 9　創薬研究に情報科学を活用してみよう

実習の前に

- 142 LBDDとSBDD
- 143 LBDDによるインシリコスクリーニング
- 144 SBDDによるインシリコスクリーニング

実習

- 145 実習1　化合物類似性検索（PubChem）
- 149 実習2　タンパク質と化合物のドッキング計算（SwissDock）
- 154 文献および関連サイト

CHAPTER 10　生物情報リテラシーの残された課題

- 156 生物情報に対する研究の歩み
- 157 バイオインフォマティクスの残された課題
- 162 問題解決への仮説
- 166 仮説を裏付ける若干の証拠
- 171 おわりに
- 172 文献および関連サイト

- 173 付録：バイオインフォマティクス関連Webサイト
- 187 索引

本書の実習を行うにあたって

　実習で紹介している解析サイトやデータベースには、それぞれ専門性の高い、理論的な内容が密接に関係しています。しかし理論的な内容を完全に理解してサイトを利用するように指南してしまうと、役に立つことを実感できないまま、敬遠されてしまう可能性もあります。本書の趣旨は、とにかく役に立つ技術であることを実感し、生物の情報解析を身近に感じてもらうことにあります。そのため解析や検索でのパラメータは、重要な項目を除き、極力、各サイトの初期設定のまま利用していただく構成になっています。読者がいろいろな解析や検索を体験し、その中で興味を持つ内容を見つけ、理論的な内容の理解を深めていただければ幸いです。

　本書では、実習のほとんどをインターネットのWWW（World Wide Web）を経由して行います。各実習サイトに記載されている文献か関連サイト等をご参照ください。

　URLの記述には、http:// が省略されています。ブラウザによってはhttp:// を省いたURLでも認識できる場合もありますが、基本的にはhttp:// をURLの最初に入力してご利用ください。特にポート番号を含むURLの場合には、http:// の入力がないとサイトにアクセスできない場合があります。また、WWWのサーバーの停止や予告なくURLが変更される等の問題が生じることもあります。本書で紹介している解析ツール、データベース等のURLが変更されている可能性がある場合には、Googleなどの検索エンジンを利用し、新しいURLを検索してご利用ください。なお、実習の検索結果内容についてはなるべく最新のものを利用していますが、生物情報データは、日々増加・更新されていますので、皆様が実際に解析を行う際には、検索結果の内容が本書と異なることも予想されます。あらかじめご了承ください。

　実習において、インターネットに入力した問い合わせの化合物やタンパク質構造は、先方のサーバーに保存される可能性があります。特に9章の創薬関連実習での、機密性の高い化合物情報の取り扱いには、十分にご注意ください。

CHAPTER 1

BIOINFORMATICS

分子生物学データベースを利用してみよう

> **概要**　現在では、多くの分子生物学データにインターネットを通じて自由にアクセスでき、必要なデータを取得することができます。本章では、核酸配列や、タンパク質配列・立体構造情報を中心にデータベースの内容やデータベース間の関連付けを実習します。

実習の前に

分子生物学データベースの基礎知識

　分子生物学の概念を理解する上で重要な遺伝情報は、DNAの複製、転写、RNAによる翻訳（RNAからDNAへの逆転写経路もある）、タンパク質合成と伝達されます。そして、この基本となる過程は、セントラルドグマと提唱されています。DNA配列は、生物が持つ最も基本的な情報で、A（アデニン）、T（チミン）、G（グアニン）、C（シトシン）と呼ばれる構成要素（塩基）が一次元的な配列として連なったものです。各塩基はA-T、G-Cの相補対をつくり、二重らせん構造を形成します。二重らせん構造をとることが、DNAからDNAへの複製やDNAからRNAへの転写など生合成過程で重要な役割を果たしています。遺伝子は、このDNA配列の中で機能単位となっている領域です。遺伝子領域は、実際にはタンパク質のアミノ酸配列を指定しています。遺伝子領域から転写されたメッセンジャーRNA（mRNA）の情報はトランスファーRNA（tRNA）とリボソームの働きによりアミノ酸配列（20種類）へと変換されますが、これがタンパク質です。DNA配列は二重らせん構造を形成していますが、タンパク質を構成するアミノ酸配列は特定の立体構造を持ちます。ただし、二重らせん構造よりも複雑です（**図1-1**）。さらに、DNA配列、遺伝子（タンパク質）といった情報を、ある特定の生物種の枠組みで包括的に塩基配列・遺伝子・タンパク質情報を扱う際には、ゲノ

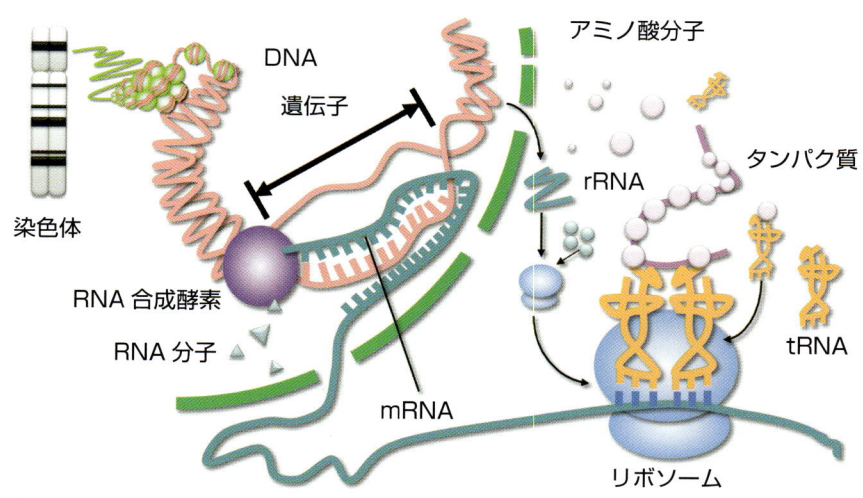

図1-1　DNA情報からタンパク質が合成される過程

ムという表現を用います。一般には、ヒトゲノム、マウスゲノム、イネゲノムのように'生物種名＋ゲノム'という具合に使われます。

● 分子生物学データベース

　近年、生物情報データベースは多様化してきていますが、その中でも① DNA/RNA 塩基配列データベース、②タンパク質配列データベース、③タンパク質立体構造データベース、④文献データベースは、分子生物学研究において最も基本であり、利用頻度の高い代表的なデータベースです。実際にデータベースを利用する際には、タンパク質配列データベース 1 つをとっても、米国、スイス、日本と各国の研究機関や大学で独自に構築されてきたデータベースが共存しています。これは歴史的な経緯によるもので、ほとんどの場合、それぞれのデータベースに登録されている配列は重複しています。ただし、データベースのフォーマットや提供されている情報には、それぞれに特色があります。

　また、これらのデータベースは、注目する遺伝子（タンパク質）を軸にお互いが関連付けられています。これは、分子生物学データベースの特徴でもあります。例えば、タンパク質配列データベースの検索で見つけたタンパク質は、アミノ酸配列の設計図である DNA 塩基配列が存在しており、同じタンパク質が DNA/RNA 塩基配列データベースにも登録されています（ただし、情報は塩基配列）。また、タンパク質配列は一般にユニークな立体構造を形成します。タンパク質立体構造データベースでは、この立体構造を表現する原子座標を中心とした内容のデータ形式で登録されています。文献データベースでは、そのタンパク質の発見に由来する論文が関連付けられています。

　基本となるデータベース以外にも、生物を理解する上で非常に重要な情報データベースが多く存在しますので（表 1-1）、研究の目的に応じて幅広く活用することをお勧めします。

● パスウェイデータベース

　遺伝子やタンパク質のデータベース登録数の急増と、世界中で進められている各種生物のゲノム解読により、ある生物が生命活動を維持するために必要な「役者（遺伝子やタンパク質）」を把握できるようになってきました。これらのデータベース情報を基盤として、最近のゲノム解析では、遺伝子・タンパク質間での相互作用に注目したパスウェイ解析が行われ、反応メカニズムの解明や生物種ごとの比較に用いられています。パスウェイ自体は、生化学の分野で古くから行われている研究ですから、代表的な代謝についてはいくつかのパスウェイマップが既に構築されています［2］。そこで、これまで蓄積されてきたパスウェイマップをゲノム解析の結果にあてはめ、より高度な予測を行うことがパスウェイ解析の 1 つのアプローチとなっています。生物種ごとのゲノムが明らかになってきていますので、種の違う機能的・進化的に等価な遺伝子の関係（オーソログ）をパスウェイ解析上で比較することで配列解析のみでは困難な遺伝子の機能を予測することもできるのです［3］。

表 1-1　代表的な分子生物学関連データベース [1]

データの種類	データベース名	管理・運営
DNA/RNA 塩基配列	GenBank	National Center of Biotechnology Information（米国）
DNA/RNA 塩基配列	EMBL	European Bioinformatics Institute（英国）
DNA/RNA 塩基配列	DDBJ	国立遺伝学研究所（日本）
タンパク質アミノ酸配列	PIR	Georgetown University（米国）
タンパク質アミノ酸配列	UniProt	European Bioinformatics Institute（英国），the SIB Swiss Institute of Bioinformatics（スイス），the Protein Information Resource（米国）の共同体制
タンパク質アミノ酸配列	PRF	蛋白質研究奨励会（日本）
タンパク質・生体高分子立体構造	PDB	Research Collaboratory for Structural Bioinformatics（米国）
タンパク質立体構造分類	SCOP	Medical Research Council（英国）
タンパク質立体構造分類	CATH	University of College London（英国）
タンパク質配列モチーフ	PROSITE	University of Geneva（スイス）
アミノ酸指標	AAindex	京都大学化学研究所（日本）
生命システム情報統合	KEGG	京都大学化学研究所（日本）
ヒト遺伝子地図	GDB	John Hopkins University（米国）
ヒト遺伝病	OMIM	John Hopkins University（米国）
リンク情報	LinkDB	京都大学化学研究所（日本）

実習

実習では、ヒト上皮成長因子受容体遺伝子を検索の対象として、代表的な分子生物学データベースを検索し、タンパク質立体構造表示操作等を行います。また、ゲノムデータ全体の取得方法についても実習します。

▼ 実習①：タンパク質配列データ取得

基本的に遺伝子は、核酸配列→タンパク質配列→タンパク質立体構造と階層的に情報を持っていますが、対象とする遺伝子によっては、核酸配列のみが明らかになっているもの、タンパク質配列まで明らかになっているが立体構造は未だ解かれていないものなど、現時点では情報量がさまざまです。難しさ（言い換えれば、情報量が不足している）という点では、タンパク質立体構造を解明することが最も困難とされています。それに対して、タンパク質配列情報はよく知られていますから、タンパク質配列情報から調べてみて、核酸配列や立体構造情報があるかどうかを確認するのがポピュラーな手順です。データの検索には、日本で構築された分子生物学統合データベース GenomeNet を利用します。

❶ Web ブラウザを利用して、以下の URL より GenomeNet にアクセスします。代表的なデータベースのデータ登録数の状況も "DB growth curve" より参照できます（図 1-2）。

http://www.genome.jp/

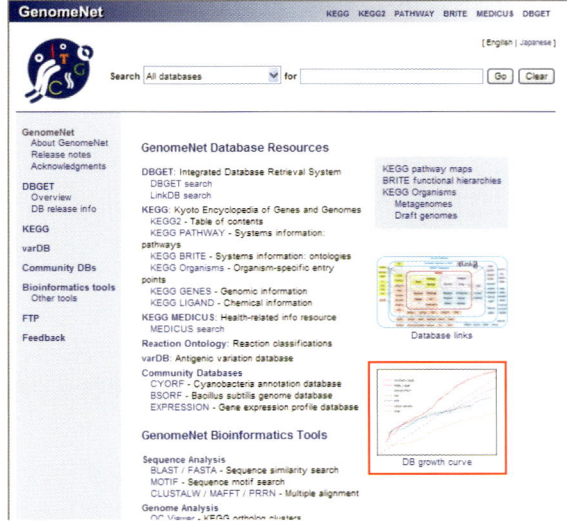

図1-2　GenomeNet のトップページ

❷ GenomeNet システムを使って配列情報を取得します。例題としてヒト上皮成長因子受容体遺伝子を用います。最初にタンパク質アミノ酸配列データベース UniProt で検索します。GenomeNet のホームページ上部にある Search リストからタンパク質アミノ酸配列データベース"UniProt"をクリックします。上皮成長因子受容体遺伝子のキーワードである「EGFR」と生物種を特定するための「human」を検索フォームに入力し、Go をクリックします（図1-3）。

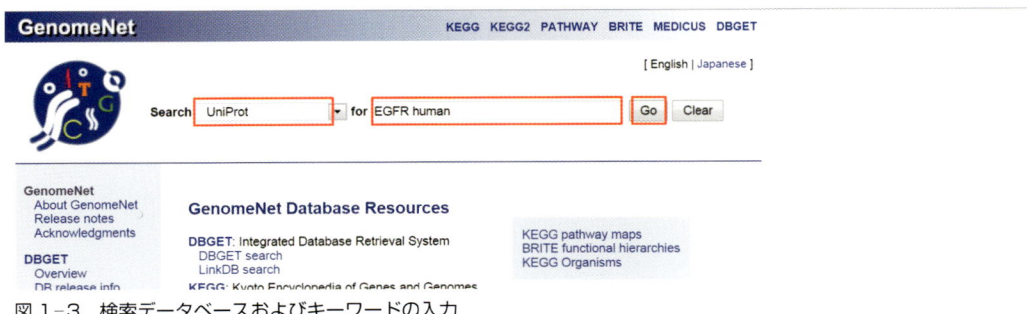

図1-3　検索データベースおよびキーワードの入力

❸ 通常、限定したキーワードを用いない限り、検索結果は、いくつかの候補を出力します。例えば、今回の場合は VEGFR（血管内皮増殖因子受容体）が含まれていますので、タイトルを確認して目的の遺伝子を示すエントリーを選択することが重要です（図1-4）。

◆ 分子生物学データベースを利用してみよう　5

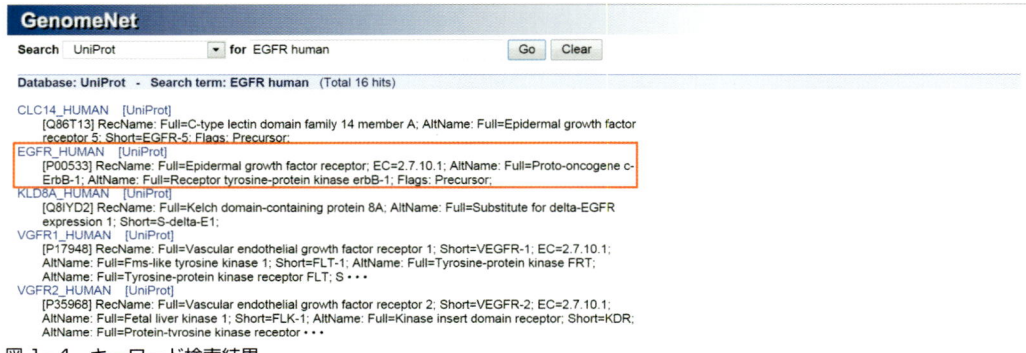

図1-4　キーワード検索結果

❹ データベース内容を確認します。ここでは、検索結果より"EGFR_HUMAN [UniProt]"を選択します。データベースには、登録日や配列、アノテーション更新日、酵素番号や関連論文などが記載されています。

アミノ酸配列情報は、ページの最後にあります。先頭にある"SQ"をクリックすると1行目に'>'で始まるタイトル行と、2行目以降にアミノ酸配列の一文字表記が連なったテキストが表示されます。この書式をFASTA形式と言います。いろいろな解析の基本となる重要な入力形式です（図1-5）。

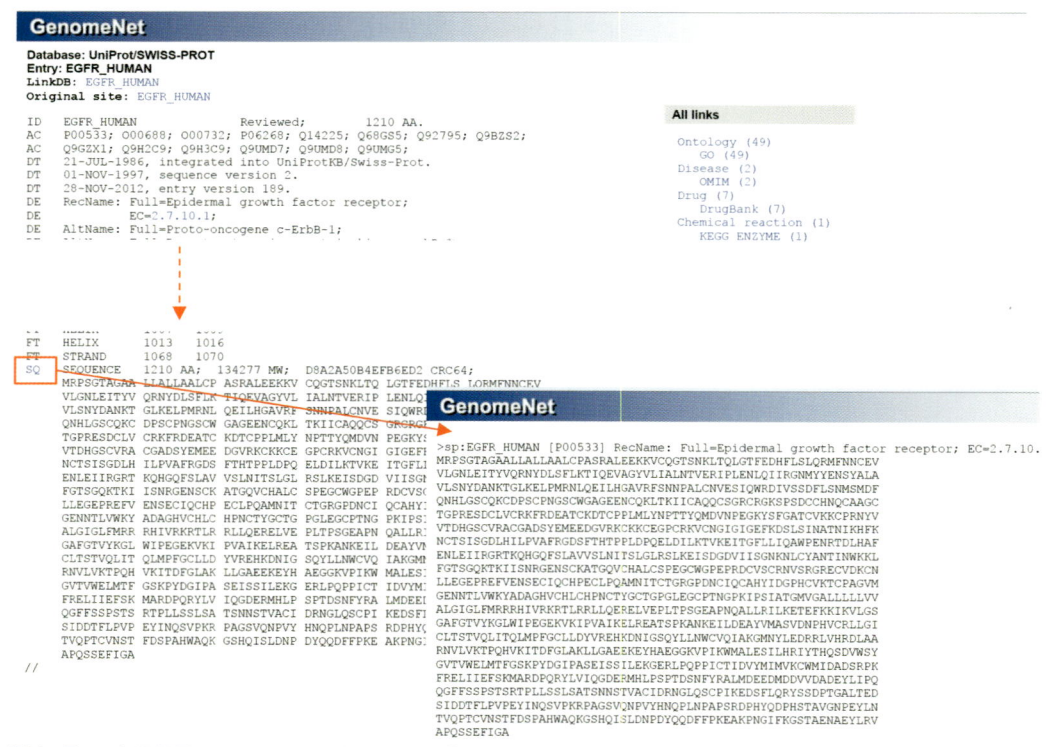

図1-5　ヒトEGFRのUniProtエントリーと配列情報のFASTA形式（右下）

❺ GenomeNet では、データベースの DR 行に記載されている他のデータベース上の関連エントリーを"All links"サブメニューを通じて調べることができます。塩基配列情報は、Gene や EMBL、立体構造情報は PDB をクリックします（**図1-6**）。

関連エントリーは、単一でない場合があります。塩基配列の場合、mRNA としてのエントリーもあれば、任意のエクソン領域のエントリーもあります。立体構造情報でも、実験手法の違いやリガンド結合状態、変異体などによって同一遺伝子でも複数のエントリーが存在します。各エントリーの記述を確認して利用目的に合ったエントリーを選択することが重要です。

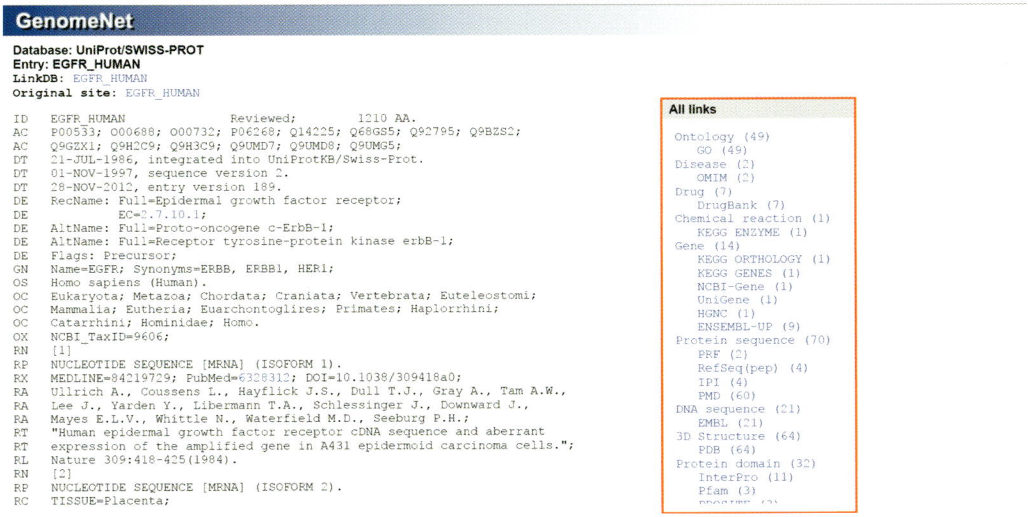

図1-6 関連エントリーを調べる All links サブメニュー

▼ 実習②：タンパク質立体構造データ検索

タンパク質立体構造データベースは、PDB（Protein Data Bank）にて管理されています。PDB は、X線結晶解析法、NMR 法（核磁気共鳴法）によって決定されたタンパク質や核酸等の生体高分子の三次元構造の構造座標（立体配座）を管理している国際的な公共データベースです。PDB データは、構造生物学やバイオインフォマティクス研究に欠かせない情報です。
PDB　http://www.rcsb.org/

❶ **実習**①の検索結果から GenomeNet の"All links"メニューより PDB データにアクセスします。PDB では、1 つの対象タンパク質でも、構造決定手法（X線結晶解析法、NMR 法）や変異体、低分子化合物、他のタンパク質との複合体結晶、特定の領域構造（ドメイン構造等）など結晶化条件の違いによって、複数の構造情報が登録されていることがほとんどです。ヒトの EGFR については、80 構造が登録されています（**図1-7**）。

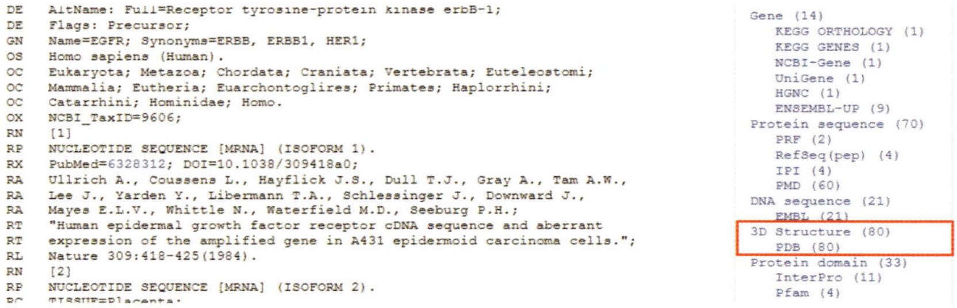

```
DE         AltName: Full=Receptor tyrosine-protein kinase erbB-1;
DE         Flags: Precursor;
GN         Name=EGFR; Synonyms=ERBB, ERBB1, HER1;
OS         Homo sapiens (Human).
OC         Eukaryota; Metazoa; Chordata; Craniata; Vertebrata; Euteleostomi;
OC         Mammalia; Eutheria; Euarchontoglires; Primates; Haplorrhini;
OC         Catarrhini; Hominidae; Homo.
OX         NCBI_TaxID=9606;
RN         [1]
RP         NUCLEOTIDE SEQUENCE [MRNA] (ISOFORM 1).
RX         PubMed=6328312; DOI=10.1038/309418a0;
RA         Ullrich A., Coussens L., Hayflick J.S., Dull T.J., Gray A., Tam A.W.,
RA         Lee J., Yarden Y., Libermann T.A., Schlessinger J., Downward J.,
RA         Mayes E.L.V., Whittle N., Waterfield M.D., Seeburg P.H.;
RT         "Human epidermal growth factor receptor cDNA sequence and aberrant
RT         expression of the amplified gene in A431 epidermoid carcinoma cells.";
RL         Nature 309:418-425(1984).
RN         [2]
RP         NUCLEOTIDE SEQUENCE [MRNA] (ISOFORM 2).
```

```
Gene (14)
    KEGG ORTHOLOGY (1)
    KEGG GENES (1)
    NCBI-Gene (1)
    UniGene (1)
    HGNC (1)
    ENSEMBL-UP (9)
Protein sequence (70)
    PRF (2)
    RefSeq(pep) (4)
    IPI (4)
    PMD (60)
DNA sequence (21)
    EMBL (21)
3D Structure (80)
    PDB (80)
Protein domain (33)
    InterPro (11)
    Pfam (4)
```

図1-7 タンパク質立体構造データベース PDB へのリンク

❷ 80 構造の中から化合物名 TAK-285 と複合体を形成している EGFR のキナーゼドメイン構造の立体構造を選択します。PDB-ID は 3POZ です。PDB では、数値とアルファベットからなる 4 文字の ID で識別されています（**図 1-8**）。

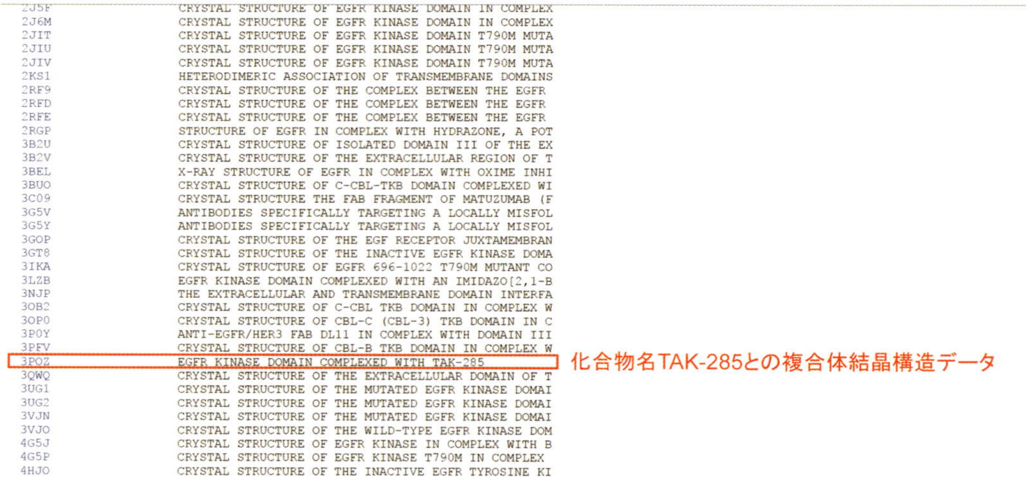

```
2J5F    CRYSTAL STRUCTURE OF EGFR KINASE DOMAIN IN COMPLEX
2J6M    CRYSTAL STRUCTURE OF EGFR KINASE DOMAIN IN COMPLEX
2JIT    CRYSTAL STRUCTURE OF EGFR KINASE DOMAIN T790M MUTA
2JIU    CRYSTAL STRUCTURE OF EGFR KINASE DOMAIN T790M MUTA
2JIV    CRYSTAL STRUCTURE OF EGFR KINASE DOMAIN T790M MUTA
2KS1    HETERODIMERIC ASSOCIATION OF TRANSMEMBRANE DOMAINS
2RF9    CRYSTAL STRUCTURE OF THE COMPLEX BETWEEN THE EGFR
2RFD    CRYSTAL STRUCTURE OF THE COMPLEX BETWEEN THE EGFR
2RFE    CRYSTAL STRUCTURE OF THE COMPLEX BETWEEN THE EGFR
2RGP    STRUCTURE OF EGFR IN COMPLEX WITH HYDRAZONE, A POT
3B2U    CRYSTAL STRUCTURE OF ISOLATED DOMAIN III OF THE EX
3B2V    CRYSTAL STRUCTURE OF THE EXTRACELLULAR REGION OF T
3BEL    X-RAY STRUCTURE OF EGFR IN COMPLEX WITH OXIME INHI
3BUO    CRYSTAL STRUCTURE OF C-CBL-TKB DOMAIN COMPLEXED WI
3C09    CRYSTAL STRUCTURE THE FAB FRAGMENT OF MATUZUMAB (F
3G5V    ANTIBODIES SPECIFICALLY TARGETING A LOCALLY MISFOL
3G5Y    ANTIBODIES SPECIFICALLY TARGETING A LOCALLY MISFOL
3GOP    CRYSTAL STRUCTURE OF THE EGF RECEPTOR JUXTAMEMBRAN
3GT8    CRYSTAL STRUCTURE OF THE INACTIVE EGFR KINASE DOMA
3IKA    CRYSTAL STRUCTURE OF EGFR 696-1022 T790M MUTANT CO
3LZB    EGFR KINASE DOMAIN COMPLEXED WITH AN IMIDAZO[2,1-B
3NJP    THE EXTRACELLULAR AND TRANSMEMBRANE DOMAIN INTERFA
3OB2    CRYSTAL STRUCTURE OF C-CBL TKB DOMAIN IN COMPLEX W
3OP0    CRYSTAL STRUCTURE OF CBL-C (CBL-3) TKB DOMAIN IN C
3P0Y    ANTI-EGFR/HER3 FAB DL11 IN COMPLEX WITH DOMAIN III
3PFV    CRYSTAL STRUCTURE OF CBL-B TKB DOMAIN IN COMPLEX W
3POZ    EGFR KINASE DOMAIN COMPLEXED WITH TAK-285           ← 化合物名TAK-285との複合体結晶構造データ
3QWQ    CRYSTAL STRUCTURE OF THE EXTRACELLULAR DOMAIN OF T
3UG1    CRYSTAL STRUCTURE OF THE MUTATED EGFR KINASE DOMAI
3UG2    CRYSTAL STRUCTURE OF THE MUTATED EGFR KINASE DOMAI
3VJN    CRYSTAL STRUCTURE OF THE MUTATED EGFR KINASE DOMAI
3VJO    CRYSTAL STRUCTURE OF THE WILD-TYPE EGFR KINASE DOM
4G5J    CRYSTAL STRUCTURE OF EGFR KINASE IN COMPLEX WITH B
4G5P    CRYSTAL STRUCTURE OF EGFR KINASE T790M IN COMPLEX
4HJO    CRYSTAL STRUCTURE OF THE INACTIVE EGFR TYROSINE KI
```

図1-8 ヒト EGFR の PDB エントリーリスト

❸ GenomeNet 上で公開されている PDB 情報は、登録情報の概要を把握するのに適しています（原子座標行は割愛されています）。実際に立体構造の可視化や、詳細な情報を確認したい場合には、PDB オリジナルの Web サイトをクリックします（**図 1-9**）。

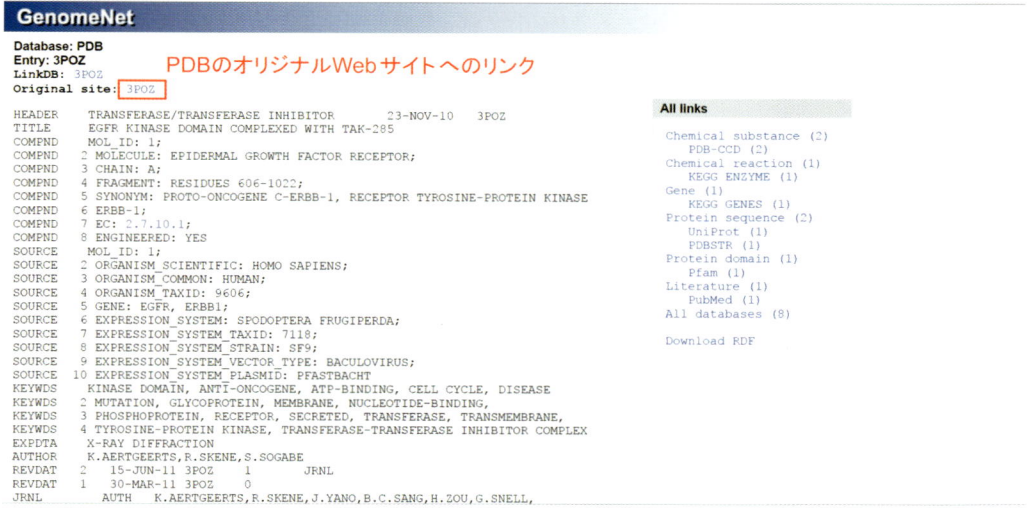

図1-9　PDBデータ3POZの概要

❹ PDBのWebサイトでは、さまざまな情報がタグ付きの項目を用いてわかりやすく整理されています。立体構造を可視化したい場合は、立体構造画像がある右側の項目内の、"View in 3D"をクリックします（**図1-10**）。Java機能を用いて回転、拡大等が自由に調整できる立体構造のビューアー画面が起動します。※実行の確認のための警告ウィンドウが表示されることがありますが、実行ボタンをクリックし実習を続けます。

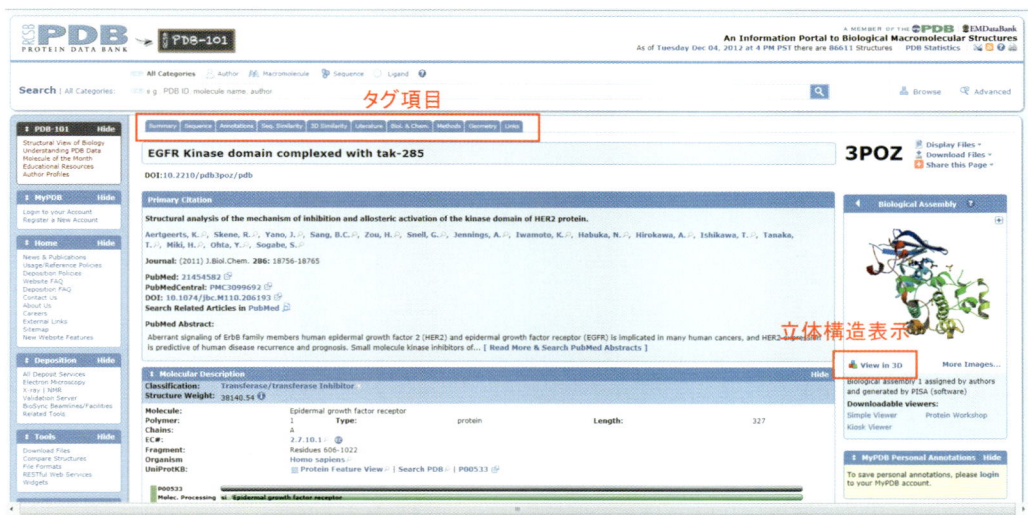

図1-10　PDBエントリー3POZのトップページ

❺ リボンモデルと呼ばれるタンパク質の二次構造に着目した表現方法（ピンクはαヘリックス構造、黄色はβシート構造）で立体構造が表示されます。今回のエントリーのように低分子化合物との複合体構造の場合は、低分子化合物が原子種ごとに色分けされたボール＆スティックで表示されます。分子表示領域内にて、マウススクロールボタンで拡大縮小、

◆ 分子生物学データベースを利用してみよう　**9**

マウス右ボタンで詳細メニューが表示されます。基本表示は、分子表示下にあるオプションメニューで調整できます（**図1-11**）。

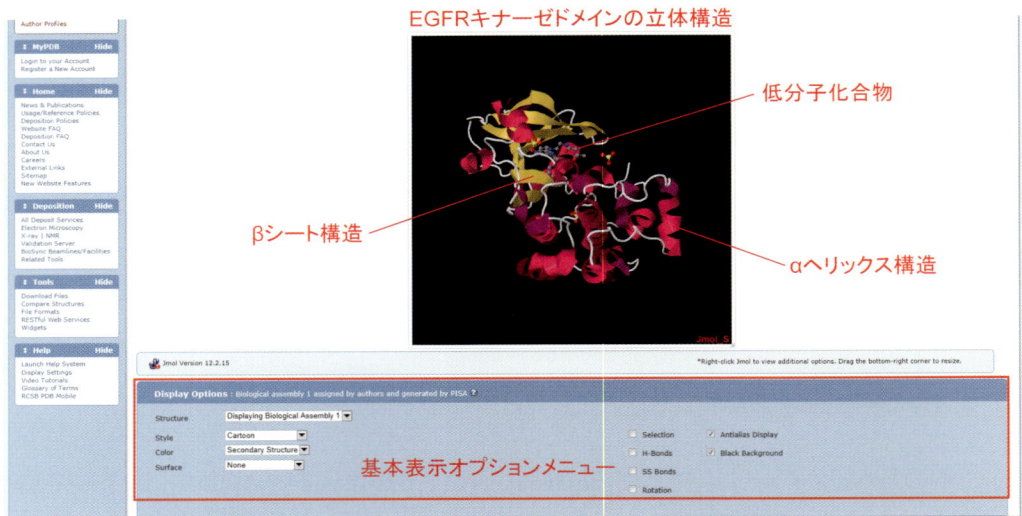

図1-11　立体構造表示ウィンドウ

❻ オプションメニューの活用例として、化合物結合部位に着目した表示に変更します。Style項目から"Ligands and Pocket"を選択します。化合物と結合に関与する周辺アミノ酸残基が表示されます（**図1-12**）。

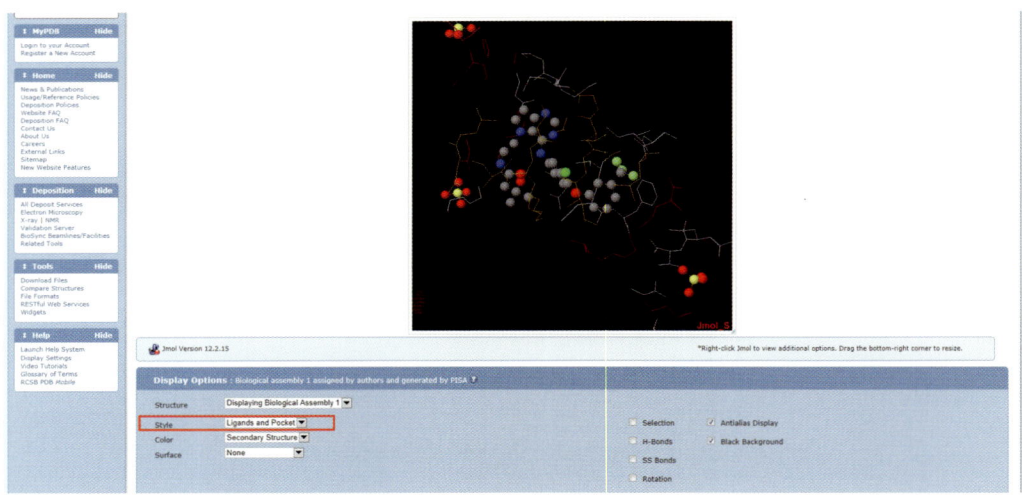

図1-12　表示スタイルの変更

❼ 構造決定のための実験情報は"Experimental Details"、化合物情報は"Ligand Chemical Component"や"External Ligand Annotations"項目が参考になります（**図1-10**）。

Ligand Chemical Component 項目の"Interactions"をクリックすると、化合物とタンパク質の相互作用情報が二次元でわかりやすく表示されます。Ligand Chemical Component 項目の"Ligand Explorer"をクリックすると、化合物の相互作用解析に特化した立体構造表示ウィンドウが起動します。相互作用解析メニューから"Hydrogen Bond"（水素結合）や"Hydrophobic"（疎水性相互作用）をチェックすると立体構造表示ウィンドウに破線によって表示され、創薬支援研究等に活用できます（図1-13）。

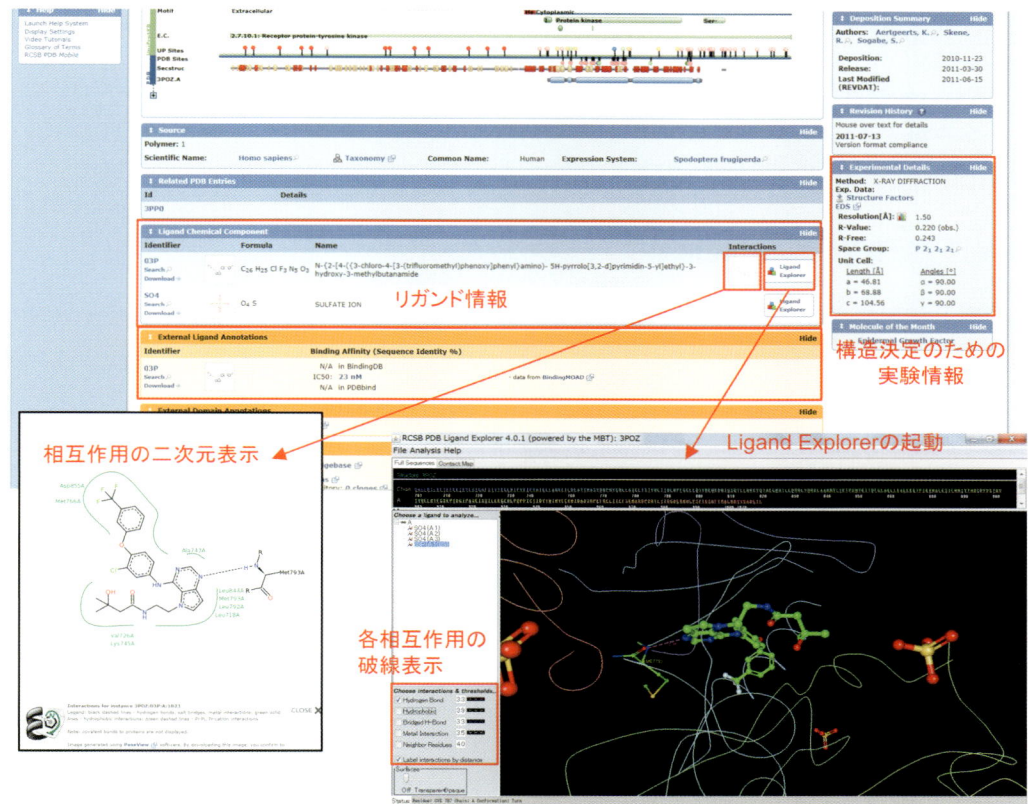

図1-13　リガンド情報の詳細

❽ PDB データをダウンロードする場合には、PDB-ID 横の Download Files メニューから"PDB File（Text）"を選択します。ダウンロードファイル名は、標準で 3POZ.pdb となります。PDB では、タンパク質の分子量に伴いファイルサイズが大きくなりますので、必要に応じて圧縮ファイル"PDB File（gz）"を選択します（図1-14）。

◆ 分子生物学データベースを利用してみよう　　**11**

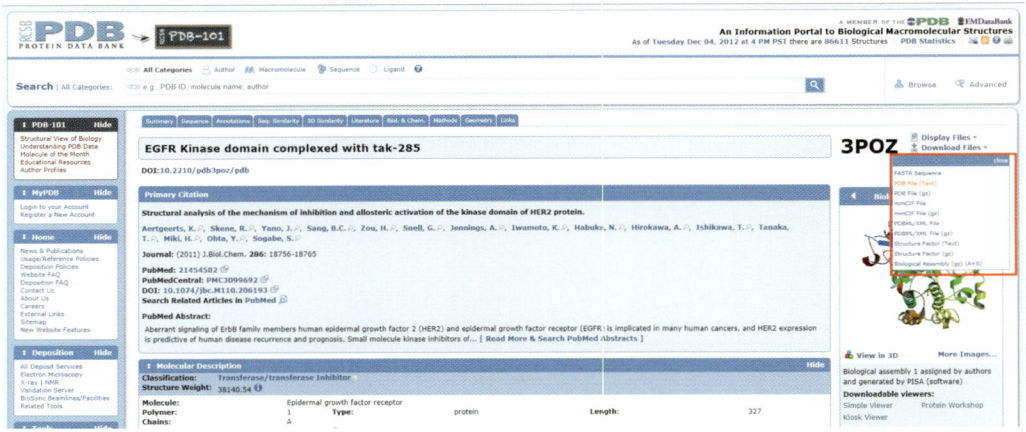

図1-14　PDBデータのダウンロード

▼ 実習③：遺伝子情報の検索

実習①②で検索したヒトEGFRについて、遺伝子情報を検索します。公共の遺伝子情報のデータベースは、NCBI-GeneやKEGG GENESが有名です。特にKEGG GENESは、対象となる遺伝子について、パスウェイ情報が充実しています。その他にもアミノ酸・核酸配列情報、疾患や医薬品データとの関連性、遺伝子機能（モチーフ）、染色体位置情報等が集約されています。

❶ 実習①の検索結果（図1-6）からAll linksメニューにある"KEGG GENES"にアクセスし、KEGG GENES IDである"hsa:1956"をクリックします（図1-15）。

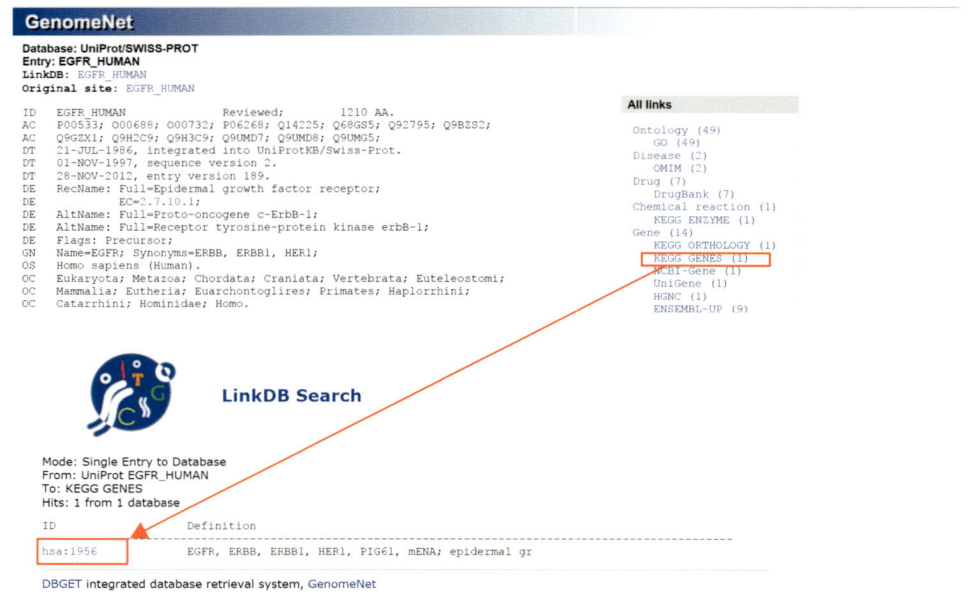

図1-15　KEGG GENESへのリンク

❷ KEGG GENES では、エントリー名（Entry）、遺伝子名（Gene name）、遺伝子の記述（Definition）、異種間相同遺伝子（Orthology）、生物種（Organism）に続いて、パスウェイ情報（Pathway）が記載されています。EGFR 遺伝子は、複数のパスウェイに関与していることがわかります。ここでは、"MARK signaling pathway" を選択します（図 1-16）。

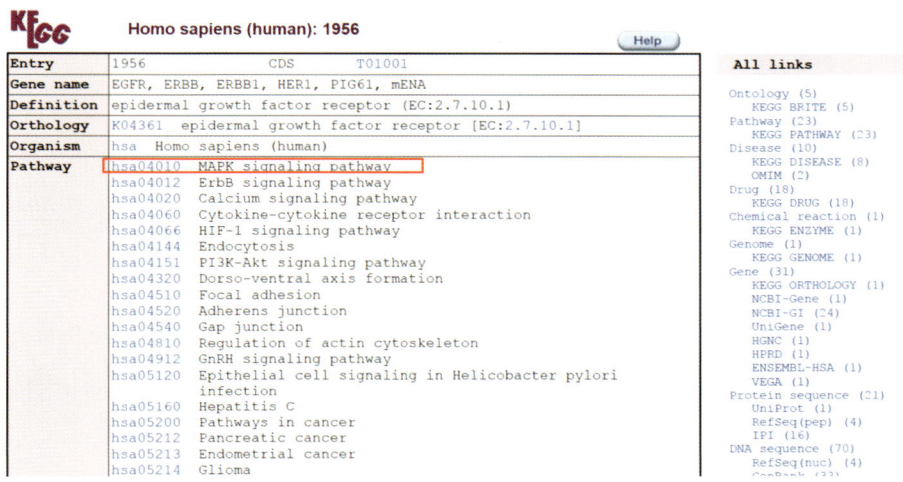

図 1-16　ヒト EGFR の KEGG GENES エントリー

❸ グラフィカルなパスウェイマップが表示されます。遺伝子と代謝物等が、それぞれ長方形と丸印のアイコンで表現され、関係する経路が矢印としてネットワーク形式で図示されています。背景色が薄緑となっている遺伝子は、指定した生物種で機能していることを示しています。生物種は、パスウェイマップ上のメニューで選択できます〔図 1-17 では、Homo Sapiens（human）となっています〕。EGFR は、赤文字で記されています。EGFR が膜内（二重線）に局在し、EGF を受容して GRB2 にシグナルを伝えている機能を持つ遺伝子であることが確認できます。また FGFR、PDGFR、TrKA/B が隣接する関連遺伝子であることがわかります。

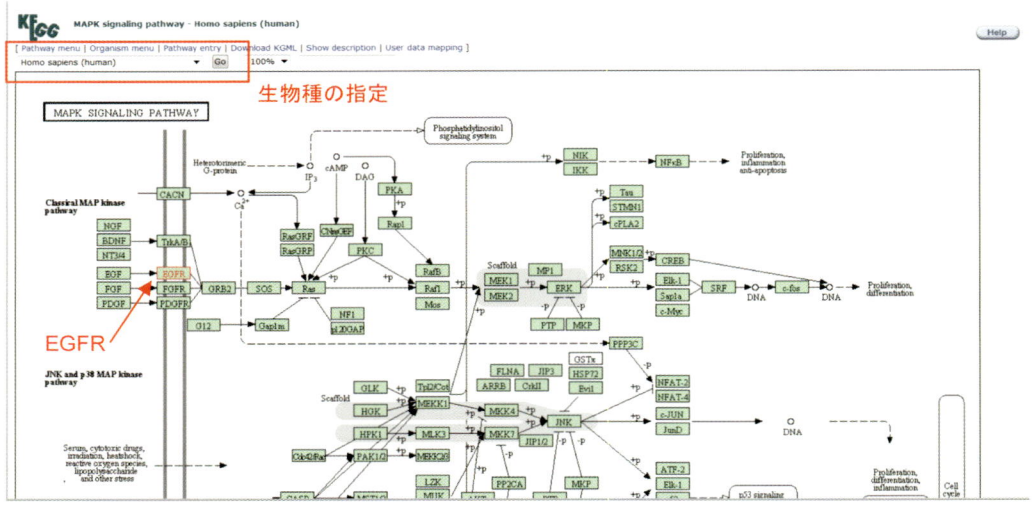

図1-17　MAPK signaling pathway 表示

❹ パスウェイ情報に続いて、EGFRが関与する疾患関連（Disease）やEGFRを創薬標的タンパク質（Drug target）として作用する医薬品分子情報が記載されています（**図1-18**）。

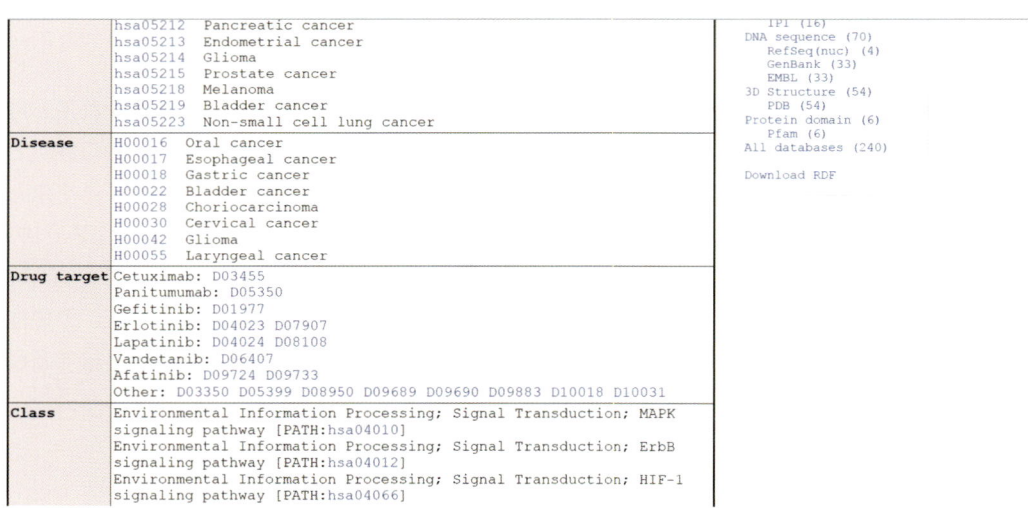

図1-18　その他のKEGG GENESのアノテーション：疾患関連情報、創薬標的情報

その他に、異種間相同遺伝子（Ortholog）や同種内相同遺伝子（Paralog）情報、配列情報から予測される機能モチーフ（Motif）情報、立体構造情報（Structure）へのリンク（PDB-ID）が記載されています（**図1-19**）。

14

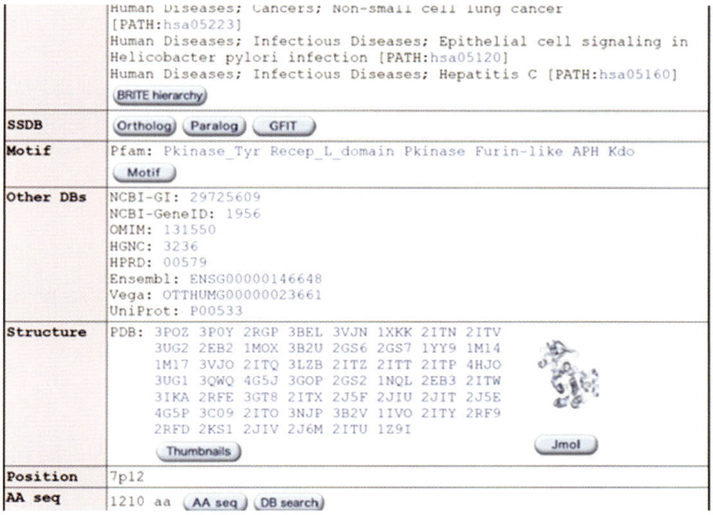

図1-19　その他のKEGG GENESのアノテーション：異種間相同遺伝子情報、他

ページの最後には、核酸配列情報（NT seq）が記載されています（**図1-20**）。

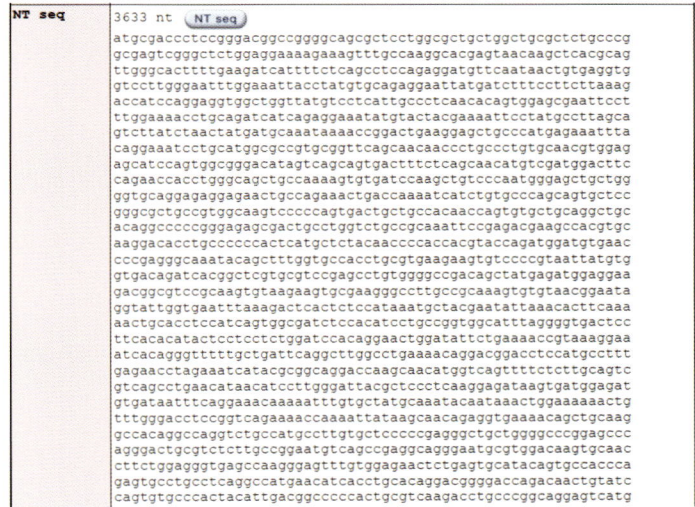

図1-20　その他のKEGG GENESのアノテーション：核酸配列情報

▼ 実習④：ゲノム種別配列の取得

　米国の国立生物工学情報センター（NCBI）のFTPサイトより例題として枯草菌ゲノムの配列情報を取得します。**実習①**で行ったユーザーインターフェースを使った個々の遺伝子を検索したときと違い、ここでは枯草菌ゲノムの全配列データの取得を行います。

❶ NCBIのFTPサイトにアクセスします。
　　http://www.ncbi.nlm.nih.gov/Ftp

❷ "Genome Assembly/Annotation Projects" をクリックします（**図 1-21**）。

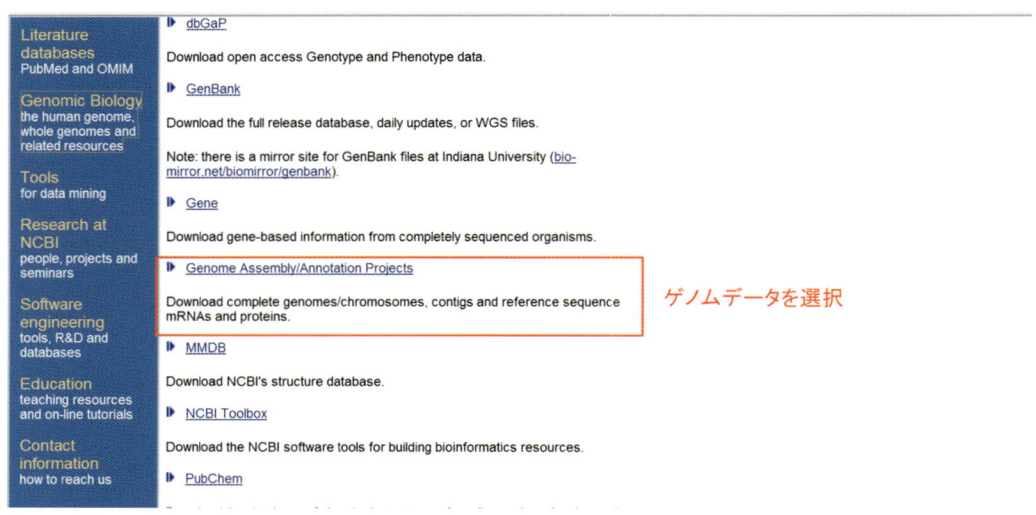

図 1-21　NCBI の FTP サイトページ

❸ 枯草菌ゲノムのフォルダに移動しデータを取得します。"Bacteria" フォルダをクリックします。続いて "Bacillus_subtilis_natto_BEST195_uid183001" フォルダをクリックします。これは枯草菌の一種である納豆菌のゲノムデータです（**図 1-22**）。

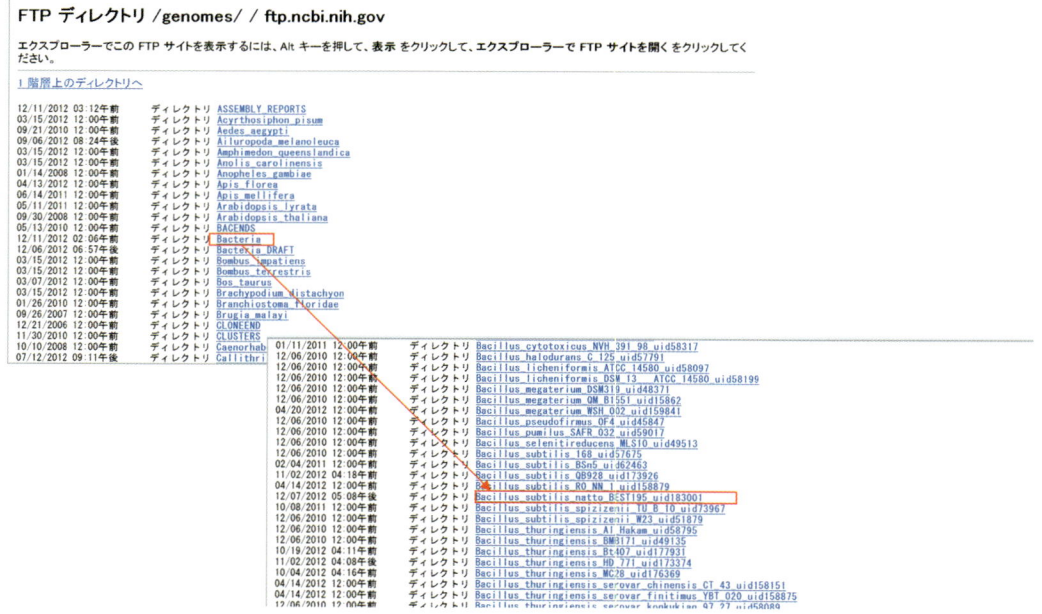

図 1-22　納豆菌ゲノムデータの取得

❹ このフォルダには、納豆菌ゲノムのさまざまなデータが存在し、拡張子で分類されています。代表的な配列データは、全塩基配列（*.fna）、遺伝子コード領域の塩基配列（*.ffn）、遺伝子コード領域のアミノ酸配列（*.faa）、RNA 塩基配列（*.frn）です。それぞれのファイルは FASTA 形式となっています。ffn、faa、frn ファイルは複数の FASTA 形式が連なった状態になっています。必要なファイルをダウンロードして比較ゲノムやプロテオーム解析などに利用します（図 1-23）。

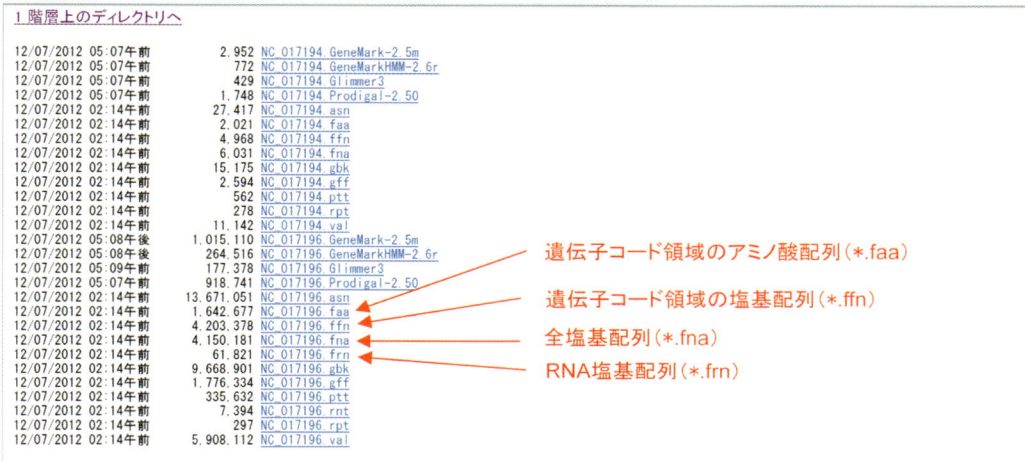

図 1-23　納豆菌のゲノム配列データリスト

［文献および関連サイト］
[1] 金久　實著、「ポストゲノム情報への招待」、共立出版（2001）
[2] Gerhard M. Dietmar S (ed),「Biochemical Pathways: An atlas of Biochemistry and Molecular Biology」2nd ed, WILEY（2012）
[3] 高木利久、冨田　勝編、松原謙一、榊　佳之監、「ポストシークエンスのゲノム科学⑥ ゲノム情報生物学」、中山書店（2000）
・Genome Net 利用法について
[4] 金久　實編、「ゲノムネットのデータベース利用法」第 3 版、共立出版（2002）

CHAPTER
2

BIOINFORMATICS

配列を比較してみよう

| 概要 | 相同性検索や特定の配列群を同時に比較する多重アラインメントなど、配列比較に基づく解析は、目的とする遺伝子の機能を理解する上でとても有効な手段です。本章では、配列比較の基本的な考え方の説明後、配列比較を利用した相同性検索、多重配列アラインメント、プライマー設計を実習します。 |

実習の前に

配列を比較する意味

　配列比較の基本概念は、生物学における経験的な知識に基づいています。例えば、アミノ酸配列がお互い類似していると、そのタンパク質の立体構造や機能も類似していることが多く、進化的・博物学的背景から裏付けられる経験側の1つとなっています。また配列情報は、人工タンパク質設計等を除いては、基本的には実験によって明らかにされており、経験的知識の基盤となっています。

　具体的な配列解析には、①配列の相同性検索、②多重配列の比較、③構造・機能予測、④進化的関連性解析等があり、高次構造情報と機能情報を明らかにすることが主な目的とされています。1章でも紹介したように、現在の分子生物関連データベースには多くの配列情報が含まれています。新規の配列でも、配列データベースに蓄積されている既知のタンパク質等と相同性を参照することで、機能、構造を推定することができます。

配列を比較する方法

　2つの配列間の比較は、お互いの配列を構成する文字の一致数が最大になるような最適化を行った結果によって評価されます。文字の一致を最大限にするためには、①置換、②挿入、③欠失の操作（**図2-1**）を用いて、もっともコストの低い組み合わせを探索していきます。こ

長さ M, N の配列のアラインメントの組み合わせ（r：文字一致の要素数）

$$\sum_{r=0}^{\min(N,M)} \frac{(M+N-r)!}{(M-r)!(N-r)!r!} \text{通り}$$

図2-1　配列を比較するための基本操作

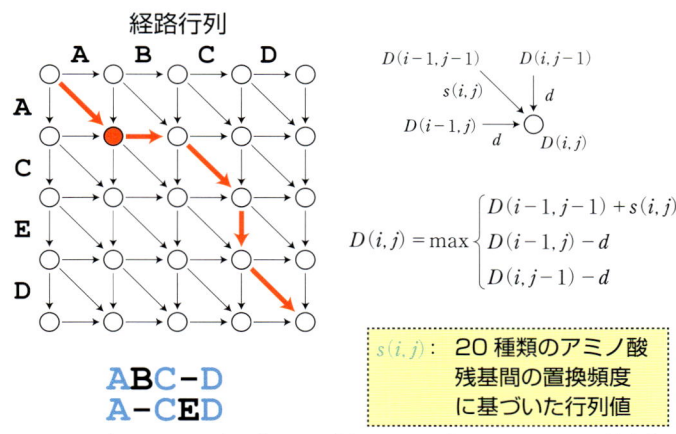

図2-2 ダイナミックプログラミング法による配列アラインメントの効率化

れらの操作をアラインメントと呼びます。

2つの配列間の比較でも、実際のタンパク質や塩基配列の場合には、1つの配列でも数百、数千の文字列になりますので、挿入や欠失を考慮すると非常に多くの組み合わせが存在します。アラインメントでは、その多くの組み合わせから理想的な文字一致状態を表現する並置状態を求めなくてはならないため、一種の最適化問題として取り組む必要があります。ここで、2つの配列の並置状態は、**図2-2**のような経路行列とみなして考えてみます。両者の配列を左上から順番に並べていくには、①横の配列と縦の配列から共に1文字進める、②横の配列のみから1文字進める（縦の配列に対してギャップを与えた状態）、③縦の配列のみから1文字進める（横の配列に対してギャップを与えた状態）、の3つの場合があります。この要素を $D(i, j)$ の関数（文字の一致、置換、ギャップをそれぞれ得点としてまとめておく）を用いて評価します。すべての要素について、$D(i, j)$ の関数による部分解を求めた後、最終的に最適な経路（パス）を繋ぎ合わせていきます（**図2-2**の赤線で示したパス）。このように要素を1つ増やすたびに最適解の更新を行いながら全集合の最適解を求める方法は、ダイナミックプログラミング法（動的計画法）と呼ばれ、配列解析の基礎となります。

▼ 生物学的意味を持つ文字（アミノ酸残基）置換

ダイナミックプログラミング法の中で各要素を評価する $D(i, j)$ 関数計算には、$s(i, j)$ という行列値を参照する過程があります。これは20種類のアミノ酸残基間の置換に対するスコアを行列化したものです。この置換スコアは、あらかじめ機能や進化的考察によって同じファミリーであると分類されたタンパク質同士の配列比較から、その置換頻度を調べることにより算出されるものです。**図2-3**は、BLOSUM62と呼ばれる置換行列を示しています。

プラス値は優位な置換を示し、マイナス値は置換の起こりにくさを表しています。例えばロイシン（L）とイソロイシン（I）の置換スコアは、2となっています（青い四角で示した部分）。実際にロイシンとイソロイシンは、共に疎水性の性質を持つアミノ酸残基で、立体的にもそれほど大きな違いはありません。これを例えばタンパク質立体構造に注目してみると、進化の過程において、ロイシンが突然変異でイソロイシンに変異しても、タンパク質構造内での

	A	R	N	D	C	Q	E	G	H	I	L	K	M	F	P	S	T	W	Y	V
A	4																			
R	−1	5																		
N	−2	0	6																	
D	−2	−2	1	6																
C	0	−3	−3	−3	9															
Q	−1	1	0	0	−3	5														
E	−1	0	0	2	−4	2	5													
G	0	−2	0	−1	−3	−2	−2	6												
H	−2	0	1	−1	−3	0	0	−2	6											
I	−1	−3	−3	−3	−1	−3	−3	−4	−3	4										
L	−1	−2	−3	−4	−1	−2	−3	−4	−3	2	4									
K	−1	2	0	−1	−3	1	1	−2	−1	−3	−2	5								
M	−1	−1	−2	−3	−1	0	−2	−3	−2	1	2	−1	5							
F	−2	−3	−3	−3	−2	−3	−3	−3	−1	0	0	−3	0	6						
P	−1	−2	−2	−1	−3	−1	−1	−2	−2	−3	−3	−1	−2	−4	7					
S	1	−1	1	0	−1	0	0	0	−1	−2	−2	0	−1	−2	−1	4				
T	0	−1	0	−1	−1	−1	−1	−2	−2	−1	−1	−1	−1	−2	−1	1	5			
W	−3	−3	−4	−4	−2	−2	−3	−2	−2	−3	−2	−3	−1	1	−4	−3	−2	11		
Y	−2	−2	−2	−3	−2	−1	−2	−3	2	−1	−1	−2	−1	3	−3	−2	−2	2	7	
V	0	−3	−3	−3	−1	−2	−2	−3	−3	3	1	−2	1	−1	−2	−2	0	−3	−1	4

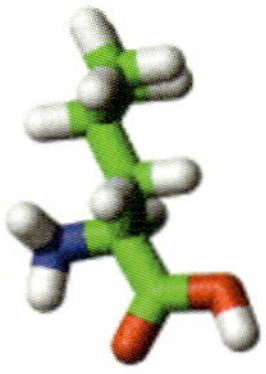
ロイシン(L)

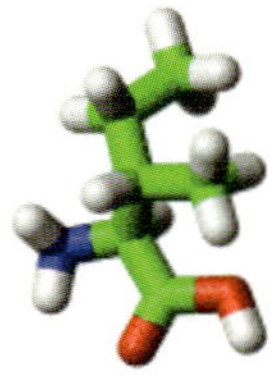
イソロイシン(I)

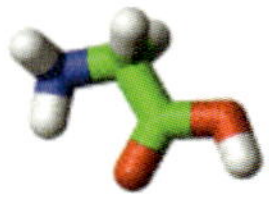
グリシン(G)

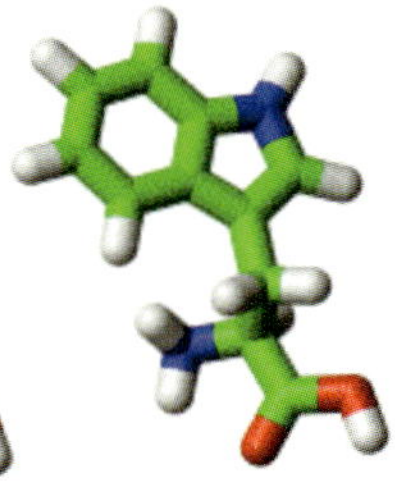
トリプトファン(W)

図 2–3　アミノ酸置換配列（BLOSUM62）

影響は、物理化学的にみてもさほど影響はないと予想されます。実際、突然変異の頻度を見てもこの変異は比較的よく起こっています。よって、この場合、ロイシンからイソロイシンへの変異は、進化の過程でもタンパク質の構造・機能（ロイシンとイソロイシンの違いが重要な時もありますが）の淘汰の直接的な要因になりにくく、そのことが置換スコアのプラス値に反映されています。一方、**図 2–3** の赤四角で示したグリシン（G）とトリプトファン（W）については、分子構造が示す通り、その残基の体積が大きく異なります。タンパク質のように立体構造がコンパクトな状態である場合、グリシンがトリプトファンに変異することは、立体構造自体の変化を引き起こし、それにより機能活性が損失する可能性もあります。そのような突然変異は、タンパク質ファミリー間でもおそらく不利な影響を与えますので、置換スコアが－２となっていることは、納得がいくと思います。

このように配列比較（アラインメント）は、ダイナミックプログラミング法のような情報科学的手法に、置換行列値という単純な文字比較とは異なる生物学的意味合いを持つパラメータが加味されることにより実現されています。

相同性配列検索

進化的に共通の祖先を持つ遺伝子・タンパク質間の関係を相同性といいます。相同性検索とは、ある任意の配列に対する相同な配列を塩基配列もしくはアミノ酸配列データベースからア

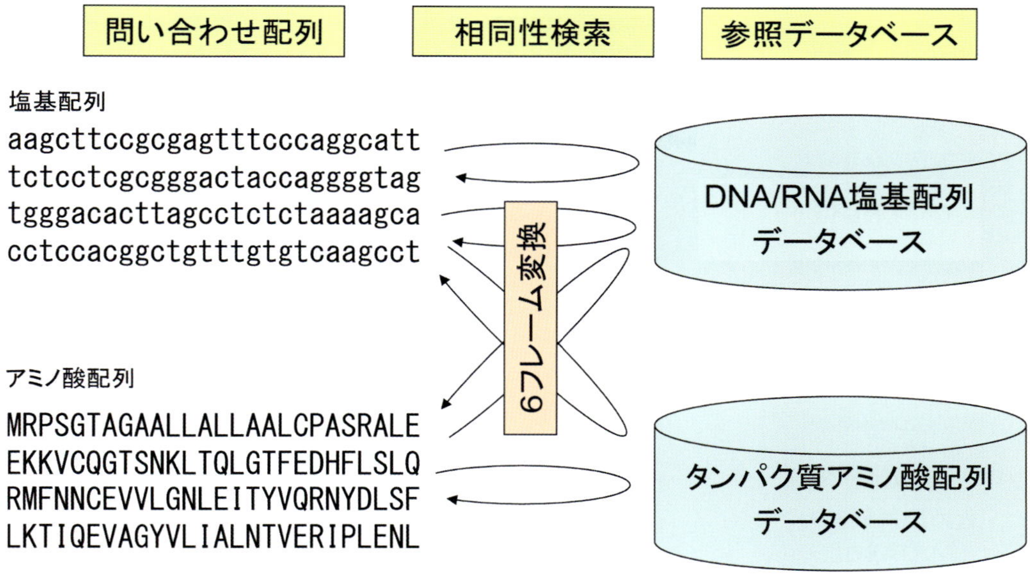

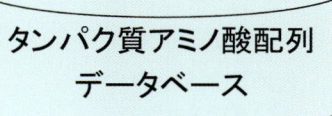

図2-4 相同性検索における問い合わせ配列と参照データベースの関係

ラインメント後の配列類似性の尺度に基づいて検索する技術です。通常、問い合わせ配列は、塩基配列かアミノ酸配列で表現され、問い合わせ先となるデータベースは、1章で紹介したDNA/RNA塩基配列データベース（DDBJ、GenBank、EMBL）やタンパク質アミノ酸配列データベース（UniProt、PIR、PRF）です。配列の比較は、塩基配列でもアミノ酸配列でも可能ですが、アミノ酸配列レベルでの比較が有効とされています。DNA配列に起こりうる変異にはアミノ酸配列に変化を与えないもの（Synonymous）があることや、4つの塩基で表現される塩基配列より20種のアミノ酸残基によるアミノ酸配列を用いた配列比較のほうがより明確に進化的関係を表すことができるからです。また、6フレーム変換を用いることでDNA配列が問い合わせ配列の場合でも、タンパク質アミノ酸配列に対して相同性検索できます（図2-4）。ただし、DNA配列に非コード領域が含まれていないかなどあらかじめ確認が必要です。

◆ 多重配列アラインメント

　相同性検索のような問い合わせ配列と参照データベース内配列の配列比較（ペアワイズアラインメント）ではなく、前述のように配列モチーフの発見や特定の遺伝子に着目した系統樹解析に用いられる、2つ以上の複数配列間のアラインメントを多重配列アラインメント（マルチプルアラインメント）といいます。異なる生物種で共有に持つ特定の遺伝子（オーソログ遺伝子）を生物種ごとに収集した遺伝子セットや、機能が同一もしくは立体構造が類似であるという情報からあらかじめ'似通っている'という前提で集められた遺伝子ファミリー間で配列の比較を行うと、その遺伝子ファミリー間で共通に保存されている配列領域を発見できることがあります。このような配列領域は「配列モチーフ」と呼ばれ、機能や構造について重要な知見を与えます（図2-5）。また、遺伝子の系統樹を作成する時にも多重配列アラインメント結果

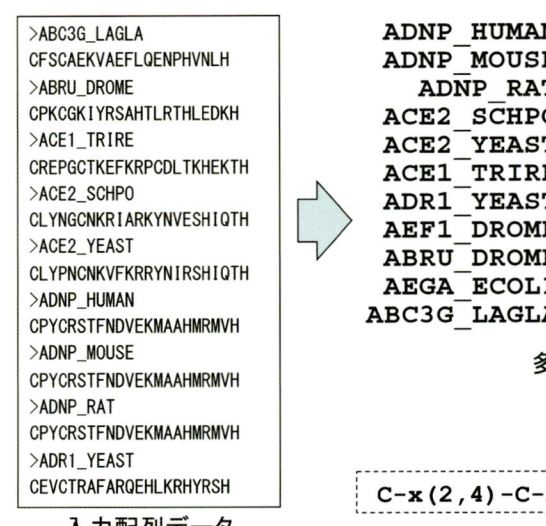
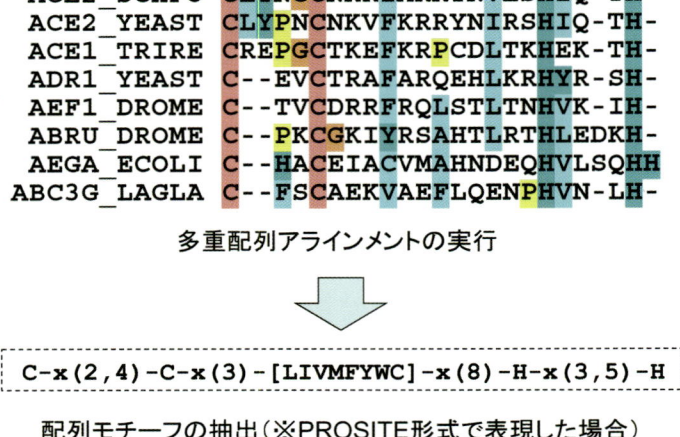

図2-5　多重配列アラインメントからの配列モチーフの発見

が利用されています。

　2配列間のアラインメントには、経路行列で最適パスを探索するダイナミックプログラミング法が多く利用されていますが、N配列間のマルチプルアラインメントにおいてもN次元の経路行列で漸化式を解くことにより、理論的にはダイナミックプログラミング法を適用することができます。しかし、多次元のダイナミックプログラミング法は、膨大な計算量と記憶容量が必要となり現実的ではありません。これに代わる代表的な方法がツリーベース法で、原理的には、ペアワイズアラインメントを積み上げ式に実行し、マルチプルアラインメントを完成していきます。

　ツリーベース法では、最初にすべてのペアワイズアラインメントを作成し、スコアや類似性度（％）の評価値によってツリー状の階層構造のクラスター分析を行います。次に階層構造で最も隣接したペア同士のアラインメントから、階層を上げて、異なるクラスター同士でペアワイズアラインメントを行います。このとき、クラスター内の配列グループのアラインメントは固定されます。これをクラスターが1つになるまで繰り返します。この過程において、1つのクラスターは複数のアラインメントされた配列を含んでいきますので、2つのクラスター同士の経路行列 i, j におけるアラインメントスコアは、その位置におけるすべての組み合わせスコアを計算し、その平均値を利用します（**図2-6**）。

　ツリーベース法の他には、反復改善法などがマルチプルアラインメントの手法として応用されています。ツリーベース法では、最初のペアワイズアラインメントが最後まで固定されるという問題がありますが、反復改善法では、グループの作成とグループ間結合をランダムに繰り返すことで、この問題を改善しています。

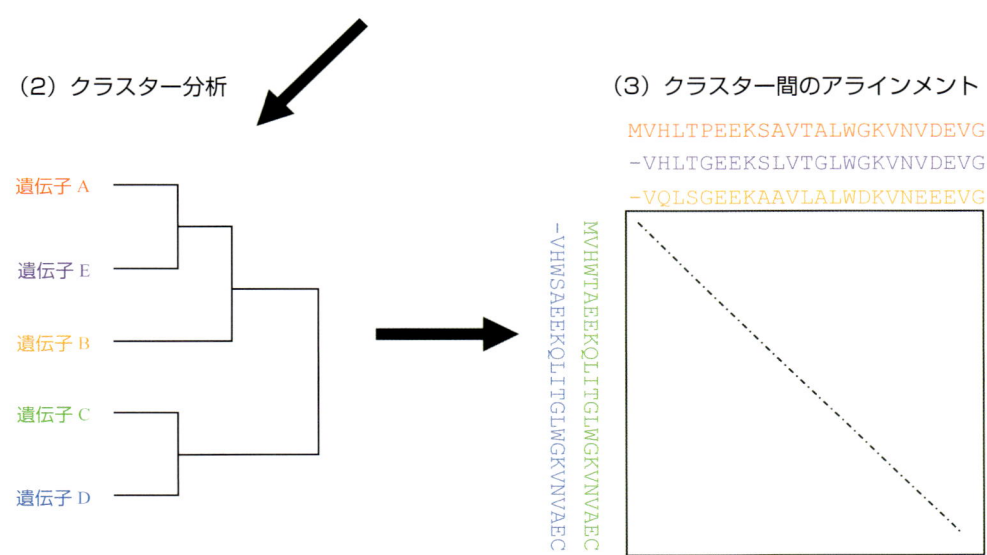

図2-6 ツリーベース法による多重配列アラインメント

🔽 系統樹解析

　系統学の分野では、生物間の類似性や差異などの形質学的な特徴により系統樹の推定が18世紀頃から行われてきました。その後、抗体を用いた免疫学的データやタンパク質電気泳動、DNA-DNAハイブリダイゼーションデータから系統樹を推定する分子系統学が盛んになり、現在では、遺伝子配列決定技術により、オーソログ遺伝子の核酸もしくはタンパク質配列比較から系統樹を作成するようになっています。これを「遺伝子の系統樹」と呼んでいます。これに対して、歴史的に研究されてきた形質学的特徴により推定される系統樹を「種の系統樹」と呼んでいます。種の系統樹では種分化を、遺伝子の系統樹では遺伝子の変異を示しています。これらの2つの出来事は、ほとんど同時に起こりえない（変異のほうが種分化に先行する）ため、遺伝子の系統樹と種の系統樹は、かならずしも同一ではありません（この違いの詳細は、非常に専門的な領域となるため、本書では省略します）。ただ、一般に遺伝子配列情報に基づく相違は客観的評価となるため、遺伝子の系統樹がよく利用されます。以後、本章で解説・実習する系統樹解析は、遺伝子の系統樹を対象とします。

　系統樹解析では、配列のアラインメントデータが予備段階として必要になります。実際には、2つ以上の生物種で比較する場合が多いので、前節で紹介したマルチプルアラインメント

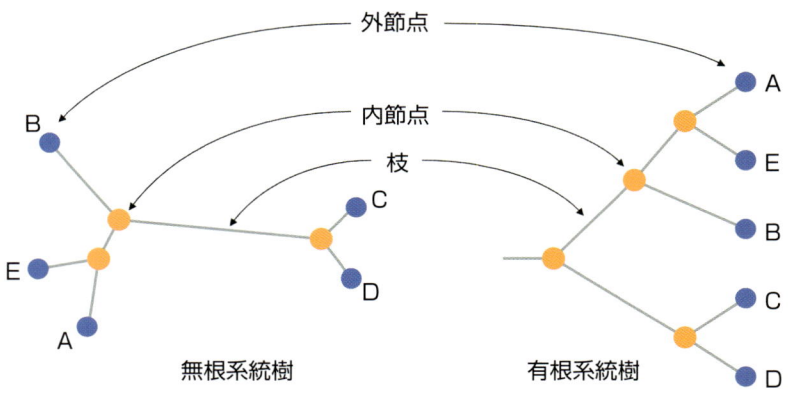

図2-7 系統樹のトポロジー

を実行することになります。比較する配列は、核酸配列かタンパク質配列を選択しなくてはいけません。一般には、核酸配列のほうがタンパク質配列に比べて多くの系統学的な情報が得られます。これは、核酸配列からタンパク質配列への変換で起こりうる同義置換の情報は、核酸配列のみに反映されているからです。よって進化的に非常に近接した集団内で厳密に系統樹を解析する場合には、核酸配列が適しています。幅広く生物種を扱うのであれば、タンパク質配列を用いても問題ありません。

系統樹は、比較する遺伝子を示す外節点と共通祖先を示す内節点、そして遺伝子間の違いの度合いを示す枝の長さによって表現されます。枝の長さは、例えばマルチプルアラインメント結果の遺伝子間の類似度（％）になります。系統樹のトポロジーは大きく分けて、無根系統樹と有根系統樹に分類されます。無根系統樹は、お互いの遺伝子の相関関係を図示するもので、有根系統樹は進化の道筋を想定して樹形を図示するものになります（**図2-7**）。

系統樹解析では、確実に遠縁の種（アウトグループ）を最低1つ集団に加えることで、根の特定と進化の道筋を示すことのできる系統樹が作成できます。樹形の作成には、N-J（neighbor joining）法と呼ばれる手法がよく用いられます。

 実習

実習では、問い合わせ配列（アミノ酸配列）を用いた相同性検索や共通機能を持つタンパク質群の多重配列アラインメントを行います。さらに遺伝子解析の基盤技術であるPCR（ポリメラーゼ連鎖反応）に必要なプライマーの設計について、Webツールを活用した実習も行います。

▼ 実習①：相同性配列検索

1章の実習で取り上げたヒト上皮成長因子受容体遺伝子（EGFR）のアミノ酸配列を問い合わせとして、世界中でよく利用されている相同性検索プログラムBLASTを使って相同性検索を行います。

❶ EGFR の配列情報を取得します。1 章の**実習**①操作❶〜❹に従って FASTA 形式の配列情報を表示し、タイトル行を含む配列をマウスで選択してブラウザの機能を使ってコピーします。

❷ NCBI サイトの BLAST を使って、EGFR のアミノ酸配列を問い合わせとして検索を行います。NCBI の BLAST にアクセスします（図 2-8）。
http://www.ncbi.nlm.nih.gov/BLAST/

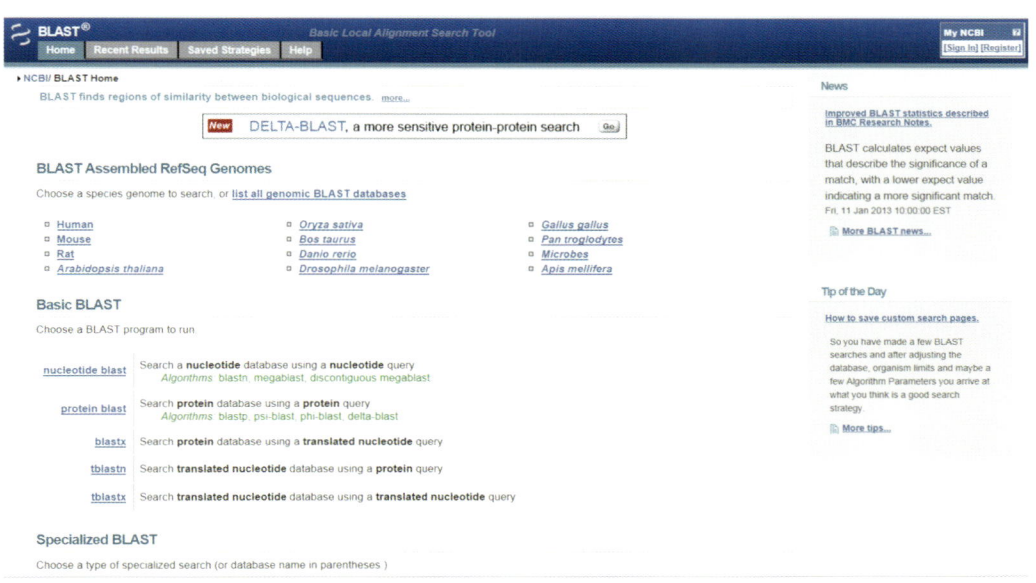

図 2-8　BLAST のトップページ

❸ BLAST は、塩基配列、アミノ酸配列に対応した高速な相同性検索プログラムで、問い合わせ配列と参照データベースの種類の組み合わせごとに 5 つのプログラムが用意されています（表 2-1）。

表 2-1　BLAST プログラムの種類

プログラム名	問い合わせ配列	参照データベース
protein blast（blastp）	アミノ酸配列	アミノ酸配列
uncleotide blast（blastn）	塩基配列	塩基配列
blastx	塩基配列（6 フレーム変換）	アミノ酸配列
tblastn	アミノ酸配列	塩基配列（6 フレーム変換）
tblastx	塩基配列（6 フレーム変換）	塩基配列（6 フレーム変換）

この実習では、アミノ酸配列を問い合わせ配列として、タンパク質アミノ酸配列データベースに相同性検索をしますので、"protein blast" をクリックします（図 2-9）。Protein blast は、blastp とも呼ばれています。

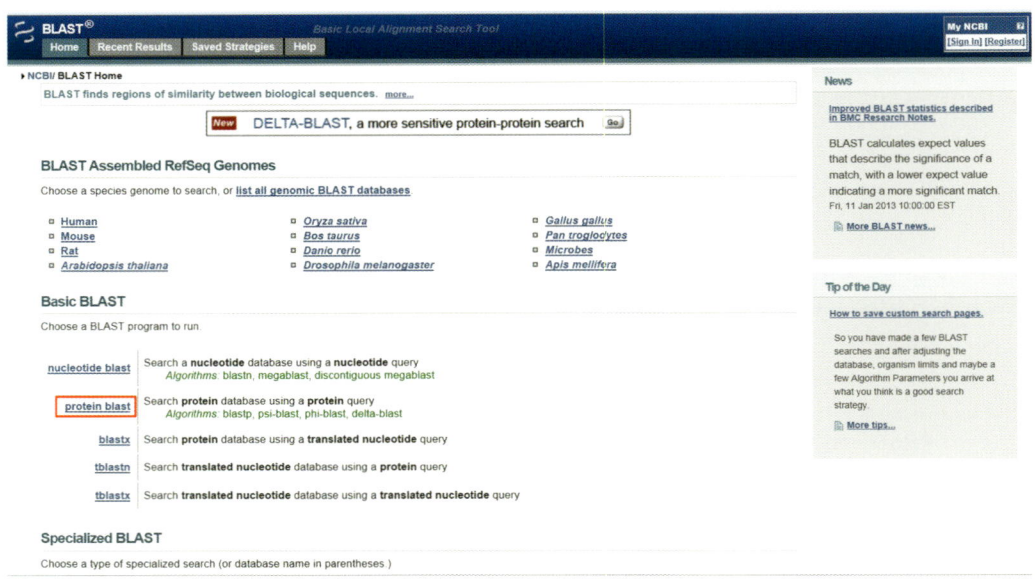

図 2-9　protein blast の選択

❹ 操作❶でコピーした EGFR の配列を、BLAST ページの配列入力フォームにペーストします。"Database" は、"Non-redundant protein sequences（nr）" の設定にしておきます。nr とは、非冗長のアミノ酸配列データベースセットで、GenBank CDS translations、RefSeq Proteins、PDB、UniProt、PIR、PRF から集められています。BLAST をクリックし、検索を実行します（図 2-10）。

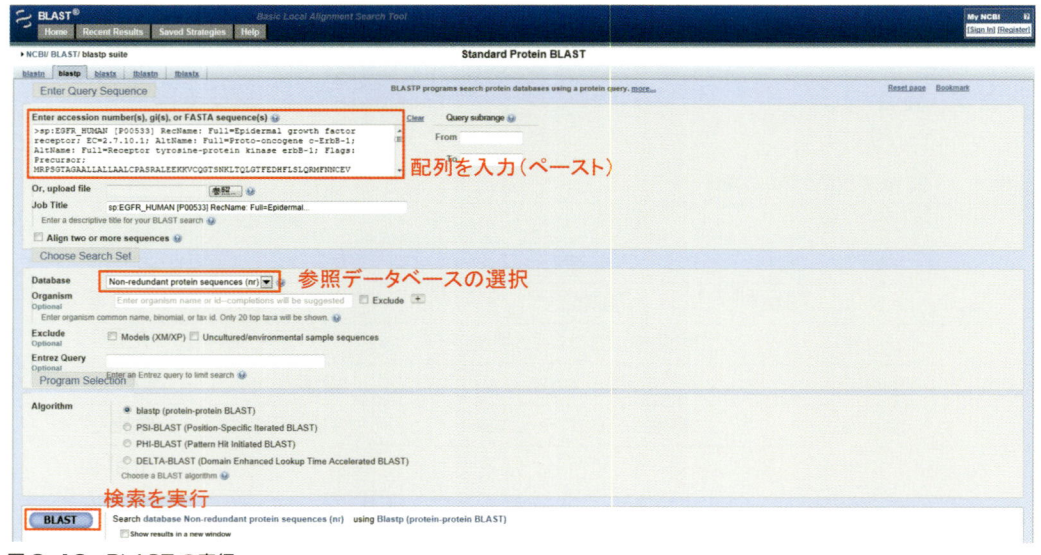

図 2-10　BLAST の実行

❺ 検索を行っている間、問い合わせ配列に対するタンパク質ドメインの検索結果が出力されます（これは NCBI サイトの BLAST 独自のオプションです。ドメイン情報は構造や機能を推定することに活用できます）（**図 2-11**）。

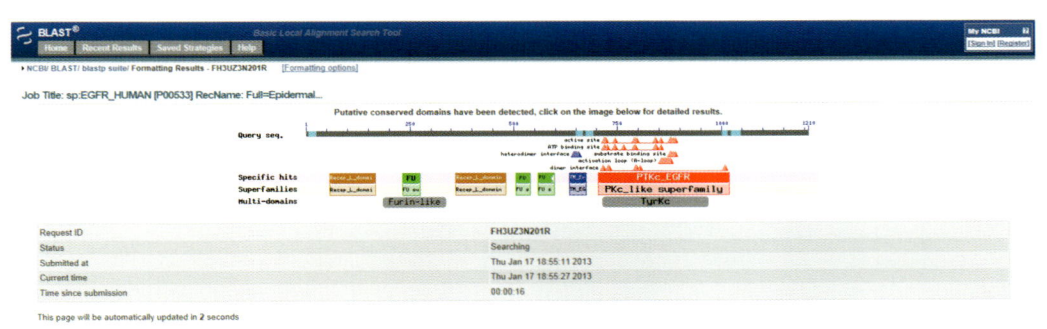

図 2-11　タンパク質ドメインの検索結果

❻ 出力では、タンパク質ドメイン検索結果も含め、相同性検索でヒットした配列、問い合わせ配列間のアラインメントスコアと領域が視覚的に表現されています（**図 2-12**）。

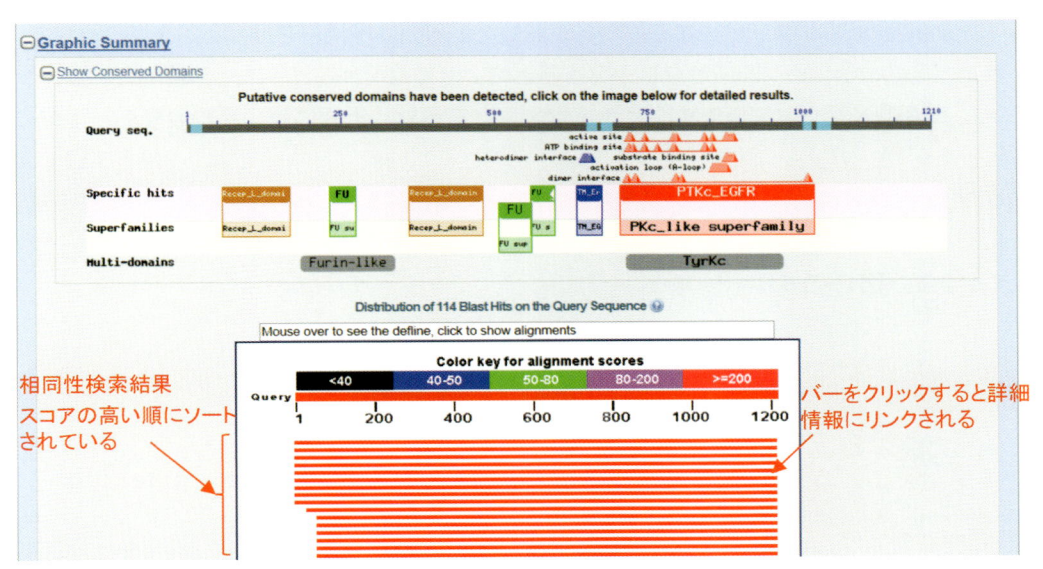

図 2-12　相同性検索結果

❼ 続いてヒットした配列のリストが出力されています。各ヒット配列に対して score や E-value（統計的にみた有意性評価値）のほか、問い合わせ配列とヒットした配列のアラインメントでカバーされている領域（%）や、相同性（%）の値が記載されています。score には、問い合わせ配列に対して、1 本の最長ヒット配列のスコアを算出した Max score と、2 本以上のヒット配列が得られたときの合計スコアを算出した Total score があります。Max score と Total score が同じ値の場合は、問い合わせ配列の全長にわたって、1 本のヒット配列がカバーしていることが多いです。一方、問い合わせ配列が、

N端側のドメインと、C端側のドメインで、異なるヒット配列が得られている場合には、Max scoreとTotal scoreが異なってきます。この場合、全長にわたってのスコアを求めたいときは、Total scoreに着目したほうがいいでしょう（図2-13）。

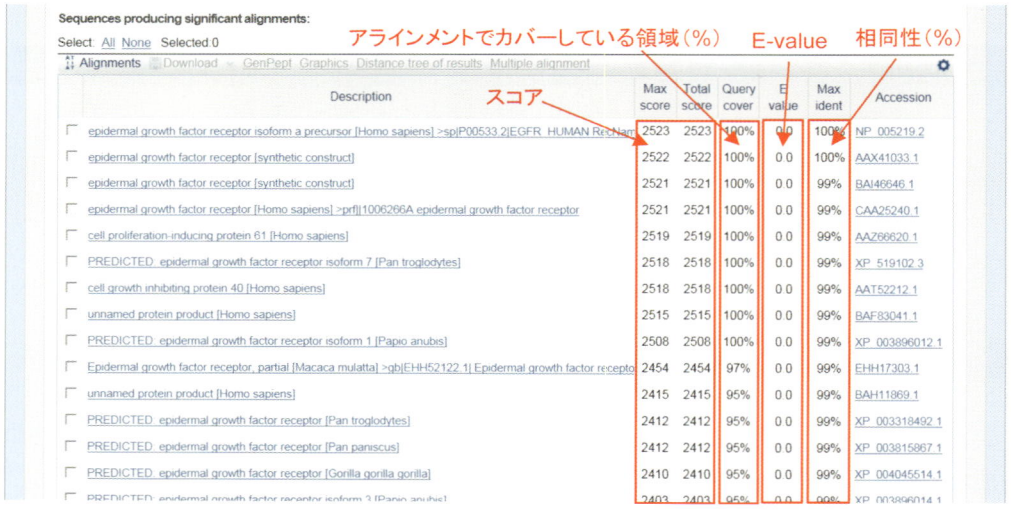

図2-13　相同性検索結果のリスト

❽　"Accession"をクリックすると、ヒットした配列の詳細情報を調べることができます。また"Description"箇所をクリックすると問い合わせ配列とヒットした配列のアラインメント情報へジャンプします。アラインメント結果は、上段に問い合わせ配列、下段にヒット配列、中段に一致度に関する情報で表現されています。中段では、上段と下段で文字が一致している場合は、その文字が記され、一致していない場合は空白となっています。ただし、文字の不一致でもアミノ酸残基の性質が似ているもの同士であれば、＋が記されています（図2-14）。

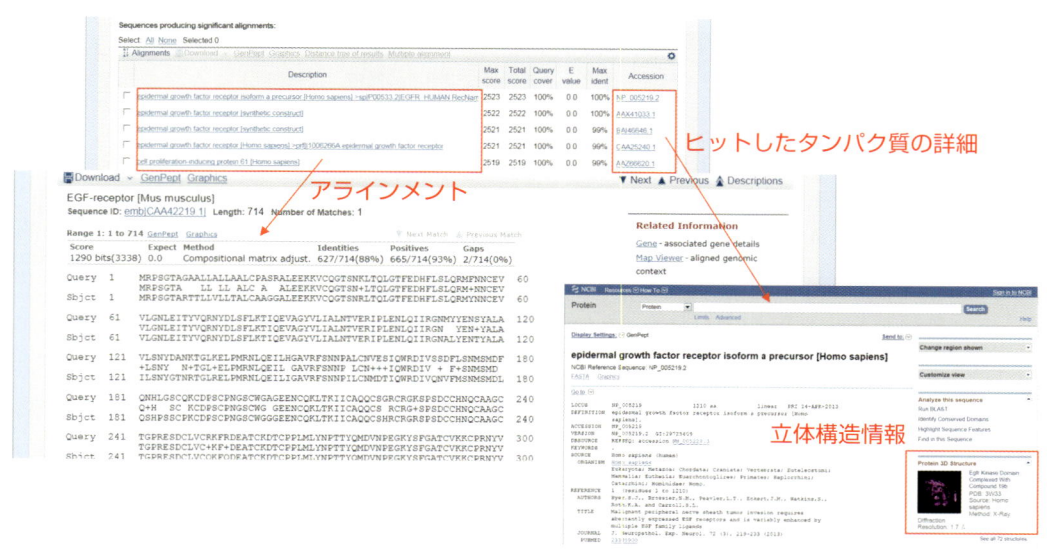

図2-14　アラインメント結果

また、問い合わせ配列には、Xでマスクされる領域が存在することがあります。これはBLASTのフィルタリングが働いていることを意味しています。このフィルタリングは、Proline-rich領域などの繰り返し配列を検索前にマスクする機能をもっています。これにより有意でない一致がスコアに影響を与えないようになっています。

▼ 実習②：多重配列アラインメント

多重配列アラインメントプログラムとして世界でも広く利用されているClustal Wを用いて実習を行います。Clustal Wは、コマンドで実行するプログラムですが、グラフィカルユーザーインターフェースが実装されたClustal Xが初心者にも利用しやすいため、実習では、Clustal Xの実行ファイルをダウンロードして利用します。

❶ 以下のサイトからClustal Xを取得します。
ftp://ftp.ebi.ac.uk/pub/software/clustalw2/

本実習では、バージョン2.1をダウンロードします。Windows、Linux、Macintoshで稼働しますので、利用するOS環境に応じてダウンロードします。実習では、Windows版を対象に手順を説明します。Windows版のファイルは、clustalx-2.1-win.msiとなります。ダウンロード後、手順に従ってインストールします。インストールが終了すると他のソフトウェアのようにプログラムファイルのリストとして追加され、実行名は、ClustalX2となっています（図2-15）。

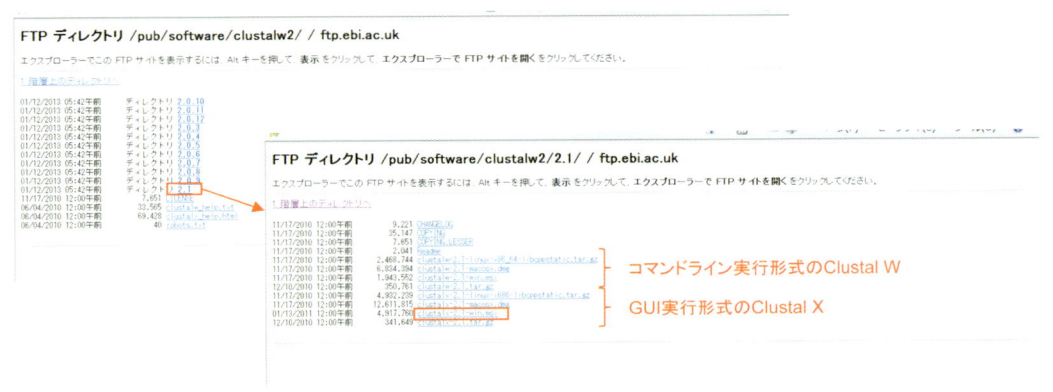

図2-15　Clustal Xの取得

❷ ClustalX2を起動します。FileメニューからーLoad Sequences"を選択します。ここでは例題としてあらかじめ用意したglobin.fasta（章末補足参照）を入力ファイルに指定します。Clustal Xでは多くの入力形式に対応していますが、各自で入力ファイルを用意する場合には、FASTA形式が最もよく利用されています。globin.fastaは、複数の生物種のヘモグロビンタンパク質のアミノ酸配列をFASTA形式にまとめた入力ファイルです（図2-16）。

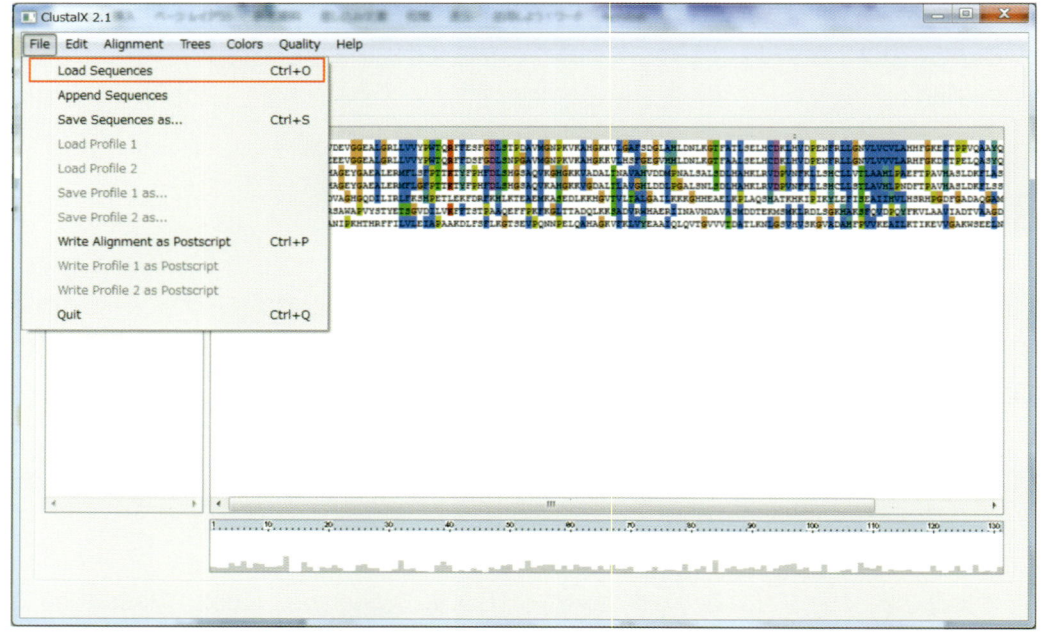

図 2-16　ClustalX2 の起動とファイルの読み込み

❸ globin.fasta を読み込むと、アラインメントされていない 7 つのタンパク質配列が含まれていることがわかります。マルチプルアラインメントの実行は、Alignment メニューから"Do Complete Alignment"を選択します。出力ファイル名を確認後、"ALIGN"をクリックすると計算が実行されます。ClustalX2 では、アラインメント結果の他に、各アラインメント位置における保存性を反映させたスコアがウィンドウの下部にグラフ表示されます（**図 2-17**）。

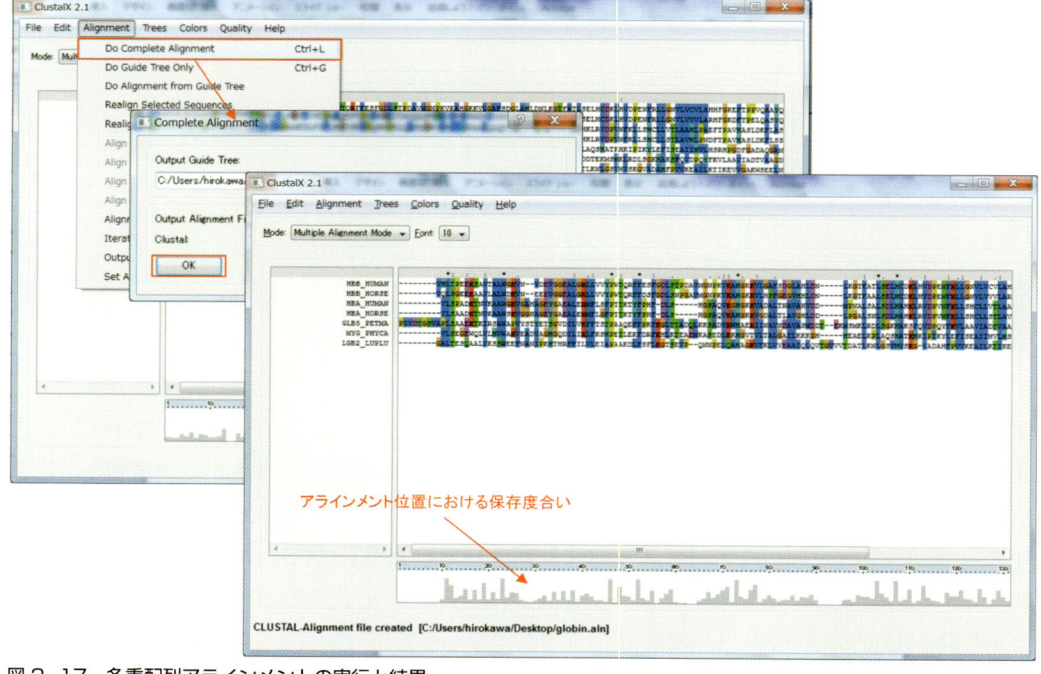

図 2-17　多重配列アラインメントの実行と結果

❹ 多重配列アラインメントの結果から系統樹を作成します。Trees メニューから"Draw Tree"を選択します。系統樹作成のための入力ファイルを保存します。標準では、多重配列アラインメントの際に入力したファイル名に、拡張子 ph が自動的に付加されたファイル名が指定されます。本実習では、"globin.ph"となります。

❺ ClustalX2 で保存した系統樹入力ファイルを用いて、Web 上で系統樹を描画できる Phylodendron にアクセスします。
http://iubio.bio.indiana.edu/treeapp/treeprint-form.html

❻ トップページの Tree styles から系統樹の種類を選択します。ここでは、"tree diag"を選択します。続いて、操作❹で保存した globin.ph を Upload tree file で指定し、Submit をクリックして読み込みます。系統樹が PDF ファイル形式で表示されます（図2-18）。

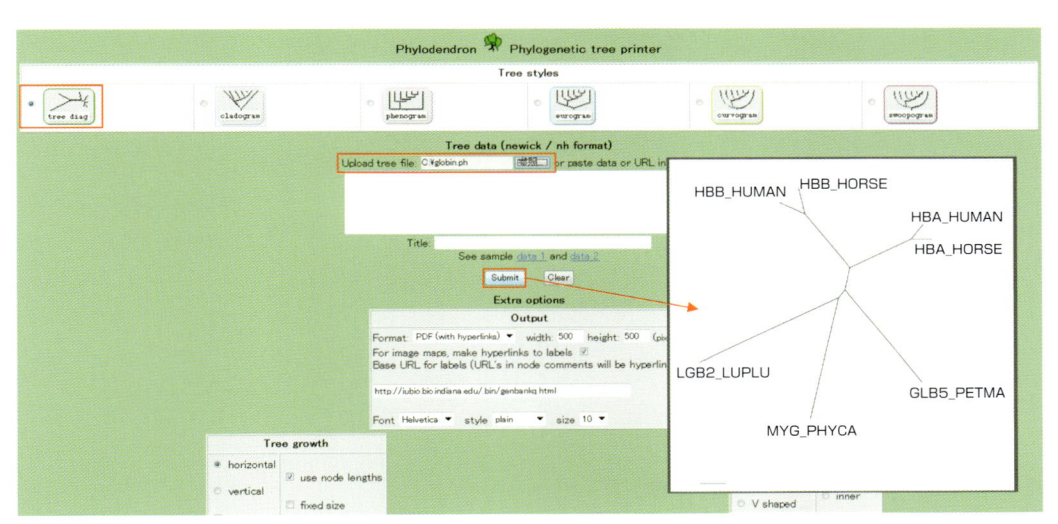

図2-18 Phylodendron による系統樹の描画

▼ 実習③：プライマー設計

遺伝子解析の基盤技術である PCR（ポリメラーゼ連鎖反応）において、プライマーの設計は伸長効率が良く、特異性が高い PCR を実現するための重要な課題の1つです。コンピュータによるプライマー設計ツールとは、入力配列（DNA 配列）に対して、プライマー長、伸長サイズ、GC 含量、オリゴヌクレオチド融解温度（Tm 値）などのパラメータを調整しながら候補となる最適なプライマーを出力するものです。プライマー設計ツールによっては、複数配列を入力して多重配列アラインメントの結果から保存度の高い領域を同定し、プライマー設計に利用するものもあります。プライマー設計ツールは、PCR 以外にも DNA シークエンシングやクローニングにも利用されています。実習では、癌抑制遺伝子 p53 の塩基配列を問い合

わせ配列として、Web 上で解析できる Primer3 プログラムを利用してプライマー候補を列挙します。

❶ 1 章の**実習**①を参考に GenomeNet の Search カテゴリを"All databases"のままで、検索フォームに、癌抑制遺伝子 p53 のデータベース ID である「BC003596」を入力し検索します。検索結果から［GenBank］をクリックすると NCBI の GenBank の情報にリンクされます。このページで"FASTA"をクリックすると塩基配列情報のみ表示されますので、これをコピーしておきます（図 2-19）。

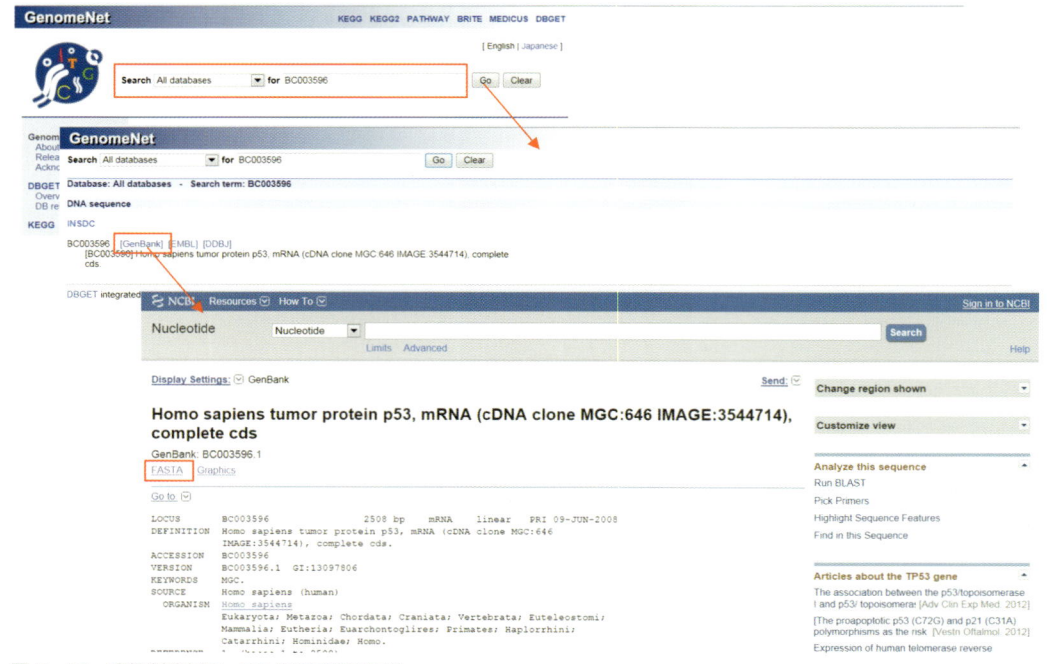

図 2-19　癌抑制遺伝子 p53 の塩基配列取得

❷ Primer3 の Web サイトにアクセスします。
http://primer3.wi.mit.edu/

❸ ❶で取得した入力配列はヒト由来であるため、Mispriming Library（repeat library）を"HUMAN"に設定します。続いて、❶でコピーした p53 の塩基配列を入力フォームにペーストし、その他は初期設定のまま Pick Primers をクリックします（図 2-20）。

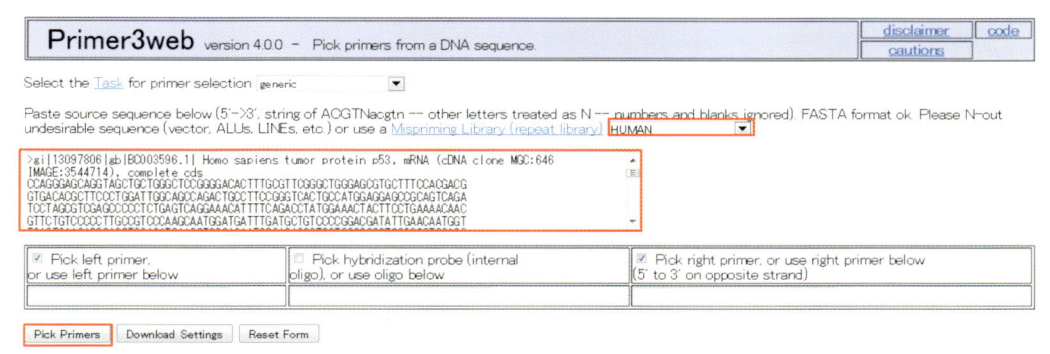

図2-20　塩基配列の入力

❹ Primer3のパラメータは、適宜、初期設定値を参考にして調整します。結果を見て、より多くの候補プライマーをリストアップしたい場合には、各パラメータの上限・下限値の調整の他、Product Size Rangesに新たなサイズ範囲の追加や、Number To Returnの値を高く設定して再実行します（**図2-21**）。

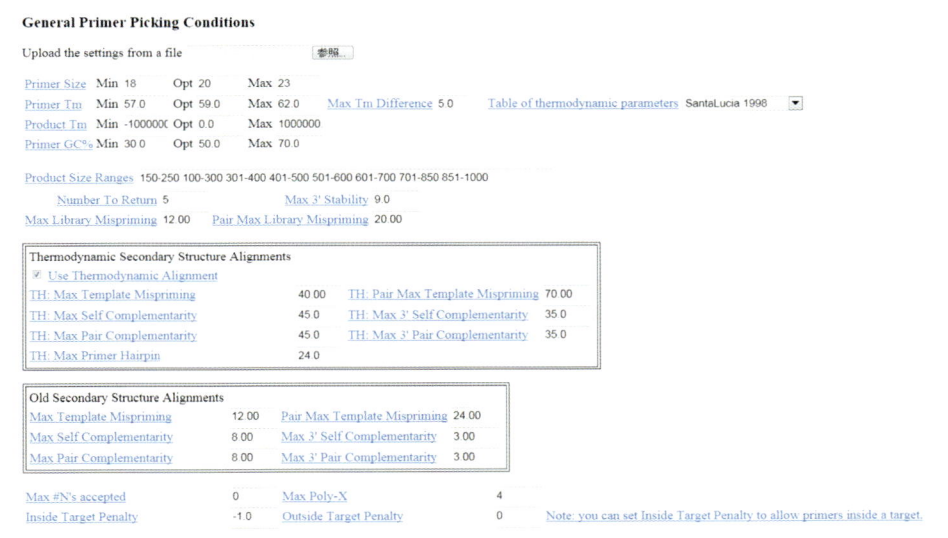

図2-21　パラメータ設定領域

❺ 検索結果としてPrimer3の出力のヘッダには、タイトルが表示されます（タイトル名は、FASTA形式の">"行の内容や"パラメータ項目の"Sequence ID"に入力した情報が反映されます）。続いて、検索結果として、候補プライマーから選ばれた最適なプライマーの結果がTm値などの情報とともに表示されます（**図2-22**）。

◆ 配列を比較してみよう

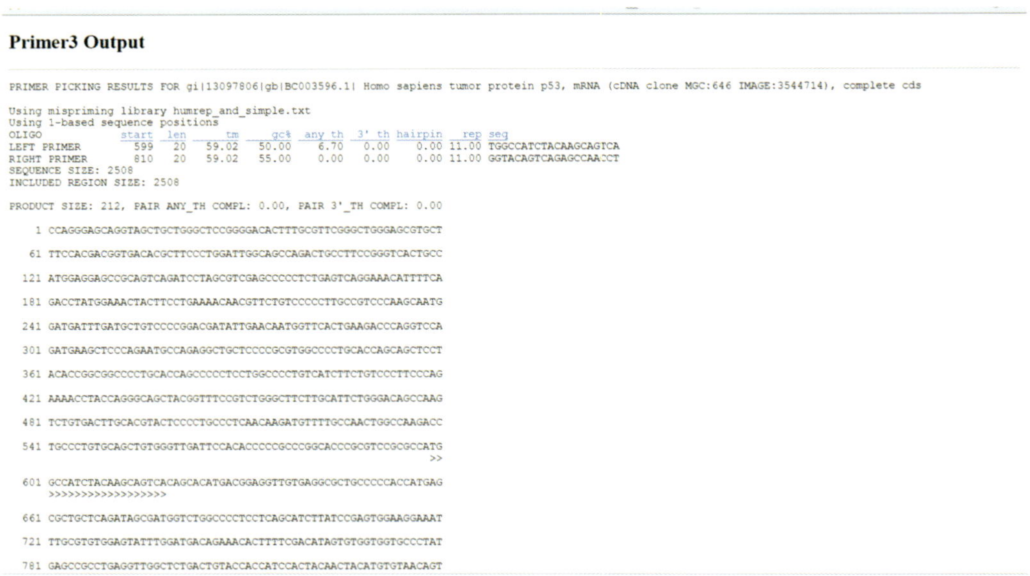

```
Primer3 Output

PRIMER PICKING RESULTS FOR gi|13097806|gb|BC003596.1| Homo sapiens tumor protein p53, mRNA (cDNA clone MGC:646 IMAGE:3544714), complete cds

Using mispriming library humrep_and_simple.txt
Using 1-based sequence positions
OLIGO            start  len     tm    gc%  any_th  3'_th hairpin  rep seq
LEFT PRIMER        599   20  59.02  50.00    6.70   0.00    0.00  11.00 TGGCCATCTACAAGCAGTCA
RIGHT PRIMER       810   20  59.02  55.00    0.00   0.00    0.00  11.00 GGTACAGTCAGAGCCAACCT
SEQUENCE SIZE: 2508
INCLUDED REGION SIZE: 2508

PRODUCT SIZE: 212, PAIR ANY_TH COMPL: 0.00, PAIR 3'_TH COMPL: 0.00

    1 CCAGGGAGCAGGTAGCTGCTGGGCTCCGGGGACACTTTGCGTTCGGGCTGGGAGCGTGCT
   61 TTCCACGACGGTGACACGCTTCCCTGGATTGGCAGCCAGACTGCCTTCCGGGTCACTGCC
  121 ATGGAGGAGCCGCAGTCAGATCCTAGCGTCGAGCCCCCTCTGAGTCAGGAAACATTTTCA
  181 GACCTATGGAAACTACTTCCTGAAAACAACGTTCTGTCCCCCTTGCCGTCCCAAGCAATG
  241 GATGATTTGATGCTGTCCCCGGACGATATTGAACAATGGTTCACTGAAGACCCAGGTCCA
  301 GATGAAGCTCCCAGAATGCCAGAGGCTGCTCCCCGCGTGGCCCCTGCACCAGCAGCTCCT
  361 ACACCGGCGGCCCCTGCACCAGCCCCCTCCTGGCCCCTGTCATCTTCTGTCCCTTCCCAG
  421 AAAACCTACCAGGGCAGCTACGGTTTCCGTCTGGGCTTCTTGCATTCTGGGACAGCCAAG
  481 TCTGTGACTTGCACGTACTCCCCTGCCCTCAACAAGATGTTTTGCCAACTGGCCAAGACC
  541 TGCCCTGTGCAGCTGTGGGTTGATTCCACACCCCCGCCCGGCACCCGCGTCCGCGCCATG
                                                                >>
  601 GCCATCTACAAGCAGTCACAGCACATGACGGAGGTTGTGAGGCGCTGCCCCCACCATGAG
      >>>>>>>>>>>>>>>>>>
  661 CGCTGCTCAGATAGCGATGGTCTGGCCCCTCCTCAGCATCTTATCCGAGTGGAAGGAAAT
  721 TTGCGTGTGGAGTATTTGGATGACAGAAACACTTTTCGACATAGTGTGGTGGTGCCCTAT
  781 GAGCCGCCTGAGGTTGGCTCTGACTGTACCACCATCCACTACAACTACATGTGTAACAGT
```

図2-22 検索結果

❻ これは、パラメータ設定時に指定したOpt値に近いものやProduct Size Rangesの優先順位が反映されています。さらにプライマー箇所は、入力配列上に ">>>>>>" や "<<<<<<" で示されています。その他の候補プライマーは、ADDITIONAL OLIGOS項目に列挙されています。検索結果の末尾には、Statistics項目があり、どのパラメータ項目でプライマーが除外されたかが確認できますので、この情報を参考にしてパラメータ調整を行ってもよいでしょう。

[文献および関連サイト]
・配列解析のアルゴリズムについて
[1] Setubal J.C.、Meidanis J 著、五條堀 孝監訳、遠藤俊徳代表訳、「分子生物学のためのバイオインフォマティクス入門」、第3章 配列比較とデータベース検索、共立出版（2001）
[2] 金久 實著、「ポストゲノム情報への招待」、4章 配列比較と構造・機能予測、共立出版（2001）
[3] 藤 博幸編、「はじめてのバイオインフォマティクス」、第2章 バイオインフォマティクスによる個別の解析、講談社サイエンティフィク（2006）
・ホモロジー検索の利用法について
[4] 金久 實編、「ゲノムネットのデータベース利用法」第3版、共立出版（2002）
[5] 安永照雄著、ホモロジー検索、実験医学増刊、2001：19（11）：54-60

補足 globin.fasta（各配列のタイトル行は、UniProt ID を記している）

```
>HBB_HUMAN
VHLTPEEKSA VTALWGKVNV DEVGGEALGR LLVVYPWTQR FFESFGDLST
PDAVMGNPKV KAHGKKVLGA FSDGLAHLDN LKGTFATLSE LHCDKLHVDP
ENFRLLGNVL VCVLAHHFGK EFTPPVQAAY QKVVAGVANA LAHKYH
>HBB_HORSE
VQLSGEEKAA VLALWDKVNE EEVGGEALGR LLVVYPWTQR FFDSFGDLSN
PGAVMGNPKV KAHGKKVLHS FGEGVHHLDN LKGTFAALSE LHCDKLHVDP
ENFRLLGNVL VVVLARHFGK DFTPELQASY QKVVAGVANA LAHKYH
>HBA_HUMAN
VLSPADKTNV KAAWGKVGAH AGEYGAEALE RMFLSFPTTK TYFPHFDLSH
GSAQVKGHGK KVADALTNAV AHVDDMPNAL SALSDLHAHK LRVDPVNFKL
LSHCLLVTLA AHLPAEFTPA VHASLDKFLA SVSTVLTSKY R
>HBA_HORSE
VLSAADKTNV KAAWSKVGGH AGEYGAEALE RMFLGFPTTK TYFPHFDLSH
GSAQVKAHGK KVGDALTLAV GHLDDLPGAL SNLSDLHAHK LRVDPVNFKL
LSHCLLSTLA VHLPNDFTPA VHASLDKFLS SVSTVLTSKY R
>MYG_PHYCA
VLSEGEWQLV LHVWAKVEAD VAGHGQDILI RLFKSHPETL EKFDRFKHLK
TEAEMKASED LKKHGVTVLT ALGAILKKKG HHEAELKPLA QSHATKHKIP
IKYLEFISEA IIHVLHSRHP GDFGADAQGA MNKALELFRK DIAAKYKELG
YQG
>GLB5_PETMA
PIVDTGSVAP LSAAEKTKIR SAWAPVYSTY ETSGVDILVK FFTSTPAAQE
FFPKFKGLTT ADQLKKSADV RWHAERIINA VNDAVASMDD TEKMSMKLRD
LSGKHAKSFQ VDPQYFKVLA AVIADTVAAG DAGFEKLMSM ICILLRSAY
>LGB2_LUPLU
GALTESQAAL VKSSWEEFNA NIPKHTHRFF ILVLEIAPAA KDLFSFLKGT
SEVPQNNPEL QAHAGKVFKL VYEAAIQLQV TGVVVTDATL KNLGSVHVSK
GVADAHFPVV KEAILKTIKE VVGAKWSEEL NSAWTIAYDE LAIVIKKEMN
DAA
```

CHAPTER 3

BIOINFORMATICS

タンパク質の立体構造を予測してみよう

概要	近年では、対象とするタンパク質の立体構造が未知の場合でも、計算機的手法によりタンパク質の立体構造を予測できるようになってきています。本章では、タンパク質立体構造の考え方について述べた後、構造未知のタンパク質を例題に、配列情報からホモロジーモデリング法によるタンパク質立体構造予測と、タンパク質-タンパク質複合体予測についても実習します。

実習の前に

▼ タンパク質立体構造予測

　興味のあるタンパク質の機能メカニズムを詳しく理解し、変異体構造や新しい薬物分子を設計するためには、立体構造の情報が不可欠になります。通常、タンパク質の立体構造は、X線やNMR、電子線回折などの実験的アプローチにより決定されます。一方で、立体構造が未知の対象タンパク質が、実験的に構造決定された立体構造データベースに登録されているタンパク質と配列相同性が高い場合、この構造をテンプレートとして、立体構造未知の対象タンパク質の立体構造を計算機的手法で予測することができます。2つの配列間に相同性がある場合に、その立体構造間も類似していることがデータベースを用いた比較解析によっても明らかになっています。図3-1は、いろいろなタンパク質のペアについて、配列の相同性（横軸）と立体構造の類似性（縦軸）がどのような関係にあるのかを示しています。配列と立体構造の関係が、20～30％のところで、様子が変わっていることがわかります。構造の類似性の指標は、数値が小さいほど立体構造の類似性が高いことを表しているので、配列の相同性が30％を超えると、立体構造もよく類似していることを示しています。しかし一方で、配列の相同性が20％未満でも、立体構造の類似性が高いタンパク質のペアもたくさんあることに注意しな

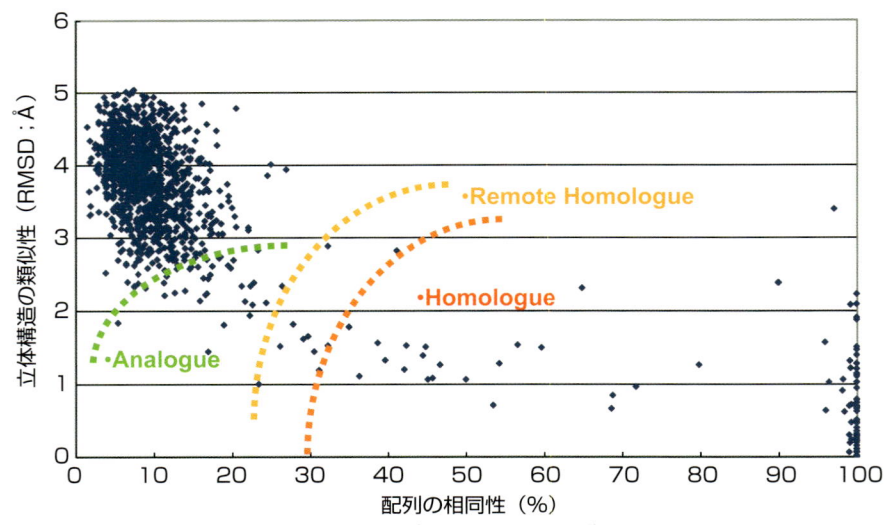

図3-1　配列相同性と立体構造類似性の関係（DBAli を用いて解析）

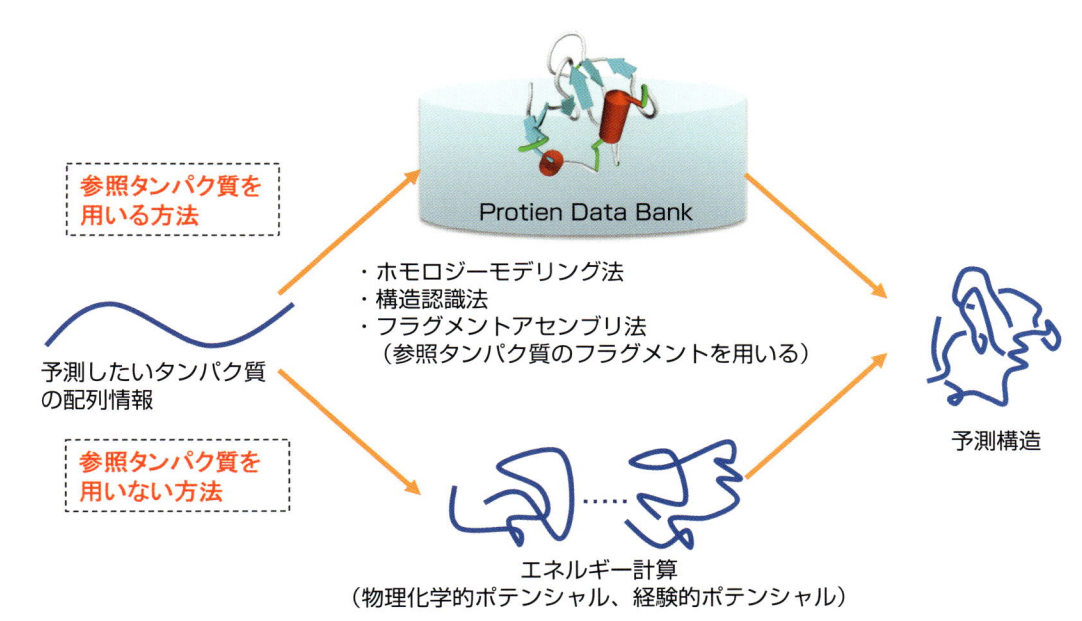

図3-2 タンパク質立体構造予測法の分類

表3-1 タンパク質立体構造予測法の分類 [2]

相同性値	予測手法	予測構造の適用レベル
60%～	ホモロジーモデリング法	低分解能のX線結晶構造との比較、リガンドとのドッキング計算
30～60%	ホモロジーモデリング法	結晶構造決定における分子置換法、部位特異的変異モデルの作成
～30%	構造認識法 非経験的手法	NMR構造の極小化、3Dモチーフ検索による活性部位の予測、折りたたみ同定による機能予測

ければなりません。それらには何らかの意味で分子内の相互作用の類似性があると考えられます。しかし、その類似性はまだ明示的にはわかっておらず、より原理的な方法によることになります。

　タンパク質立体構造予測は、①参照タンパク質を用いる方法と②参照タンパク質を用いない方法に大きく分類されます（**図3-2**）。参照タンパク質を用いる方法には、さらにホモロジーモデリング法、構造認識（スレッディング）法［1］、フラグメントアセンブリ法があります。ホモロジーモデリング法は、配列の相同性が約30%以上の関係にある場合に、テンプレート構造中の保存領域を参照しながら立体構造を予測する手法です。構造認識法は、ホモロジーモデリング法と同様に既知の立体構造をテンプレートとして参照しますが、立体構造空間における残基間ポテンシャルや物理化学的な環境を表現するプロファイルの適合度に着目してテンプレートタンパク質を選択する点が異なります。したがって、構造認識法は、配列の相同性検索で、30%以上のテンプレートが検出できなかった場合にも適応できる手法です。しかし、予測の信頼性はホモロジーモデリング法より劣る場合があります。部分的なフラグメント構造ライブラリの組み合わせにより候補構造を網羅的に作成し、候補構造間のクラスタリングや評価関数から最適な構造を選び出すフラグメントアセンブリ法も注目されています。参照タンパク質を用いない方法は、非経験的手法とも呼ばれ、既知のテンプレート構造を用いず、一本の配

列から分子動力学計算法などの第一原理に基づいて自発的に折りたたみを行う方法の総称です（**表3-1**）。

　近年、計算機性能が飛躍的に向上しており、非経験的手法によるタンパク質立体構造も現実的になっています。タンパク質立体構造予測の分野では、CASP（Critical Assessment of techniques for protein Structure Prediction）と呼ばれるタンパク質立体構造の予測を競う国際的なコンテストが2年に一度開催されています［3］。このようなコンテストの結果も、実際の研究でどの立体構造予測ツールを利用するかの判断基準の1つになるかと思います。

▼ 予測構造の評価

　予測された立体構造が本当に信頼できるかどうかは、X線やNMRなどで立体構造が決定されなければ評価できません。しかし、実際の構造予測をする段階では、その評価法を採用することはできません。立体構造がわからないので構造の予測を行うのが普通だからです。そこで、それに代わる方法が開発されています。解像度の高い代表的な結晶構造データセットに基づく統計的な解析から、天然構造に見られる残基ごとのタンパク質内部への埋没度合いと周りをとりまく極性環境、非共有結合のパターン等を指標化し、実際の予測構造がその指標にどれだけ適合しているかを調べ、予測構造の質を評価します。この後、実習で用いるSWISS-MODEL立体構造予測サーバーには、最新の予測構造評価機能が備わっています。

▼ タンパク質‐タンパク質複合体予測

　タンパク質‐タンパク質相互作用は、多くの生物学的機能において重要な役割を果たしています。2つのタンパク質の相互作用様式を原子レベルで明らかにすることにより、新しい創薬標的の同定や合理的な部位特異的変異実験を支援、さらに相互作用制御化合物のインシリコスクリーニングが期待できます。通常、タンパク質‐タンパク質相互作用は、X線やNMRなどの構造解析技術によって明らかになった複合体構造により解析されますが、近年では、コンピュータの性能向上と情報処理技術の進展により、複合体構造を形成する2つのタンパク質の単体の立体構造データから、ドッキング計算により複合体構造を予測することが可能となっています（タンパク質‐タンパク質ドッキング計算）。ドッキング計算のためのソフトウェアも学術的利用であれば無償で入手できます［4］。

　一般に、タンパク質‐タンパク質ドッキング計算手法は、①剛体モデルによる構造探索、②相互作用スコア（またはエネルギー値）計算による順位付け、③構造最適化および再順位付け、の3つの過程から構成されています。最初のステップである構造探索では、膨大な探索問題（位置と回転で6つの自由度）が発生するため、タンパク質立体構造を剛体として扱い、さらに立体構造情報を三次元の格子点上の小さな立方体の集合で近似することで問題を簡略化します（**図3-3**）。続いて高速フーリエ変換法により相補的なドッキング状態を高速に探索し、数百〜数千個の候補構造を出力します。二番目のステップである相互作用エネルギーによる順位付けでは、構造探索で得られた候補構造に対して、相補性、タンパク質間の静電相互作用、水素結合、van der Waals相互作用、脱溶媒和エネルギー等から相互作用スコアを計算

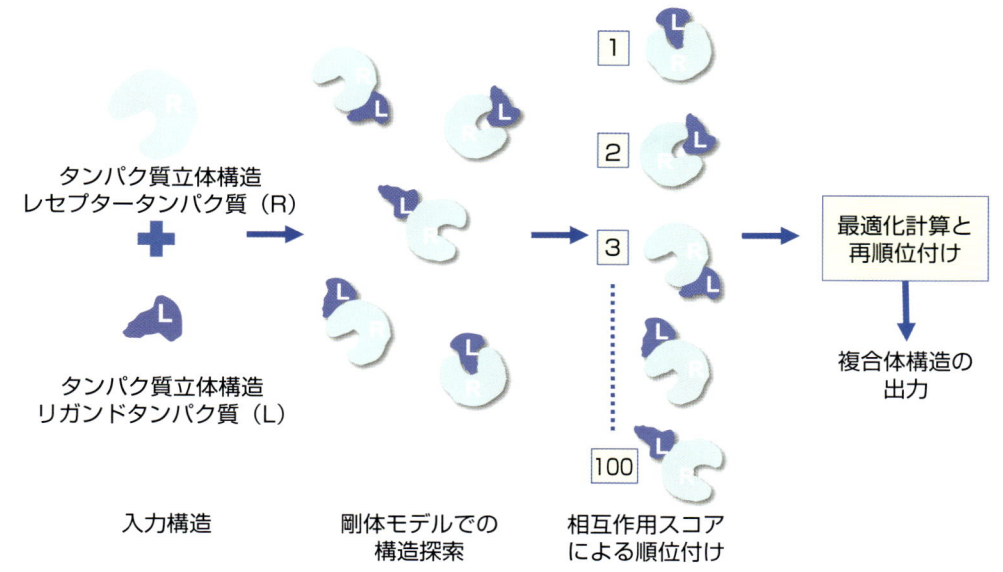

図3-3 タンパク質-タンパク質ドッキング計算

し、スコアの良い順に候補構造の順位付けを行います。最後のステップである構造最適化では、剛体モデルを解除し、側鎖構造（ソフトウェアによっては主鎖構造も含む）に自由度を与えて構造最適化計算を実行します。構造最適化計算では、主に分子力学計算法が利用されます。構造最適化後には、再度、相互作用スコアが計算され、最終的な順位付けが行われます。

タンパク質-タンパク質ドッキング計算手法の精度やベンチマークについては、CAPRI（Critical Assement of PRediction of Interactions）と呼ばれている世界的な計算機実験を参考にするといいでしょう［5］。これは、CASPと同様の実験によって決定された複合体構造が公開される前に予測構造を提出し、比較と評価を行う完全なブラインドテストで、タンパク質-タンパク質ドッキングの先端技術を確認できる情報の1つです。

実習

実習では、構造既知のタンパク質（鋳型タンパク質）との配列相同性（30％以上）に基づいて予測するホモロジーモデリング法を行います。一般に配列相同性が高ければ、予測される構造の信頼度も高くなります。ここでは、インターネットを利用して比較的簡単に利用できるSWISS-MODELを利用します。さらに構造既知の2つのタンパク質を用いて、その複合体状態の構造をClusProタンパク質-タンパク質ドッキングサーバーを用いて予測を行います。最後に、Foldit と呼ばれるタンパク質の折りたたみをテーマとしたコンピュータゲームについても紹介します。

● 実習①：ホモロジーモデリング法

立体構造未知タンパク質のヒトグルタミンtRNA合成酵素を問い合わせ配列として、ホモ

ロジーモデリング法によるタンパク質立体構造予測を SWISS-MODEL サーバーにより実行します。

❶ ヒトグルタミン tRNA 合成酵素の配列情報を取得します。1 章の**実習①**を参考に GenomeNet の Search カテゴリを"All databases"のままで、検索フォームに、ヒトグルタミン tRNA 合成酵素のデータベース ID である「SYQ_HUMAN」を入力し、Go で検索します。1 章の**実習①**の❹に従って FASTA 形式の配列情報を表示し、タイトル行を含む配列をマウスで選択してブラウザの機能を使ってコピーします。

❷ スイスバイオインフォマティクス研究所の SWISS-MODEL サーバーにアクセスします。
http://swissmodel.expasy.org/

❸ 画面左側のメニューから"Automated Mode"をクリックします（**図 3-4**）。

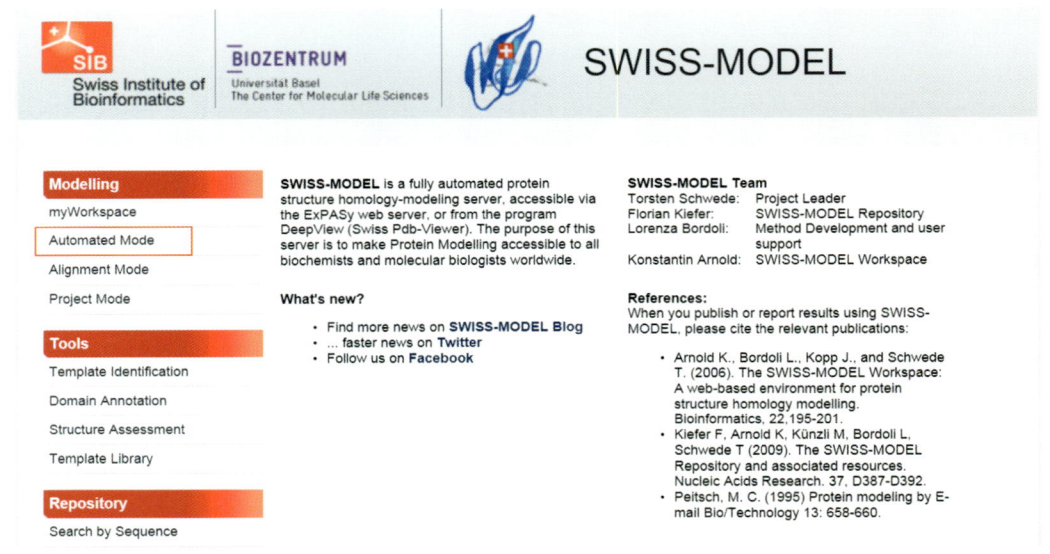

図 3-4　SWISS-MODEL のトップページとメニューの選択

❹ モデリング終了を通知するメールアドレス、プロジェクトタイトル（実行名のようなもの）を入力します。そして、❶で取得した対象タンパク質のアミノ酸配列（FASTA 形式）をペーストします。入力が完了したら Submit Modelling Request をクリックします（**図 3-5**）。その後、'Your Request has been Submitted:'というメッセージのページが表示されます。

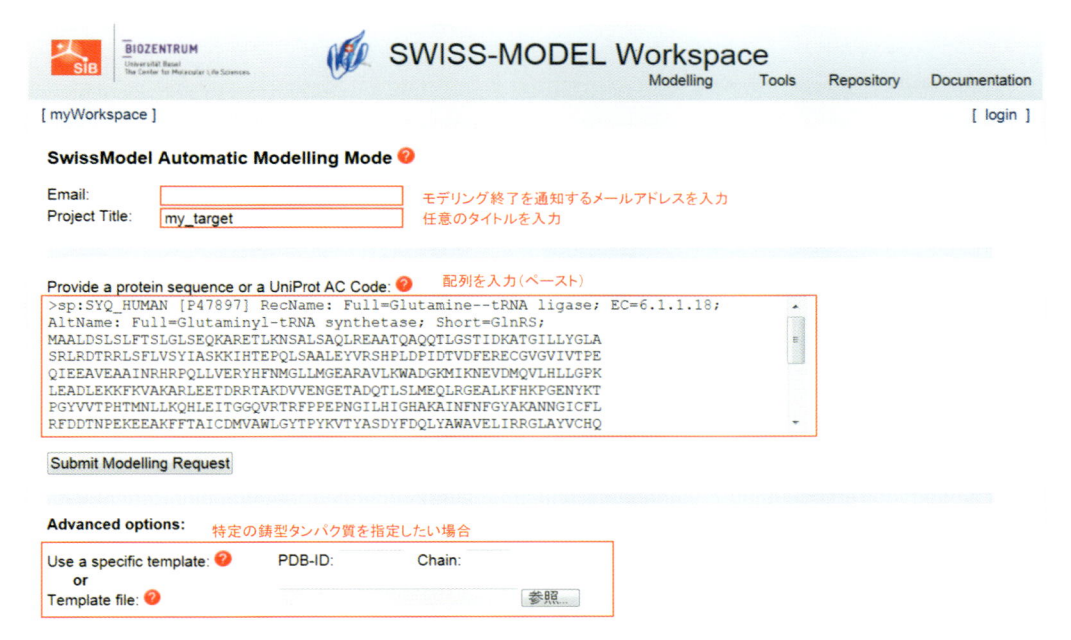

図 3-5 SWISS-MODEL 入力画面

❺ しばらくすると予測結果が表示されます。サーバーの稼働状況により数時間かかる場合もあります。その場合は、一度 Web を終了しても構いません。入力したメールアドレスに、モデリング終了の案内メールが届きますので、その中で指定された URL にアクセスすることでモデリング内容を確認することができます。

モデリング結果は、問い合わせ配列のどの部分が構造予測できたかを示す図に続いて、鋳型となったタンパク質の情報が表示されます。この実習では、PDB-ID で 1qtq というエントリーの A 鎖を鋳型としたことになります。

❻ 予測構造のダウンロードを行います。鋳型タンパク質の情報の下に display model や download model という項目があります。PDB 形式でデータをダウンロードする場合には、download model 行にある"as pdb"をクリックし、データを保存します（**図 3-6**）。ファイル名 Model_1.pdb でダウンロードされます。

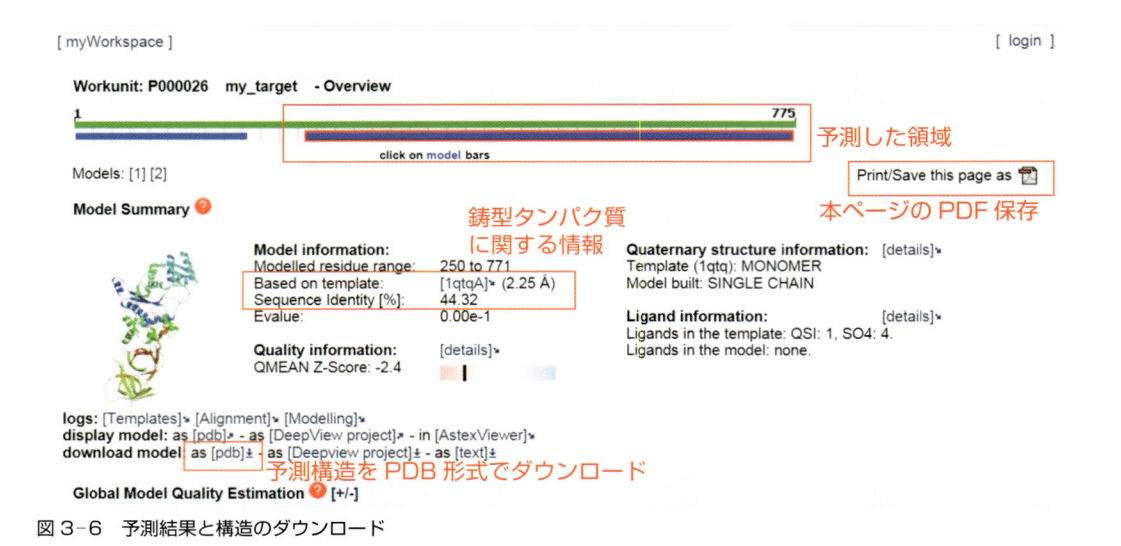

図3-6 予測結果と構造のダウンロード

❼ SWISS-MODELでは、モデリング構造の品質を3つの手法（Anolea法、QMEAN4法、GROMOS法）で評価し、グラフによって表示します。Anolea法は、主にモデリング構造のパッキング効果を評価します。タテ軸の値（Y値）は、マイナス値が良好なエネルギー状態、プラス値が改善が必要なエネルギーの高い状態を示しています。QMEAN4法は、Cβ原子の相互作用エネルギー、原子間ペアエネルギー、溶媒和エネルギー、二面角エネルギーの4つの評価項目によってモデリング構造を評価します。Y値が低いほうが、良いスコアを示しています。GROMOS法は、分子動力学計算で用いられる方法で、SWISS-MODELでは、各アミノ酸のエネルギー評価に利用しています。Y値はエネルギーを示しており、低いほど、安定であることを示しています（**図3-7**）。

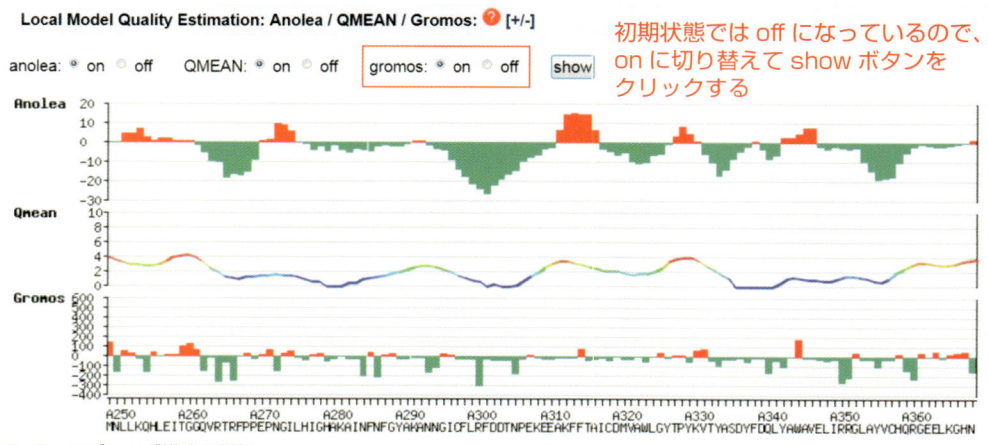

図3-7 モデリング構造の評価

これらの評価値が、全体として下回っている場合は、対応する位置のSWISS-MODELの出力ファイルの中の鋳型タンパク質とのアラインメントを修正し再度モデル構築を行うこ

とで改善されることがあります。他の改善策として、分子力学・分子動力学計算を用いて最適化構造を構築する方法もありますが、計算機資源が必要なことや専門的な知識も必要とするため、中・上級者向けとなります。

❽ 予測結果のページには、構造予測に用いた入力配列と鋳型タンパク質間のアライメントも表示されています。Alignment、Modelling Log、Template Selection Log など、詳細データは、[＋／−] を切り替えると出力されます（**図3-8**）。

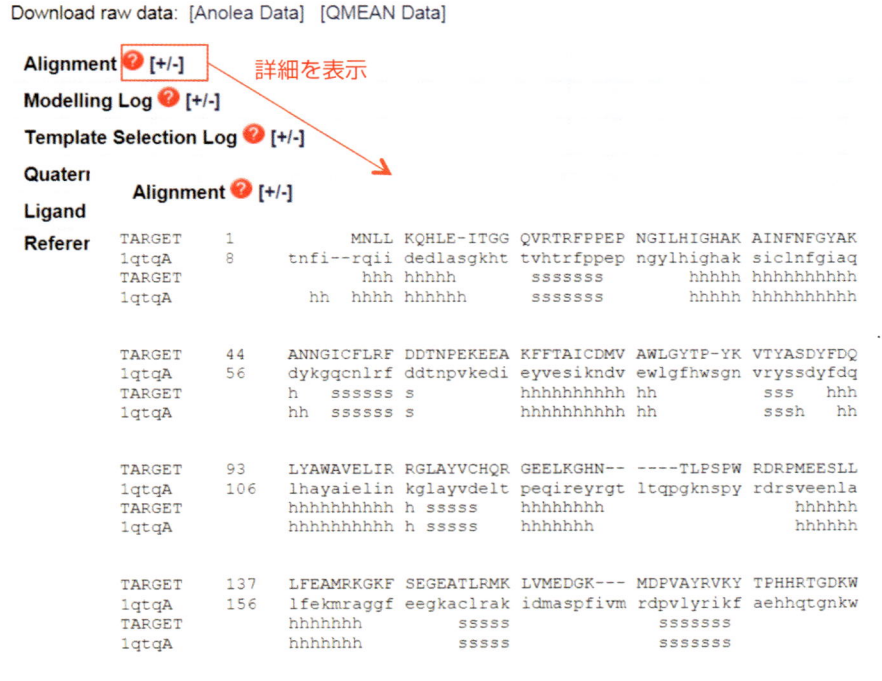

図3-8　詳細データの表示

　これらの情報は、鋳型タンパク質で機能部位が明らかな場合、予測したタンパク質のどの部位に対応するのか、またアライメント情報にさかのぼって予測構造を修正したい場合などに必要となります。ホモロジーモデリング法で予測した構造の精度は、鋳型タンパク質との配列相同性に依存してきます。ファイルを確認して、予測した構造が鋳型タンパク質とどのくらいの配列相同性に基づいて構築されたものかをきちんと把握しましょう。例えば、予測したタンパク質構造と低分子の相互作用解析などを目的とする場合は、約60％以上の配列相同性に基づいたホモロジーモデリングにより得られた構造が必要だといわれています。

▼ 実習②：タンパク質−タンパク質ドッキングによるタンパク質複合体予測

　近年では、タンパク質−タンパク質ドッキング計算の Web サーバーも公開されており、大規模な計算環境がない場合でも非常に簡単な入力設定のみで複合体構造を予測できます。本実

習では、ClusPro サーバーを用いて、セリンプロテアーゼとその阻害タンパク質（プロテアーゼ阻害タンパク質）の複合体を予測します。

❶ 米国ボストン大学の ClusPro サーバーにアクセスします。ClusPro サーバーは、非営利目的での利用に制限されています。
http://cluspro.bu.edu/

❷ ClusPro サーバーは登録していなくても利用することができます。その場合は"Use the server without the benefits of your own account"をクリックします。Job Name に任意のタイトルを入力します。この実習では、既に PDB に登録されているセリンプロテアーゼ（PDB-ID：1sup）を Receptor、プロテアーゼ阻害タンパク質（PDB-ID：3ssi）を Ligand として用います。それぞれの PDB-ID を入力します。また、モデリング構造など PDB に登録されていないタンパク質については、Upload PDB で読み込むことができます。非営利目的での利用に同意するチェックをいれて、Dock で実行します（図3-9）。

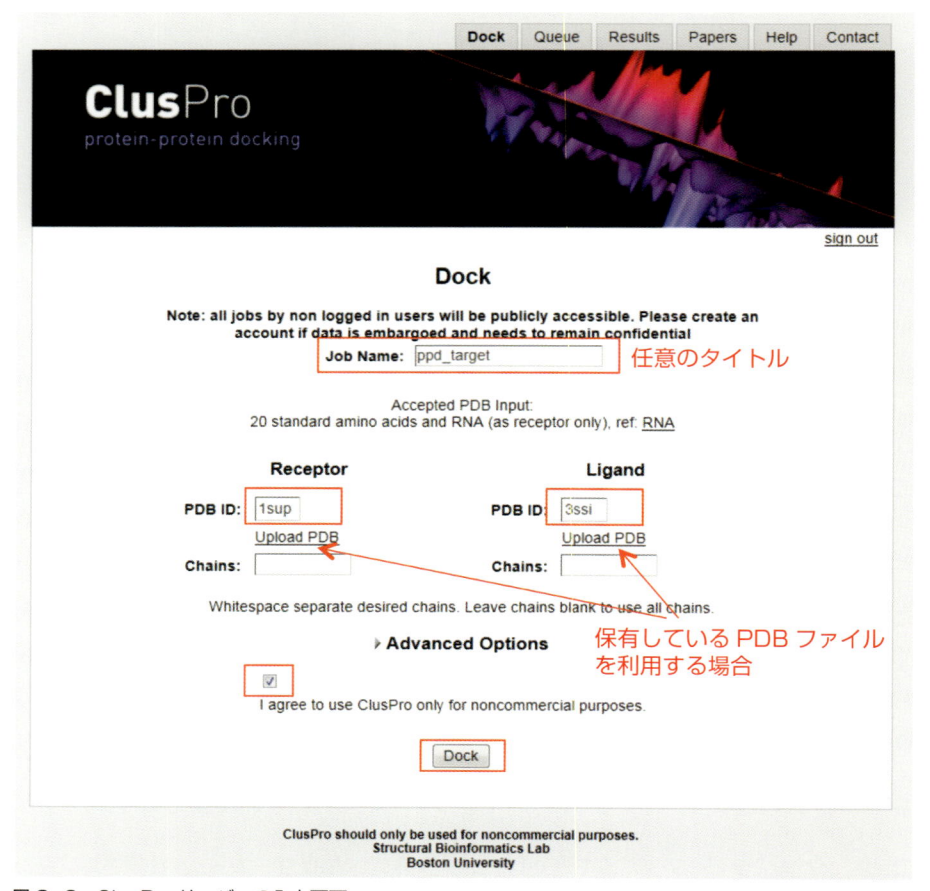

図 3-9　ClusPro サーバーの入力画面

❸ 計算実行後は、進捗（Status）を知らせる画面になります（**図3-10**）。Statusは、processing pdb filesから、in queue on supercomputer → running on supercomputer → clustering and minimization → pre-docking minimization finishedとなります。計算が終了するとQueueタグページからResultsタグページにリストが移動されます。

図3-10　ClusProの進捗状況

❹ Statusがfinishedになっていることを確認したら、"Id"をクリックすると結果が表示されます。"View Model Scores"をクリックすると予測したモデルのスコアが確認できます。ClusProでは、最終的に1000構造を生成し、Cα原子を基準に9Å以内で類似した構造は、同一クラスターとして整理されます。その後、クラスターメンバーの多いクラスターで順位付けがされます。クラスターの代表構造の分子は、画面上に画像として表示されます。標準では、10クラスターが表示されます（Display Modelsで変更可能）。"Download all Models for all Coeffcients"で、全ての構造をまとめてダウンロードできます（**図3-11**）。

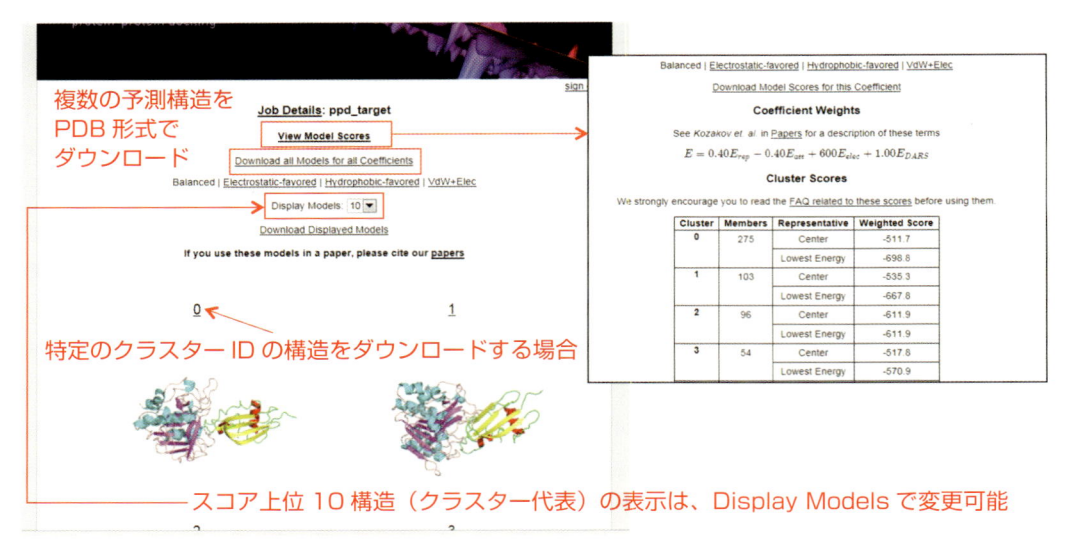

図3-11　ClusProによる予測結果

❺ セリンプロテアーゼとプロテアーゼ阻害タンパク質の複合体は、既に結晶構造がPDBに登録されています（PDB-ID：2sic）。**図3-12**は、結晶構造とClusProで予測した一位のクラスターの構造を比較しています。プロテアーゼ阻害タンパク質の結合様式が、非常によく再現できることがわかります。

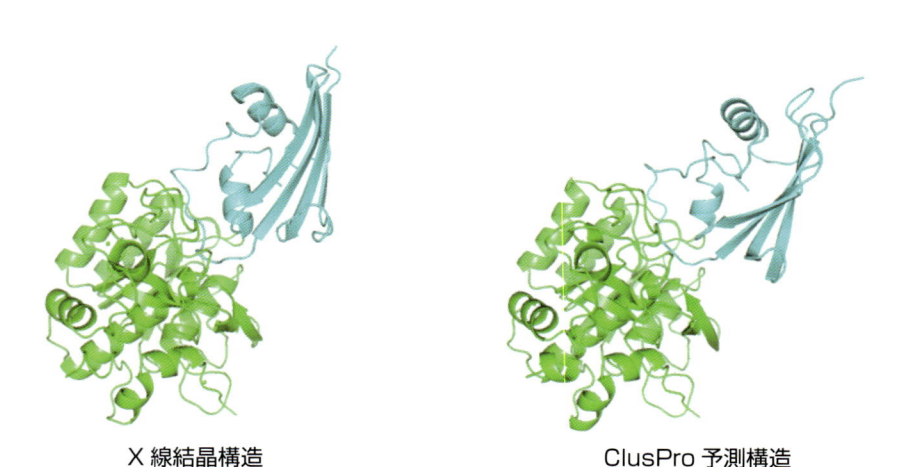

図3-12　セリンプロテアーゼ（緑）とプロテアーゼ阻害タンパク質（青）複合体構造の比較
　　　　左がX線結晶構造、右がClusProによる予測構造。PyMOL（Schrödinger社）による表示。

▼ 実習③：タンパク質折りたたみ体験

　ワシントン大学によって開発されたFolditは、コンピュータゲーム感覚で、対話式にタンパク質構造予測を行うソフトウェア（2008年にβ版が公開）です。Folditによって予測した構造が、実際のX線構造決定に貢献した例もあります［6］。Folditは、解決困難とされる

タンパク質の折りたたみ問題に対して、人間の感性と知識を引き出すソフトウェアの1つといえます。

❶ Foldit は、クライアントソフトを以下のサイトよりダウンロードして利用します（図3-13）。稼働環境は、Windows、Macintosh、Linux から選択できます。
http://fold.it/portal/

図3-13　Foldit のホームページ

インストーラをダウンロード後、インストーラの指示に従ってインストールを行います。煩雑な設定はなく、簡単にインストールできます。インストール後、デスクトップに Foldit ショートカットアイコンが作成されます（本実習では、Windows を利用）。Foldit を起動すると、Update の確認後、スタートウィンドウが表示され、Start ボタンで Foldit が利用できます（図3-14）。Foldit は基本的には、オンラインゲームのように利用する形式になっており、アカウントを登録すると、世界中のユーザーと予測構造の精度を競うことができます。またオフラインでも利用できます。本実習では、オフラインモードで紹介します。

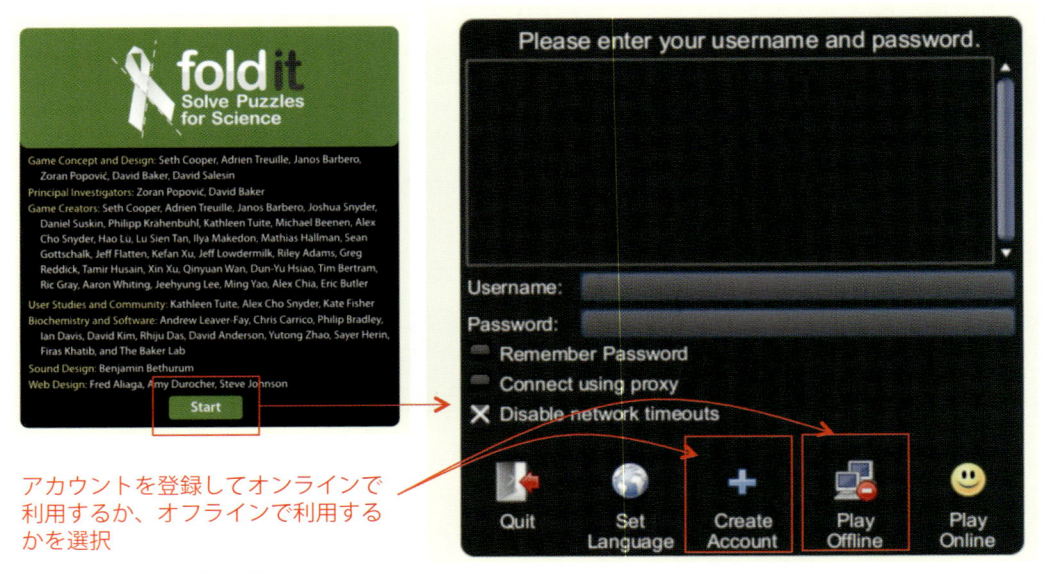

アカウントを登録してオンラインで
利用するか、オフラインで利用する
かを選択

図 3-14　Foldit の利用開始画面

❷ Foldit には、さまざまなレベルの分子パズルが用意されており、起動後、簡単なパズルから出題されます。最初は、2 つのアミノ酸残基間の原子間接触を回避するパズルが出題されます。突起状のボールは、原子間に接触が生じていることを示しています。接触の原因となる原子をクリック＆ドラッグして、回避できるように操作します。回避した結果、構造を評価するスコアが基準点を満たすと合格となり、次のパズルが出題されます（**図 3-15**）。

パズルが出題されます。

改善したい原子をクリック
＆ドラッグして、分子間接
触を回避させます。

基準スコアを満たすと合格です。
次のパズルが出題されます。

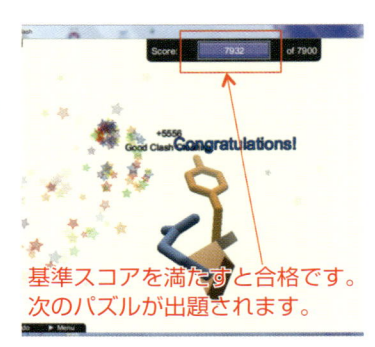

図 3-15　Foldit のパズル出題例①

❸ Foldit には、さまざまなレベルのパズルが用意されています（**図 3-16**）。これらのパズルに合格することで折りたたみの基本操作を習得し、実際の構造予測問題に挑戦していきます。興味を持った方は、オンラインで世界中のユーザーとスコアを競ってみてもよいでしょう。また Foldit は、タンパク質立体構造の教育等にも活用されています。

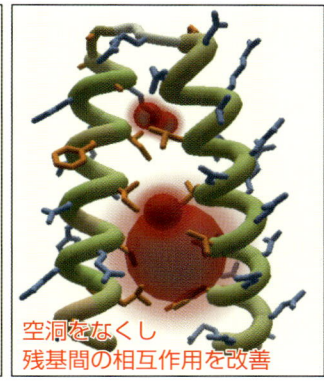

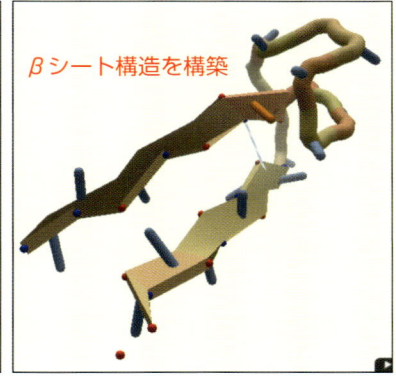

図3-16　Folditのパズル出題例②

[文献および関連サイト]
[1] 藤　博幸編、「タンパク質の立体構造入門」、第5章 アミノ酸配列からの構造予測とデザイン、講談社サイエンティフィク（2010）
[2] Sánchez R, et al. Protein structure modeling for structural genomics. Nat Struct Biol. 2000 ; 7 : 986-90.
[3] CASP　http://predictioncenter.org/
[4] ZDOCK　http://zlab.umassmed.edu/zdock/
[5] CAPRI　http://www.ebi.ac.uk/msd-srv/capri/
[6] Cooper S, et al. Predicting protein structures with a multiplayer online game. Nature. 2010 ; 466 : 756-60.

CHAPTER 4

BIOINFORMATICS

文献データベースを活用してみよう

> **概要**
>
> 米国 NLM の NCBI が管理、サービスを行っている文献データベースシステム PubMed は、医学・分子生物学の分野の重要な情報源として世界中で活用されています。最も簡単な利用法は、全ての項目に対するキーワード検索ですが、ここでは各項目へのキーワードを指定しながら効率良く目的とする文献の絞り込みを実習として行います。

実習の前に

Entrez：分子生物学データ統合検索システム

　Entrez とは、学術文献と分子生物学データベース各種（DNA・タンパク質配列、タンパク質立体構造、ドメイン構造、発現プロファイル、完全長ゲノム配列、分類学情報）を統合して検索を行うことができるシステムで、米国 NLM（国立医学図書館）の NCBI によって開発されました。各データベースは、それぞれ関連付けがされており、1 章で紹介した

表 4-1　Entrez が提供するデータベース例

データベース名	概要
PubMed	生物医学関連文献データベースである MEDLINE への検索システム。1966 年以降の文献が収録されている。
Nucleotides	GenBank、EMBL、DDBJ を含む核酸配列データベース。ゲノム配列や特許配列についても、米国登録商標庁（USPTO）等を通じて含まれている。
Proteins	PIR、SWISSPROT、PRF、PDB を含むタンパク質配列データベース。GenBank、EMBL、DDBJ の核酸配列データベースに示されているタンパク質配列コーディング領域の配列データも含まれている。
Genome	さまざまなゲノム配列データ、染色体データ、コンティグ配列地図、統合化された遺伝子・物理地図に関するデータ。
Structures	Molecular Modeling DataBase（MMDB）とも呼ばれ、PDB データを含む生体高分子立体構造のデータベース。配列や立体構造の類似性による関連付けもされている。可視化ツールとして Cn3D も提供している。
PopSet	集団系統、変異に関する研究結果により得られたアラインメント配列データセット。主に進化や遺伝子多型研究に利用される。核酸配列とタンパク質配列の両方が含まれている。
OMIM	'Mendelian Inheritance in Man' に基づいたオンラインデータベース。ヒトの遺伝子に関するデータ、遺伝病のカタログがまとめられている。
Taxonomy	遺伝子データを生物種ごとに索引化したデータベース。
Books	Entrez と関連付けられた生物医学関連の書籍リストデータベース。キーワード検索が可能。
GEO DataSets	Entrez 上で検索できる NCBI の GEO（Gene Expression Omnibus）データベース。GEO は、遺伝子発現、ハイブリダイゼーションアレイに関するデータベース。
CDD	タンパク質で保存されているドメインを集めたデータベース。FASTA 形式の配列を入力し、ドメイン検索をすることができる。
UniSTS	冗長性を除いた STS 配列データベース。DbSTS、RHdb、GDB 他、さまざまなヒト・マウス地図からのデータが含まれている。
PubChem	化合物に関するデータベース。

GenomeNetのAll linksのように、例えば配列データを検索後、その配列の立体構造や関連文献を参照することができます。本章で紹介する文献データベースPubMedも、Entrezを通じて他のデータベースと関連付けされています（**表4-1**）。

このような統合化データベース検索システムは、日本のGenomeNet、米国のEntrezの他にヨーロッパのEBIが開発したSRSがあります。
　SRS　srs.ebi.ac.uk/

　核酸配列やタンパク質配列など、基本的な分子生物学データについては、これらの統合化システムでほとんど共通の内容を持っていますが、その他の文献データベースや、代謝パスウェイデータベース、ゲノムワイドなデータベースとその関連付けなどで、それぞれの統合化データベース検索システムの特色が出ています。

実習

PubMedは、医学・分子生物学の分野の重要な情報源として世界中で活用されています。実習では、指定した論文の検索手順の他、総説論文や、各項目へのキーワードを指定しながら効率良く目的とする文献の絞り込みを実習として行います。

▼ 実習①：指定した論文の検索

検索したい論文名があらかじめ用意されている場合は、論文雑誌名や著者、掲載年、ページ数等の情報で簡単に検索できます。

❶ NCBI経由、または直接PudMedにアクセスします（**図4-1**）。
　NCBI　www.ncbi.nlm.nih.gov/
　PudMed　pubmed.gov/

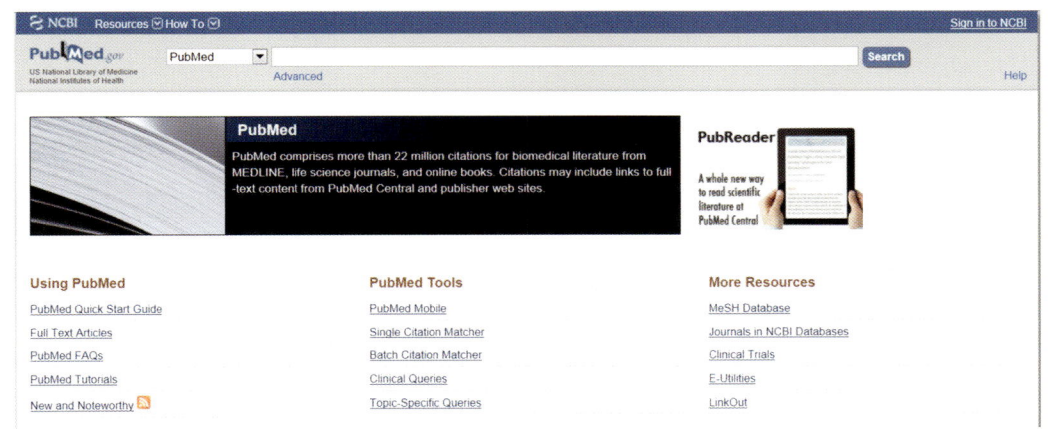

図4-1　PubMedのトップページ

この実習では、以下の文献を例に検索を行います。
著　　者： Stephen F. Altschul, Thomas L. Madden, Alejandro A. Schaffer, Jin-ghui Zhang, Zheng Zhang, Webb Miller, David J. Lipman.
タイトル： Gapped BLAST and PSI-BLAST: a new generation of protein database search programs
雑 誌 名： Nucleic Acids Research
　号　　： 25
　巻　　： 17
ペ ー ジ： 3389-3402
　年　　： 1997年

❷ Single Citation Matcher 機能により、上記の Altschul らの論文を検索します。ページの中央にある機能より'Single Citation Matcher'を選択します（図4-2）。

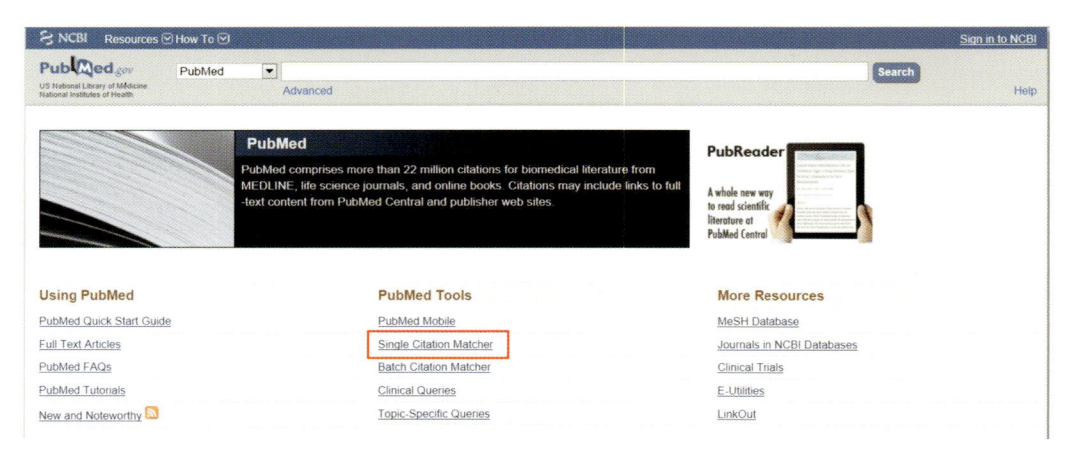

図4-2　Single Citation Matcher 機能の選択

❸ 各項目のフォームに情報を入力します。この例では、号（Volume）やページ番号（First page）など詳細な情報がありますので、Title words は、「Gapped BLAST」程度とします。「Gapped」と「BLAST」をスペースではさむことで両者を含むタイトルを検索します。 Search をクリックし、検索を実行します（図4-3）。
なお、一般的な情報検索システムには、'in'や'and'といった検索をする上で固有の意味を持たない単語をストップワード（Stopwords）と定義し、検索キーワードから自動的に除外する機能があります。PubMed におけるストップワードの一覧は、以下のページにて参照することができます。
www.ncbi.nlm.nih.gov/entrez/query/static/help/pmhelp.html#Stopwords

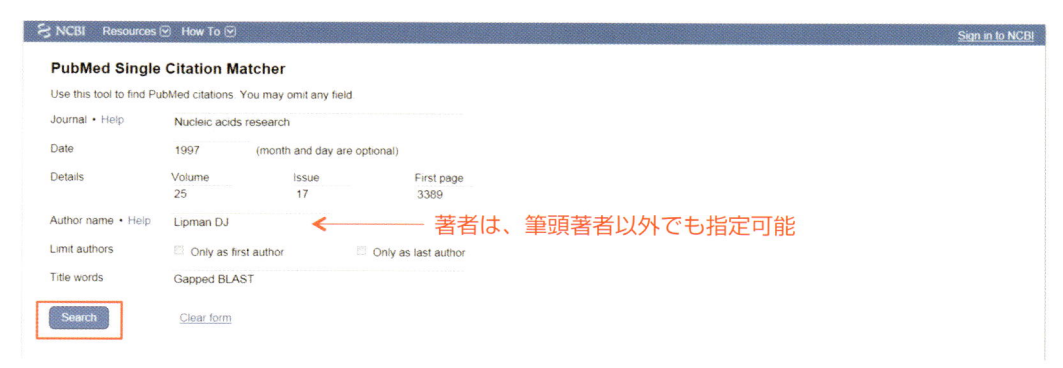

図4-3　Single Citation Matcher 入力画面

❹ 検索結果が1件の場合は、直接論文概要が表示されます。Single Citation Matcher では、全ての項目の情報が揃わなくても検索可能です。その場合は、検索結果画面で検索条件に合致した該当論文リストを確認して目的の論文を判断します（**図4-4**）。

図4-4　検索結果

　検索結果は、左側に論文情報、右側に関連する情報が表示されます。PubMed の特徴の1つに関連論文へのリンク機能があります。右側の Related Citation in PubMed では、PubMed に登録されている論文から、本論文と同じキーワードのつながりがある論文リストを生成して、利用者に提供します。また、本論文を引用している雑誌についても Cited by over 100 PubMed Central articles メニューにリスト表示されます。論文タイトルの右上側には、雑誌出版先のバーナーが表示されています。これをクリックすると、論文の全文を PDF 形式で出力することができます。ただし登録制サイトの場合は、あらかじめ登録名やパスワードを用意しておく必要があります（有料となります）。

◆ 文献データベースを活用してみよう　　59

❺ 検索結果は、タイトルの右上の Send to：メニューでさまざまな形式に保存することができます。File は、利用している PC 上にテキストファイルとして保存されます。Citation manager は、EndNote など文献管理ソフトウェア用のファイルとして保存されます。E-mail は、指定したメールアドレスに Abstract 等を送付します。Collection や My Bibliography は、My NCBI 登録後（**実習④**）、個人用ページに保存することができます。Order は、注文フォームが表示されます。Clipboard は、一時的に情報がクリップボード上に保存されます（**図 4-5**）。

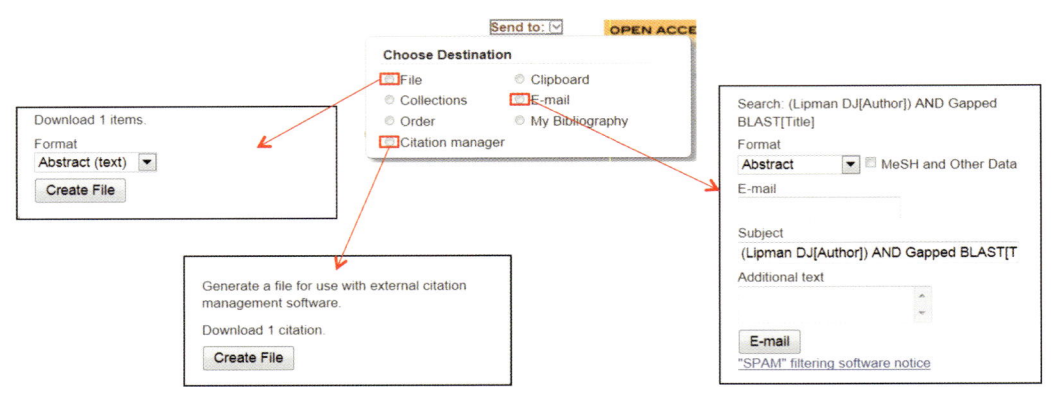

図 4-5　Send to 機能による検索結果の保存方法

▼ 実習②：Advanced 機能による検索

　Single Citation Matcher 機能では、項目フォームに入力された条件で一度に検索を行いました。この機能以外にも、キーワードを追加するごとに絞り込まれた件数を把握しながら検索を行う Advanced 機能があります（**図 4-6**）。

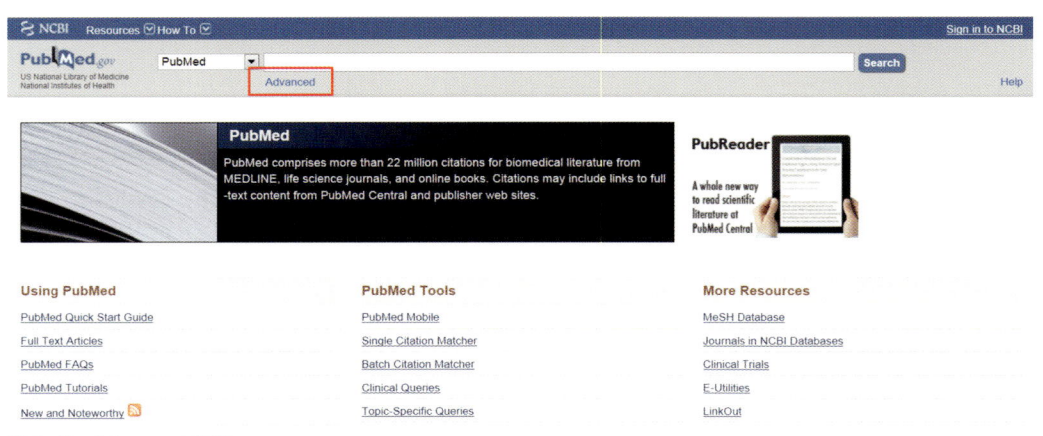

図 4-6　Advanced 機能

❶ まずは、著者のみで検索を行います。初期設定が All Fields となっている項目リストから "Author"(著者)を選択し、著者の一人である David J. Lipman を検索キーワードとします。著者の入力については、名はイニシャルでまとめます。David J. Lipman の場合、「Lipman DJ」となります(**図4-7**)。

図4-7 著者指定の検索

ここで一度 Search をクリックしてみましょう。'Lipman DJ' が著者として含まれている文献数が 71 件該当することがわかります(**図4-8**)。検索結果が確認できましたら、"Advanced" をクリックして検索ページに戻ります。

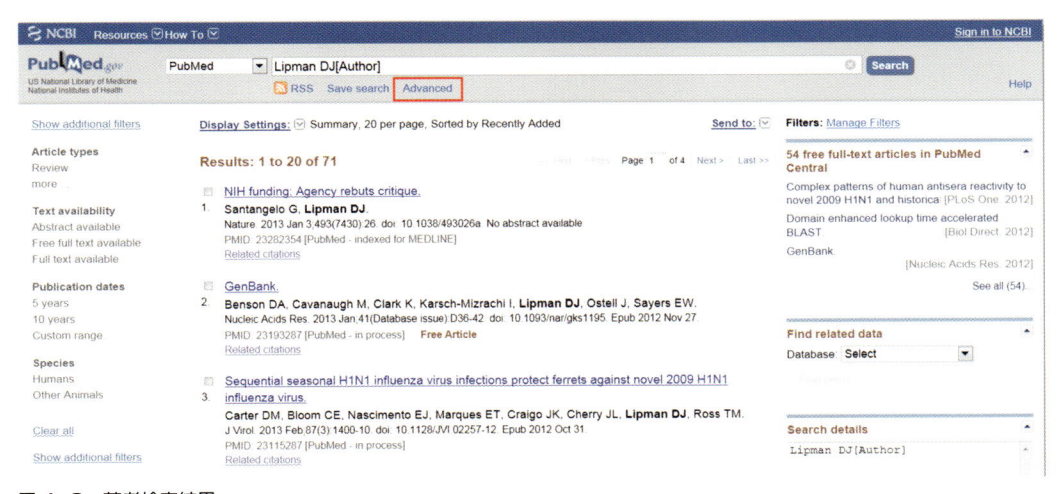

図4-8 著者検索結果

❷ 続いて、History パネル内の Add to builder の "Add" をクリックします。前に行った著者検索条件が #1 として検索項目に追加されます。続いて、新たな検索項目として All Fields を "Journal" へ変更し、キーワードを「Nucleic Acids Research」とします。すると、上のキーワードフォームが (#1) AND Nucleic Acids Research[Journal] になっていることがわかります(**図4-9**)。

図4-9　検索項目の追加

　Search をクリックし、実行します。著者検索結果に雑誌の条件が加わった文献が絞り込まれます。

❸ 今回の検索の結果、検索ヒット文献数を 71 → 37 と絞り込めました。検索にヒットした文献について、著者、タイトル、文献名のリストが表示されるので対象のものを見つけます。**実習**①で対象としていた論文もその中に含まれていることがわかります。また、検索結果は左側に表示されている、いくつかのフィルター機能によって絞り込むことができます。Article types メニューでは、例えば、検索結果から総説論文のみを絞り込みたい場合に、"Review" をクリックします。Text availability メニューでは、全文が取得できる文献を絞り込みできます。最近 5 年間の間に公開された論文を絞り込みたい場合は、Publication dates メニューから "5 years" を選択します（**図4-10**）。

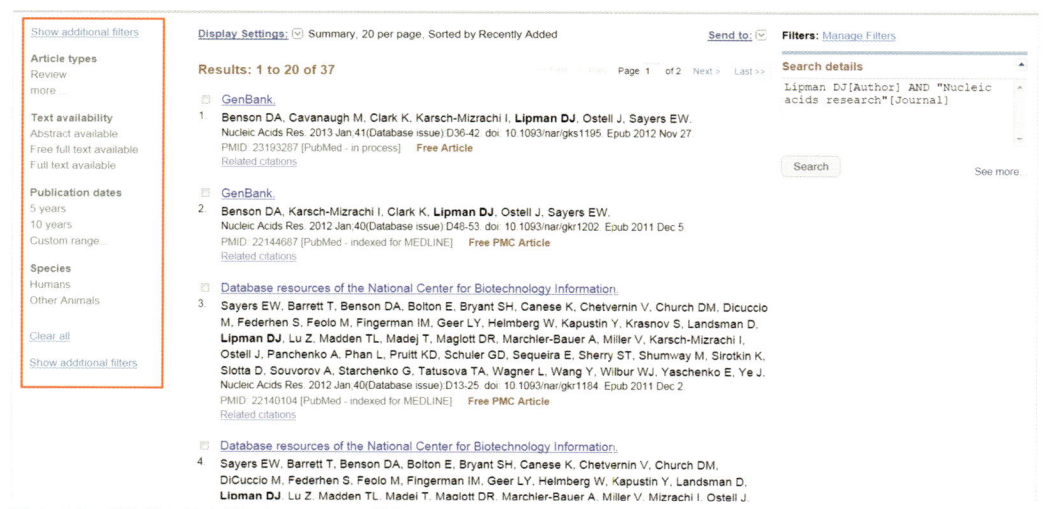

図4-10　絞り込み検索結果とフィルター機能

62

❹ 研究者がそれぞれ専門とする、またはこれから研究を始めたい分野について、その背景や世界的な成果、現在の問題点を調べる上で、総説タイプの論文を検索したい場合にも Advanced 機能が活用できます。All Fields で研究に関連するキーワード（図 4–11 では、homology modeling）を入力した後、追加項目として、Filed から Publication Type を"Review"に、更に最近の総説論文に注目する場合は、検索項目条件として Date-Publication を「2010/1/1」to「present」を追加することで、2010 年 1 月 1 日以降から現在までの期間で公開された総説論文を指定することができます。

図 4–11　総説論文の検索例

▼ 実習③：MeSH 項を利用した広域論文の検索

　ある領域の研究の背景やこれまでの業績を調べる場合、限られた専門用語によるキーワード検索では幅広い検索が実現できないケースがあります。PubMed では、MeSH（Medical Subject Headings）項という、論文で用いられる手法や、遺伝子・タンパク質名などがデータベースで用語として管理され、個々の論文は、その用語によってインデックス化されています。ここでは、この MeSH 項を用いて検索を行います。

　MeSH 項で用意されている用語は非常に多いので、基本となる論文がある場合、その論文がどのような MeSH 項を持っているかを調べることで検索の情報を得ることができます。引き続き、Lipman らの'Gapped BLAST…'論文を例に手順を紹介します。

❶ **実習①の操作❹**までを終えた状態で、Abstract 下にある Publication Types, MeSH Terms, Substance, Grant Support の ＋ をクリックすると MeSH Terms を含む情報が表示されます（図 4–12）。

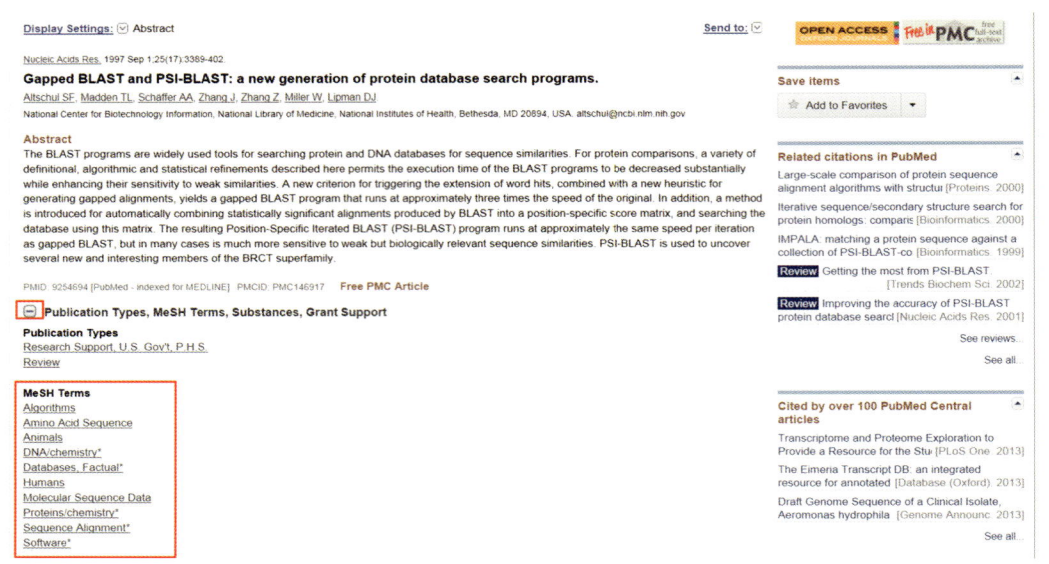

図4-12　MeSH項の表示

　この論文は、配列検索の新しい理論（BLASTの改良）について述べられています。さらに論文で紹介された手法は、ツールとしてソフトウェア化もされているので、'Algorithms'、'Sequence Alignment'、'Software' といったMeSH項が、この論文を分類化する用語であることが理解できます。

❷ MeSH項を確認した上で、タンパク質配列解析に関する論文を分類化できるような 'Algorithms'、'Amino Acid Sequence'、'Sequence Alignment' 'Software' などのMeSH項を用いて広く論文を検索します。**実習②**のAdvanced機能を用いて、All Fieldsから "MeSH Terms" を選択し、キーワードとして「Algorithms」他を追加し、Search をクリックします（図4-13）。

図4-13　MeSH項による検索例

　検索の結果、入力したMeSH項で分類化されている論文が数百存在していることがわかります。検索結果が多いようであれば、更にMeSH項やその他の項目でキーワードを追

加し絞り込みを行います。

❸ これまでの操作は、Lipman らの論文から MeSH 項を確認しましたが、特定のキーワードに関する MeSH 項を調べることも可能です。PubMed のトップページから"MeSH Database"をクリックします（図 4-14）。

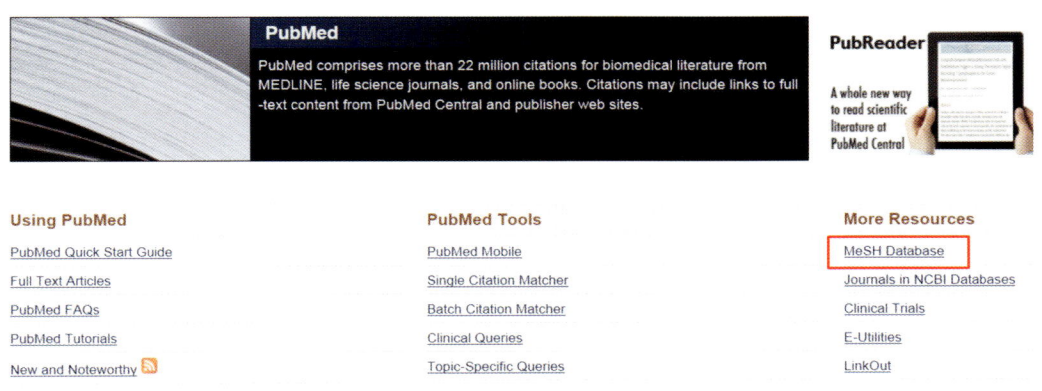

図 4-14　MeSH Database の選択

❹ キーワード入力フォームに、興味のある用語を入力します。ここでは例として「Proteins」を入力し Search をクリックすると'Proteins'が含まれる MeSH 項とその詳細な記述 MeSH が表示されます。この中から目的にあった用語を選択し、検索に利用します（図 4-15）。

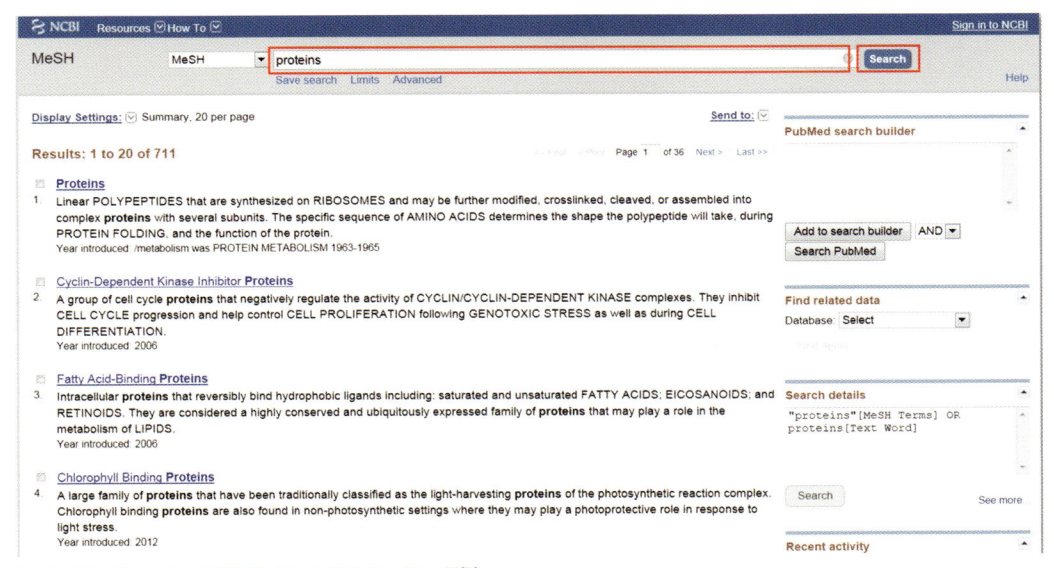

図 4-15　Proteins に関連した MeSH キーワード例

◆ 文献データベースを活用してみよう　**65**

▼ 実習④：My NCBI による個人設定

NCBI では、個人アカウントを取得することで、データベース検索の他、検索結果の保存、フィルター機能、電子メールによる検索結果の通知機能を利用できます（My NCBI）。My NCBI を利用するには、最初にアカウント登録が必要になります。

❶ My NCBI アカウントを登録します。PubMed トップページ右上の"Sign in to NCBI"をクリックします。新規登録の場合は、Register for a NCBI account に進み、アカウント登録に必要な情報を入力します。登録したメールアドレスに確認のメールが届きますので、メールで指定された URL をクリックするとアカウントが無事に作成されます（**図4-16**）。

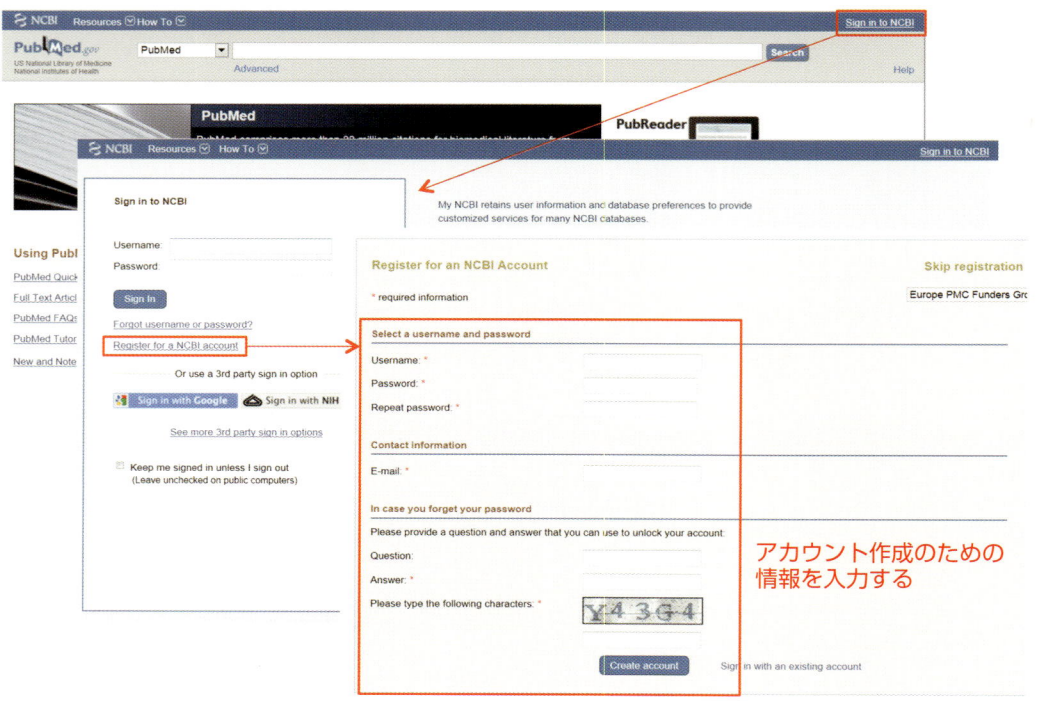

図4-16　My NCBI 登録

❷ アカウント作成後は、NCBI サイトを利用する際には Sign in to NCBI から登録したアカウントでログイン後、PubMed 等での検索結果を管理できます。**図4-17**は、My NCBI の管理ページの一例です。管理ページを編集したい場合は、画面右上の"Customize this page"をクリックします。例えば、BLAST History を表示にすると（初期設定では非表示）、NCBI サイトで実行した BLAST 検索履歴等も管理できます。

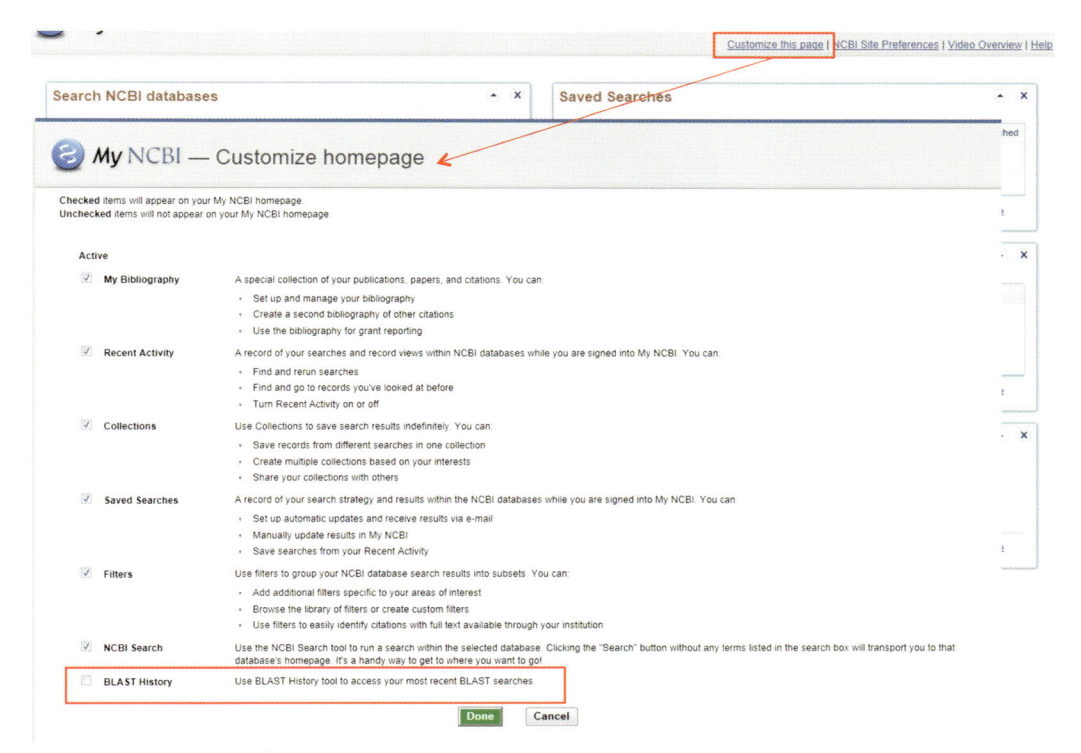

図 4-17　管理ページの編集

❸ 管理ページでは、Search NCBI databases パネルで検索できる他、**実習①操作❺**で紹介した Send to 機能を用いて My Bibliography として保存した文献等が、My Bibliography パネルに保存されていることがわかります。Collection も同様に Send to 機能で保存できる機能です。Collections では、NCBI で利用できるデータベース検索結果を保存でき、Recent Activity には、利用履歴が記載されています。Filters では、管理するデータについて、個人でフィルター設定を行うことができます。Saved Searches パネルには、PubMed の他、さまざまなデータベースで検索した際、Saved Searches で保存した検索条件が保存されています（**図 4-18**）。

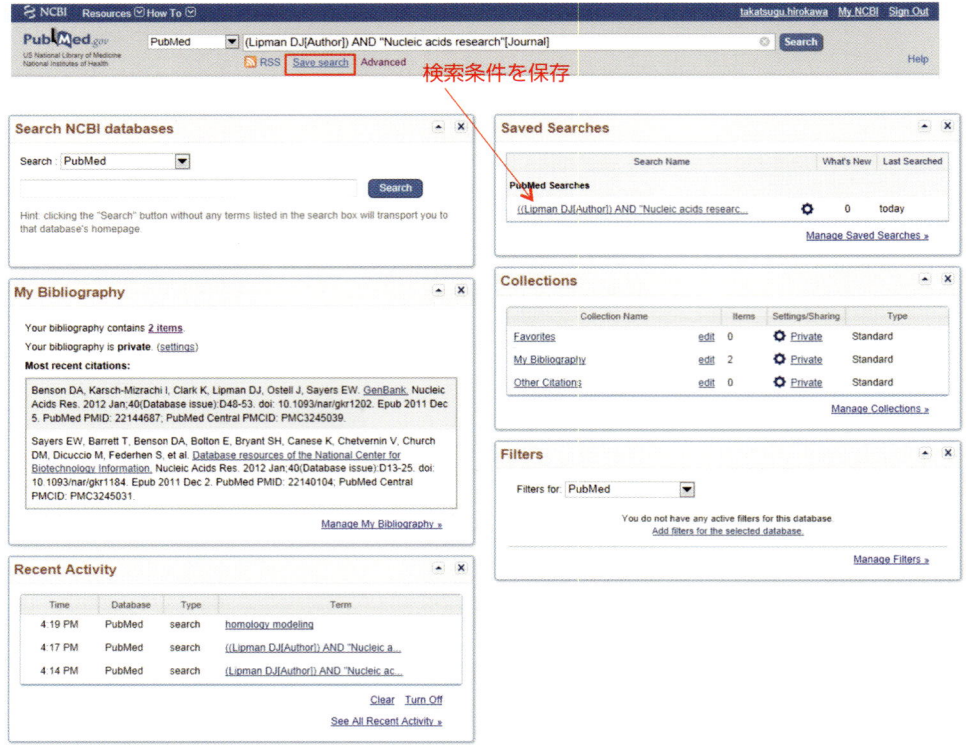

図4-18　管理ページ

❹ Saved Searchesパネルでは、一度検索した条件を定期的に実行し、その結果をメールで通知する便利な機能があります。検索条件の横にある歯車のようなアイコンをクリックすると検索条件を編集できます（**図4-19**）。

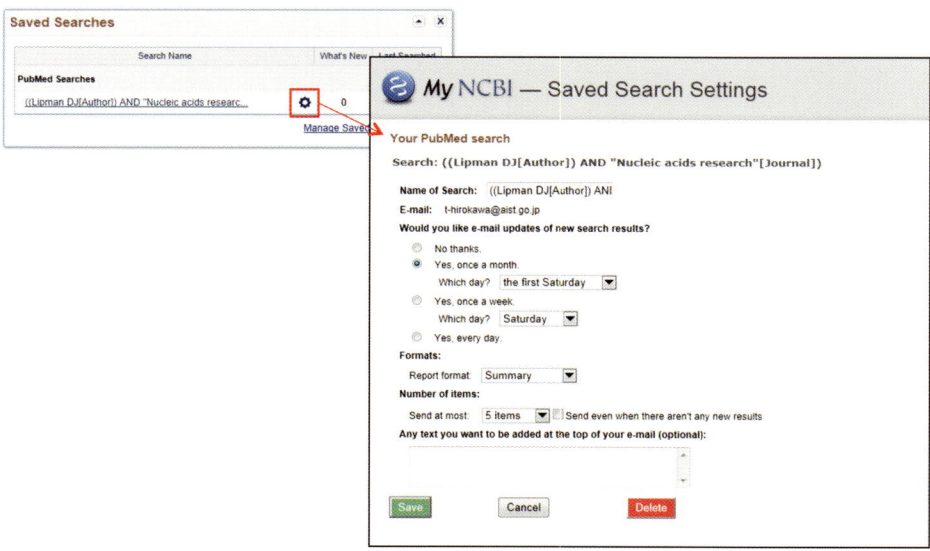

図4-19　検索条件編集パネル

定期検索機能（Would you like e-mail updates of new search results?）では、更新する頻度を日、週、月（週と月は、曜日も指定）で設定し、更新された検索結果を指定したメールで通知させることができます。検索ヒット件数（Number of items）や、通知情報（Report format）も調整できます。この機能を活用すれば、定期的な最新論文の調査が便利になります。

❺ Filters パネルでは、あらかじめ関心のあるキーワードやフィルター条件を指定することができます。フィルター条件は、キーワードを設定する機能と一般的な機能が用意されています。図 4-20 では、「alignment」というキーワードをフィルターに設定する手順を示しています。

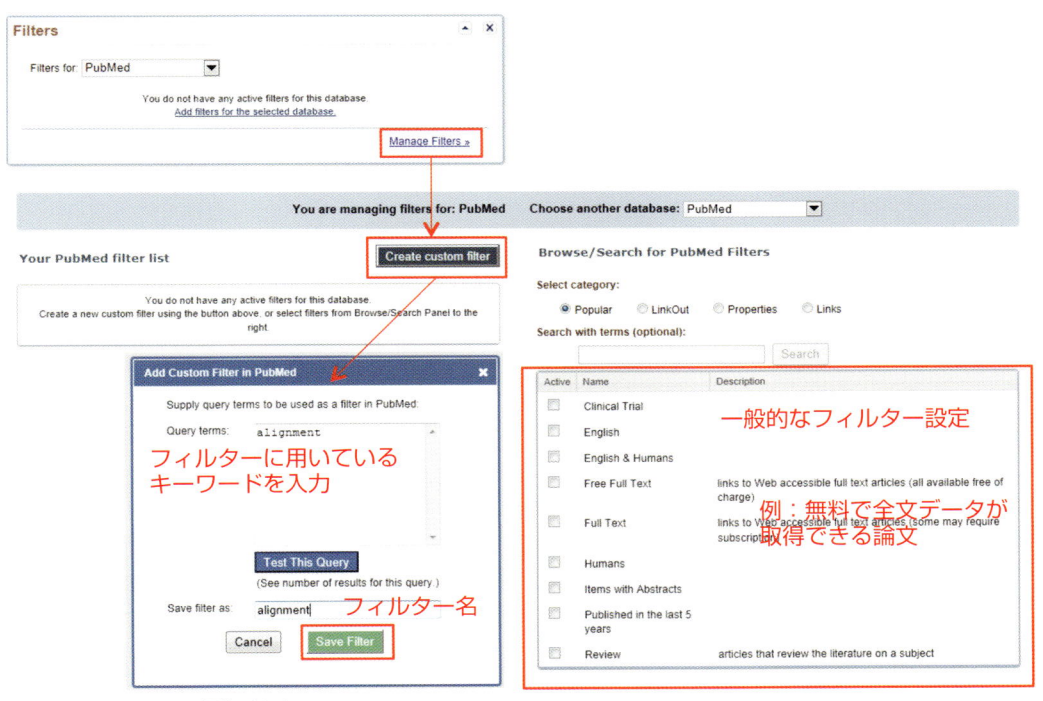

図 4-20　フィルター編集パネル

キーワードは複数設定することができます。例えば alignment の他に、'modeling' というキーワードも設定しておきます。一般的なフィルターとしては、'外部リンクを通じて無料で全文データを取得できる論文' といった条件を設定することができます。

❻ 図 4-21 は、My NCBI で設定したフィルター機能が、検索結果に反映された画面を示しています。検索結果画面の右上に Filter your results という領域が作成されており、全体の検索結果に対して、それぞれのフィルター条件に一致する文献の数が示されています。

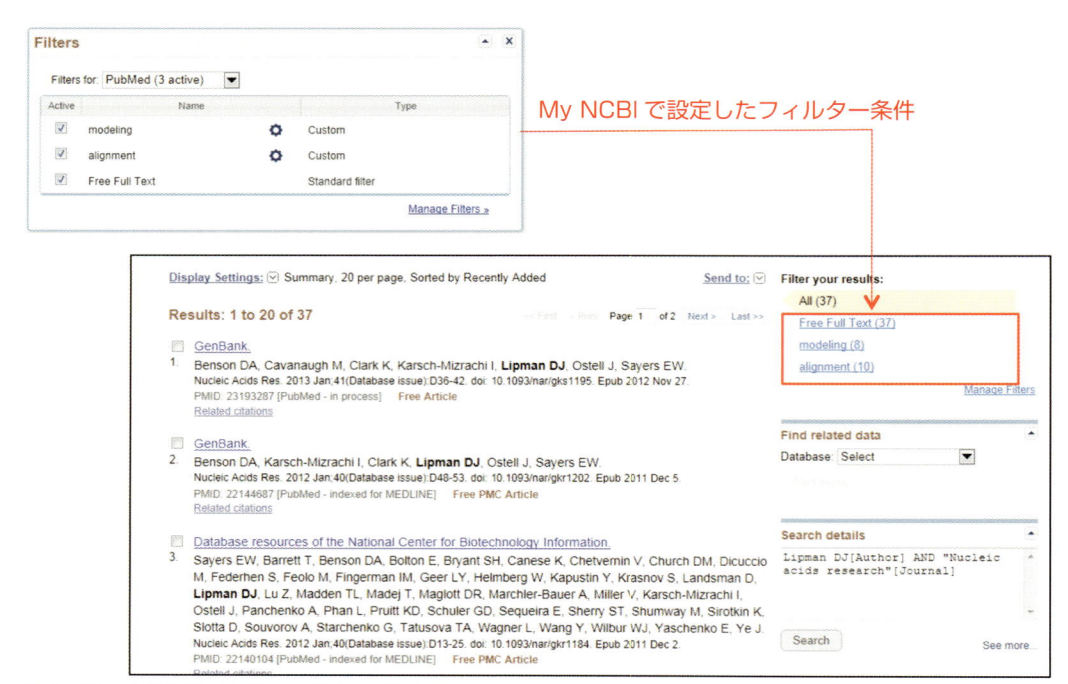

図4-21　検索結果に対するフィルター結果表示

[文献および関連サイト]
・統合化データベース関連について
[1] 高木利久編、「ゲノム医科学と基礎からのバイオインフォマティクス」第1章ゲノム医科学に役立つデータベース、実験医学増刊、19（11）、羊土社（2001）
[2] 金久　實著、「ポストゲノム情報への招待」、3章分子生物学データベース、共立出版（2001）
・PubMedについて
[3] 岩下　愛・山下ユミ著、奥出麻里・阿部信一監、「図解PubMedの使い方 - インターネットで医学文献を探す」第5版、日本医学図書館協会（2012）
[4] 縣　俊彦著、「上手な情報検索のためのPubMed活用マニュアル」改訂第2版、南江堂（2005）

CHAPTER 5

BIOINFORMATICS

配列情報からタンパク質の機能を予測してみよう

> **概要** タンパク質の機能を予測するには、何のために（生物学的機能）、どこで（細胞内局在）、何をする（分子機能）という分類に沿った解析が重要となります。本章では、タンパク質の機能に関連した重要なモチーフ配列のデータベースを使って、配列情報から機能や構造に関する解析を行います。また、細胞内局在予測や、膜タンパク質の生体膜に対する構造等も予測します。

実習の前に

遺伝子オントロジー

分子生物学や生化学の分野において、多くの遺伝子の機能は、対象となる遺伝子を熟知した専門家が、そのタンパク質の特徴づけを最優先した専門性の高い用語で説明されることがほとんどでした（**図5-1** 上段）。しかし、近年のゲノム計画に相まって、DNA シーケンサーや DNA マイクロアレイなど生物学実験手法やバイオインフォマティクスの進展により、膨大な数の遺伝子関連情報がデータベース化されるようになり、これらの情報を有効に活用するために、統一された語彙を用いて遺伝子機能を説明することの重要性が高まってきました。このような状況を受け、1998年に遺伝子の機能を説明するための共有の語彙を策定する遺伝子オントロジー（gene ontorogy、GO と略されることが多い）コンソーシアムが発足されました [1]。遺伝子オントロジーを用いることで、さまざまなデータベース間で情報が統合化され、横断的な比較解析が可能となりました。さらに、遺伝子の機能が客観的に説明できるため、より多くの研究者が情報を共有しやすい環境になってきました（**図5-1** 下段）。

遺伝子オントロジーは、大きく、biological process（生物学的機能）、cellular compo-

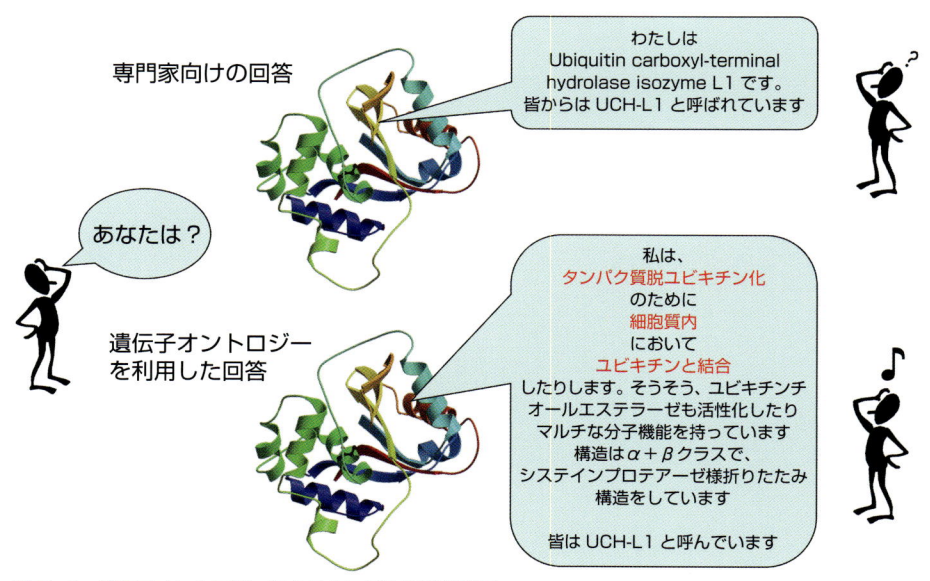

図5-1 遺伝子オントロジーによるタンパク質機能説明

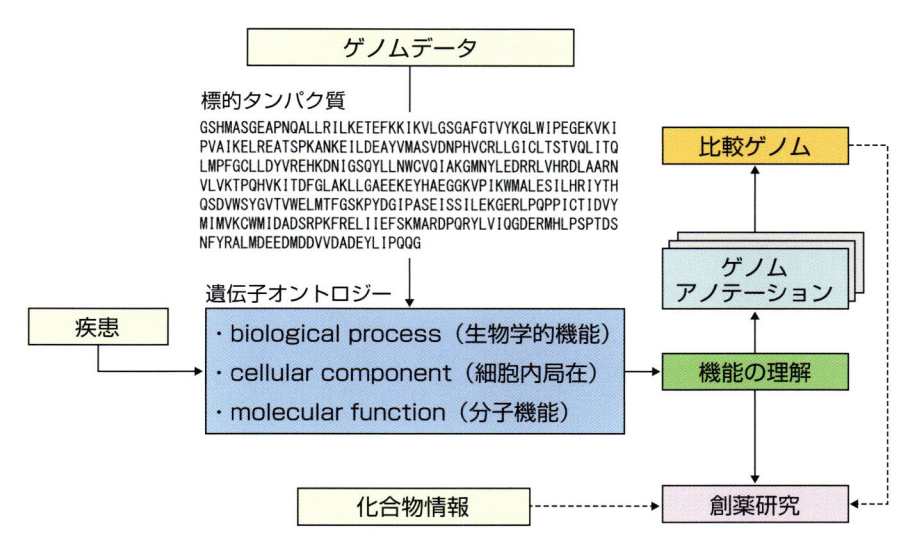

```
ゲノムデータ
         ↓
標的タンパク質
GSHMASGEAPNQALLRILKETEFKKIKVLGSGAFGTVYKGLWIPEGEKVKI
PVAIKELREATSPKANKEILDEAYVMASVDNPHVCRLLGICLTSTVQLITQ
LMPFGCLLDYVREHKDNIGSGYLLNWCVQIAKGMNYLEDRRLVHRDLAARN
VLVKTPQHVKITDFGLAKLLGAEEKEYHAEGGKVPIKWMALESILHRIYTH
QSDVWSYGVTVWELMTFGSKPYDGIPASEISSILEKGERLPQPPICTIDVY
MIMVKCWMIDADSRPKFRELIIEFSKMARDPQRYLVIQGDERMHLPSPTDS
NFYRALMDEEDMDDVVDADEYLIPQQG
```

図5-2 遺伝子オントロジーに沿ったタンパク質機能予測

nent（細胞内局在）、molecular function（分子機能）の3つのカテゴリーから構成されています。これは、遺伝子が「何のために（biological process）」、「何処で（cellular component）」、「何をする（molecular function）」という非常に簡潔で明瞭な記述に適したカテゴリーとなっています。実際に特定の遺伝子の機能は、発現データ、酵素アッセイ、遺伝子改変・ノックダウン実験、酵母2ハイブリッドなどの実験データに基づき、3つのカテゴリーそれぞれに用意された語彙で記述されます。一方で、実験データが不足している場合や、ある程度予測データを用いてよい場合は、バイオインフォマティクスの手法でも遺伝子オントロジーに基づく機能推定が可能になります。Biological processに対応する手法としては、KEGGなどのパスウェイデータによる解析が中心となります。Cellular componentでは、膜タンパク質予測、シグナルペプチド予測、局在予測の結果より細胞内局在が推定できます。Molecular functionでは、BLAST等を用いた配列相同性に基づく方法の他に、モチーフ検索や立体構造予測、立体構造に基づいた機能予測により、分子レベルの機能予測が可能となります。遺伝子オントロジーの定義に沿って、遺伝子の機能をバイオインフォマティクスの手法で効率的に解析（ゲノムアノテーション）することにより、疾患関連遺伝子の予測に基づく創薬研究や、より大規模な比較ゲノム研究などへの発展が期待されています（図5-2）。

▼ モチーフデータベース

タンパク質の機能は、アミノ酸配列（一次構造）や立体構造情報と密接に関連しています。繊維タンパク質のように、構造全体が機能と直接的に関わっている場合もありますが、ほとんどのタンパク質では、酵素タンパク質に見られるように、構造の中でもある特定の部分領域（活性部位）で触媒機能が促進されています。この部分領域に対応する配列や構造部位を機能モチーフ、また、多くのタンパク質の中で頻繁に存在する局所的な立体構造パターン（機能と直接的に関係していない場合を含む）は、構造モチーフと呼んでいます。一般にモチーフは、タンパク質の進化の過程でも特に強く保存されています（抗体の持つ超可変領域のように配列

が非常に多様な機能モチーフも存在します）。配列情報に基づいたモチーフは、数残基〜数十残基程度のユニークな配列パターンとして表現され、ライブラリとしてデータベース化されています。配列モチーフは通常、機能や構造が明らかになっているタンパク質ファミリーの配列セットを用いたマルチプルアラインメント（2章参照）から抽出されます。

モチーフデータベースとしては、PROSITEやBLOCKS、Pfam、PRINTSなどがよく知られており、興味を持った未知のタンパク質配列がこれらのデータベースの持つモチーフパターンに一致する領域があるかどうかを検索することで、そのタンパク質の機能をある程度予測することができます［2］。

モチーフの表現方法

モチーフの表現方法には、①正規表現法、②プロファイル法、③隠れマルコフプロファイル法があります。正規表現法は、配列パターンの実例を全て考慮できるよう、正規表現でパターン構成を記述したものです。例えば脱ヨウ素酵素の活性部モチーフについては、PROSITEデータベースでは以下のような正規表現で記述されています。

```
R-P-L-[IV]-x-[NS]-F-G-S-[CA]-T-C-P-x-F
```

［ ］カッコ内は、その中の任意のアミノ酸残基が表現されるようになっており、これが20種類全てのアミノ酸残基の場合は、xやx(n)で表現されます。また｛ ｝カッコを利用すると、その中のアミノ酸残基以外のアミノ酸残基を指定することができます［3］。

正規表現法は、配列モチーフが非常に強く保存されている場合には、簡便で理解しやすい記述になりますが、一方で、各位置におけるアミノ酸残基の出現度合いを表現することができません。これに対して、プロファイル法では、モチーフ配列の各位置に対するアミノ酸の出現頻度をスコア化し、行列として記述しています。**表5-1**は、熱ショックタンパク質ファミリーに存在するモチーフ配列のプロファイルマトリックスの一部分です。

プロファイル法をさらに拡張した方法が隠れマルコフプロファイル法（以下、HMMプロファイル法）になります。HMMプロファイル法では、アミノ酸残基位置依存の出現確率に加え、モチーフ配列に挿入や欠失が存在する場合にもそれらを確率表現することができます。HMMプロファイル法は、よりフレキシブルなモチーフ記述といえます。HMMプロファイル法によるモチーフライブラリとしては、Pfamがよく知られています。Pfamは、Protein Families database of alignments and HMMsの略で、主にタンパク質ファミリーごとに特徴的なモチーフをHMMで表現しています。Pfamのモチーフのほとんどは、PROSITE

表5-1 プロファイルマトリックスによるモチーフ表現例（PROSITE-ID PS01031より）

位置	モチーフ	アミノ酸残基（一文字表記）の出現スコア（正の値ほど確率が高い）								
		A	C	D	E	F	……	V	W	Y
1	D	－10	－29	38	34	－34	……	－27	－33	－19
2	I	－8	－23	－35	－28	7	……	25	－4	2
3	R	－11	－26	－12	－1	－13	……	－8	－22	－3
4	E	－11	－27	23	29	－24	……	－25	－32	－17
5	D	－7	－23	11	2	－25	……	－20	－31	－17

の正規表現によるパターン配列のようなモチーフよりも、ドメイン程度の長さの配列範囲を表します［4］。

▼ 膜貫通領域の推定

　タンパク質の機能は、存在（局在）する環境によって、①水溶性タンパク質、②膜タンパク質、③繊維タンパク質に大きく分類されます。特に 2 番目の膜タンパク質については、あらかじめ膜貫通領域と呼ばれる構造モチーフを持っていますので、膜貫通領域を予測することができれば、そのようなタンパク質を膜タンパク質と分類できます。膜タンパク質は、膜を介しての情報伝達や輸送、分子の受容体といった機能が中心ですので、未知のタンパク質を膜タンパク質と分類できた場合、ある程度の機能の予測ができます。

　膜タンパク質が存在する生体膜は、脂質分子の二重膜により構成されていますので、疎水的で、かつ膜厚が一定（20 ～ 30Å）しています。よって、この環境に適応できるために、アミノ酸配列中の膜貫通領域には、約 20 ～ 30 残基の範囲で、疎水性残基が多く分布しています。アミノ酸残基の疎水性は、疎水性指標と呼ばれる数値で評価することができます。代表的な疎水性指標には、Kyte-Doolittle 指標［5］があります。その他のアミノ酸残基に関する指標については、以下のサイトより調べることができます。

AAindex　www.genome.ad.jp/dbget-bin/www_bfind?aaindex

　最も簡単な膜貫通領域の推定法は、アミノ酸配列に疎水性指標を割り当て、その数値列を平均化して疎水性が高い領域を選択する方法です（**図 5-3**）。

　現在では、より詳細な物理化学的なパラメータや、HMM プロファイル法、ニューラルネットワークなどの情報統計学的アプローチを応用した、高精度の膜貫通領域予測ツールが開発・

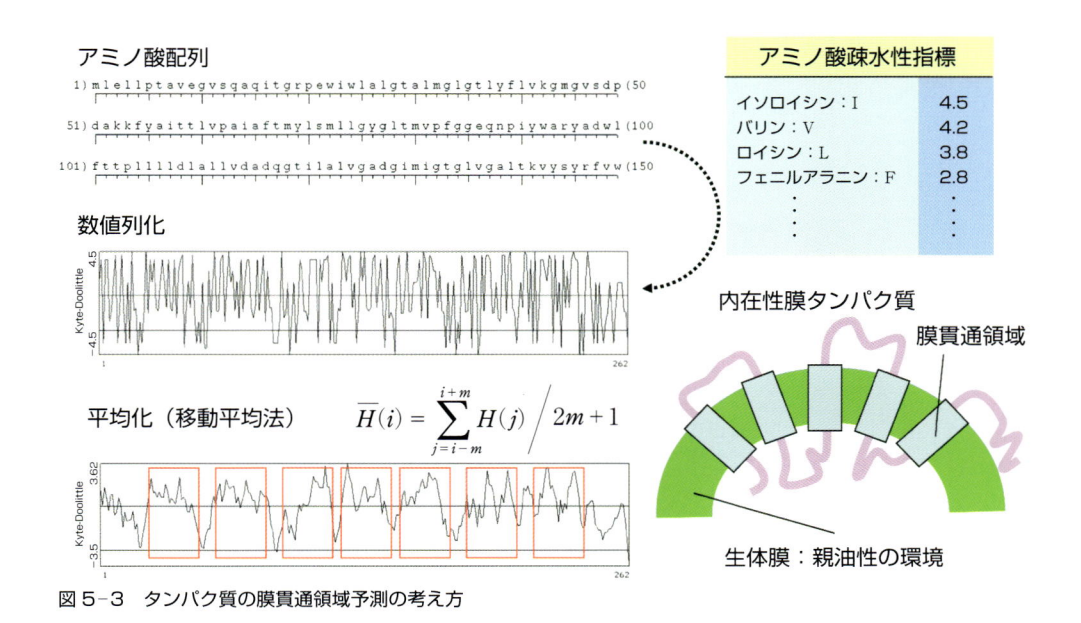

$$\overline{H}(i) = \sum_{j=i-m}^{i+m} H(j) \Big/ 2m+1$$

図 5-3　タンパク質の膜貫通領域予測の考え方

公開されています。以下に代表的な Web サーバーを紹介します。
SOSUI（物理化学的手法）　http://bp.nuap.nagoya-u.ac.jp/sosui/
TMHMM（HMM プロファイル法）　www.cbs.dtu.dk/services/TMHMM/

　一般に膜貫通領域予測は、他の構造予測に比べ予測精度が非常に高くなります。この予測精度を生かして、現在では、ゲノム配列に対して膜貫通領域を持つタンパク質の同定が盛んに行われています。最近の研究論文では、どの生物種も遺伝子の内、約 20 ～ 30%が膜タンパク質であることが報告されています［6、7］。

▼ シグナルペプチドの予測

　生体膜に関連する構造モチーフには、ヘリックス構造を形成する膜貫通領域の他にシグナルペプチドという N 末端から約 20 アミノ酸残基ほどの特異的な配列があります。シグナルペプチドは、膜挿入プロセスに重要な役割を果たします。真核細胞の場合、小胞体内腔に遊離される分泌タンパク質はこのシグナルペプチドを持つことで膜を通過することができます。膜挿入プロセス後、シグナルペプチドは切断酵素であるシグナルペプチダーゼによって切り離されますので、タンパク質が成熟した状態では、シグナルペプチドは残っていないことになります（図 5-4）。

　例えば同じ分泌タンパク質のデータでも SwissProt などの配列データベースでは、シグナルペプチドが含まれています（前駆体配列とも呼ばれています）が、立体構造形成後は、シグナルペプチドは既に切断されていますので、PDB 上では、全体の残基数がシグナルペプチド配列の分だけ少ないといった違いがあります。

　シグナルペプチドは、切断される部位や配列領域の前半部位に特異的な特徴はあるものの、全体として疎水性が高く、極めて一般の膜貫通領域の特徴と類似しているため、上記で紹介した膜貫通領域予測ツールでも、本来シグナルペプチドである領域を 1 本型膜貫通型タンパク質として予測することがあります。この誤った予測は、分泌タンパク質および膜タンパク質分類に大きく影響しますので、膜貫通領域予測プログラムの他に、シグナルペプチドに特化した

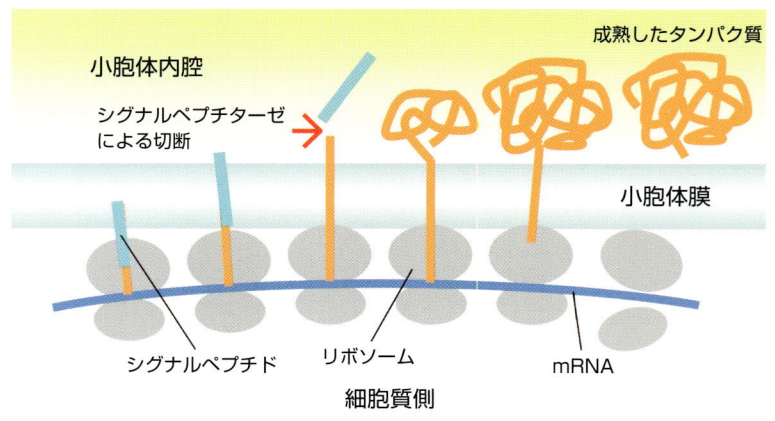

図 5-4　シグナルペプチドと分泌タンパク質の形成プロセス

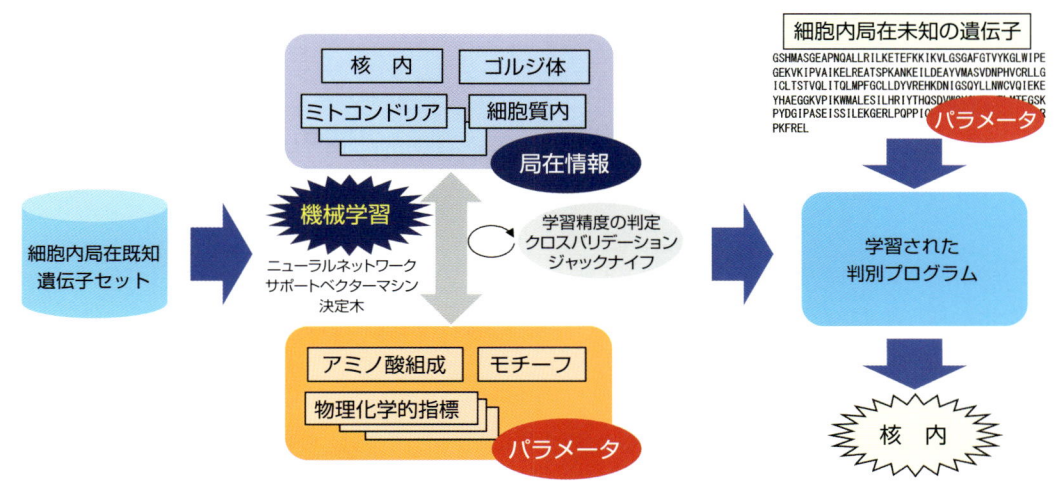

図5-5　細胞内局在予測の流れ

予測ツールによる解析が必須となります。シグナルペプチド予測ツールとしては、SignalPがよく利用されています［8］。

細胞内局在予測

　膜タンパク質予測やシグナルペプチド予測により、遺伝子の細胞内局在に関する大まかな性質（膜タンパク質、水溶性タンパク質、繊維タンパク質）を理解することが可能ですが、細胞内小器官（核内、ミトコンドリア、ゴルジ体、他）の局在を詳細に予測するには、より情報科学的手法が必要となります。これは、細胞内小器官を特定できる因子がさまざまなパラメータによって複雑に表現されていることが多いからです。このような問題には、機械学習と呼ばれる非線形問題に対応した情報科学的手法がよく用いられ、細胞内局在予測にも応用されています。機械学習の中でも、ニューラルネットワークやサポートベクターマシン、決定木という学習アルゴリズムが、細胞内局在予測に利用されています。機械学習では、あらかじめ細胞内局在が明らかな遺伝子セットを用意し、遺伝子の配列や構造情報から抽出したさまざまなパラメータを変数として、細胞内局在との関係を学習させます。クロスバリデーションやジャックナイフと呼ばれる学習の成熟度を判定する評価値が高くなるまで学習は繰り返し行われます。成熟した学習内容は、判別プログラムとして、細胞内局在未知の遺伝子の予測に利用されます。（図5-5）。

実習

　配列情報を入力情報として、InterProによるモチーフ検索、SignalPによるシグナルペプチド予測、PSORTによる細胞内局在予測、SOSUIによる膜タンパク質予測を行い、遺伝子オントロジーにおけるcellular component、molecular functionに関する情報を得るための実習を行います。

▼ 実習①：モチーフ検索

　欧州分子生物学研究所のバイオインフォマティクス研究センター（EMBL-EBI）が運営している InterPro は、最も利用されるモチーフ検索システムです。実習では、Web 版を利用してモチーフ検索を行います。

❶ InterPro の Web サイトにアクセスします。
　http://www.ebi.ac.uk/interpro/

❷ 入力情報として、InterPro のモチーフ ID やタンパク質配列データベース UniProt のタンパク質 ID もしくは解析に用いるタンパク質の配列情報（アミノ酸一文字表記の文字列、FASTA 形式）を入力フォームにコピー＆ペースト等で入力し、 Search をクリックします。本実習では、ヒトの early growth response protein の配列（UniProt-ID:EGR1_HUMAN）を用いています（図 5-6）。

図 5-6　InterPro の配列入力画面

　検索結果は、InterPro 上のモチーフ ID と、配列上のモチーフ位置のグラフィックスおよびモチーフ名で表示されます。遺伝子オントロジーと関連のあるモチーフが含まれている場合は Go term prediction として記述されます（図 5-7）。

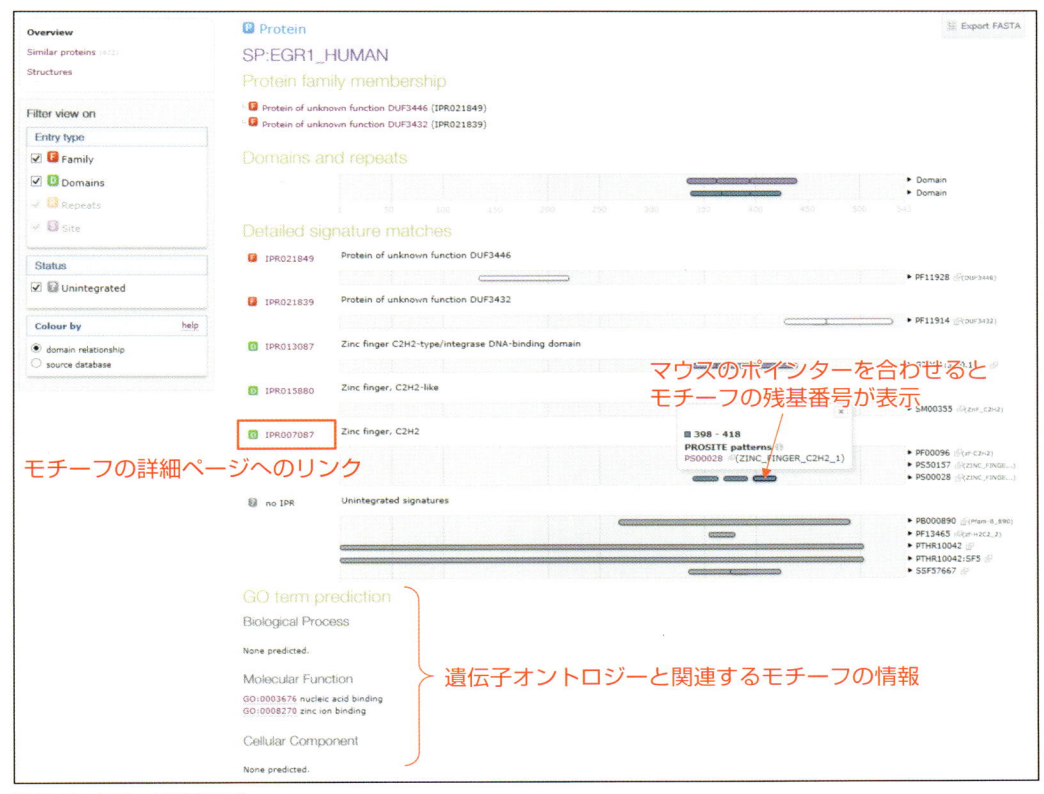

図5-7　モチーフ検索結果

モチーフ箇所を示す場所にマウスポインタを合わせると残基番号が表示されます。また IPR**** といった各モチーフ ID をクリックするとそのモチーフの詳細情報を確認できます（図5-8）。

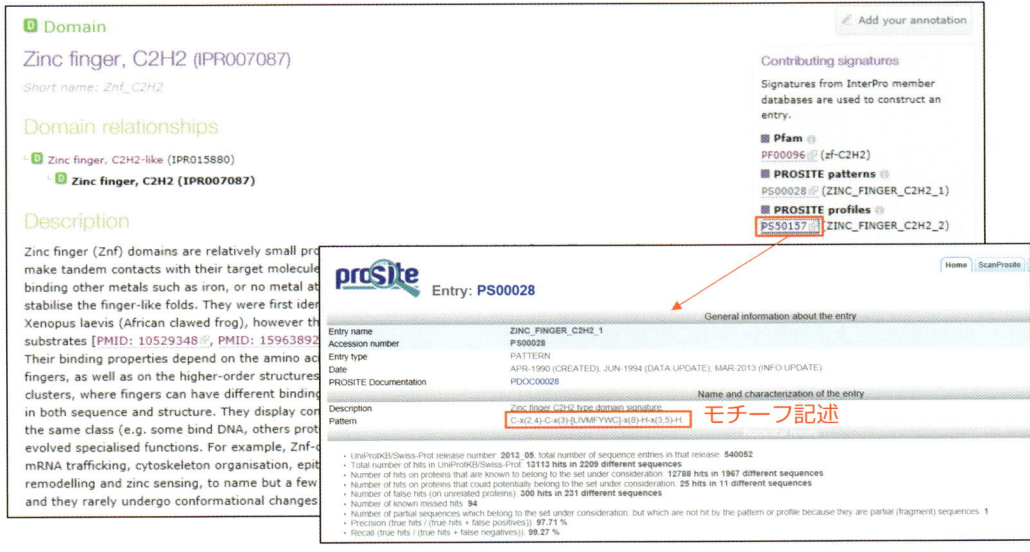

図5-8　モチーフ詳細画面へのリンク

◆ 配列情報からタンパク質の機能を予測してみよう　79

▼ 実習②：シグナルペプチド予測

❶ SignalPのWebサイトにアクセスします。
http://www.cbs.dtu.dk/services/SignalP/

❷ トップページに配列入力フォームがありますので、そこに**実習①**と同様に解析したいタンパク質のアミノ酸配列をコピー＆ペーストにて入力します。本実習では、ヒトのSecretogranin-5の配列を用いています（Uniprot-ID：7B2_HUMAN）。
解析するタンパク質の生物種に応じて、Organism groupのパラメータを選択します。その他のパラメータは、特に変更する必要はありません。Submitをクリックして解析を実行します（図5-9）。

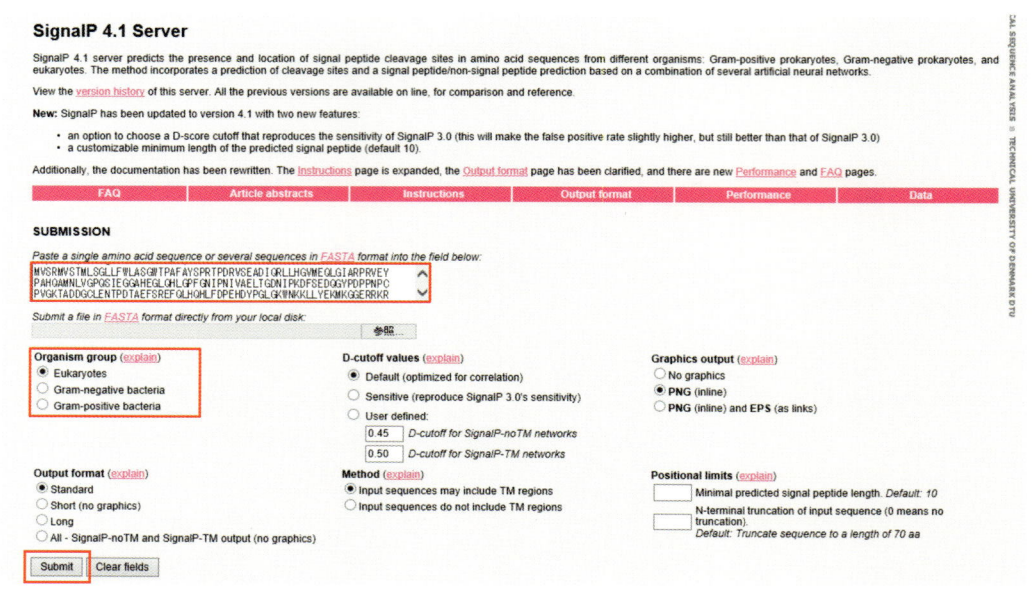

図5-9 SignalPのトップページ

❸ SignalPでは、既知のシグナルペプチドを持つタンパク質のデータセットで学習されたニューラルネットワークに基づいて、3つのスコアでシグナルペプチドの可能性を判断します。C-scoreは切断部位、S-scoreはシグナルペプチド領域、Y-scoreはS-scoreを考慮した切断部位のスコアを表しています。出力結果では、アミノ酸配列に対するこれらのスコアのプロットが出力されます。シグナルペプチドの有無の判断は、閾値の判定に従い、テキスト領域に切断部位の情報とともに記述されます（図5-10）。

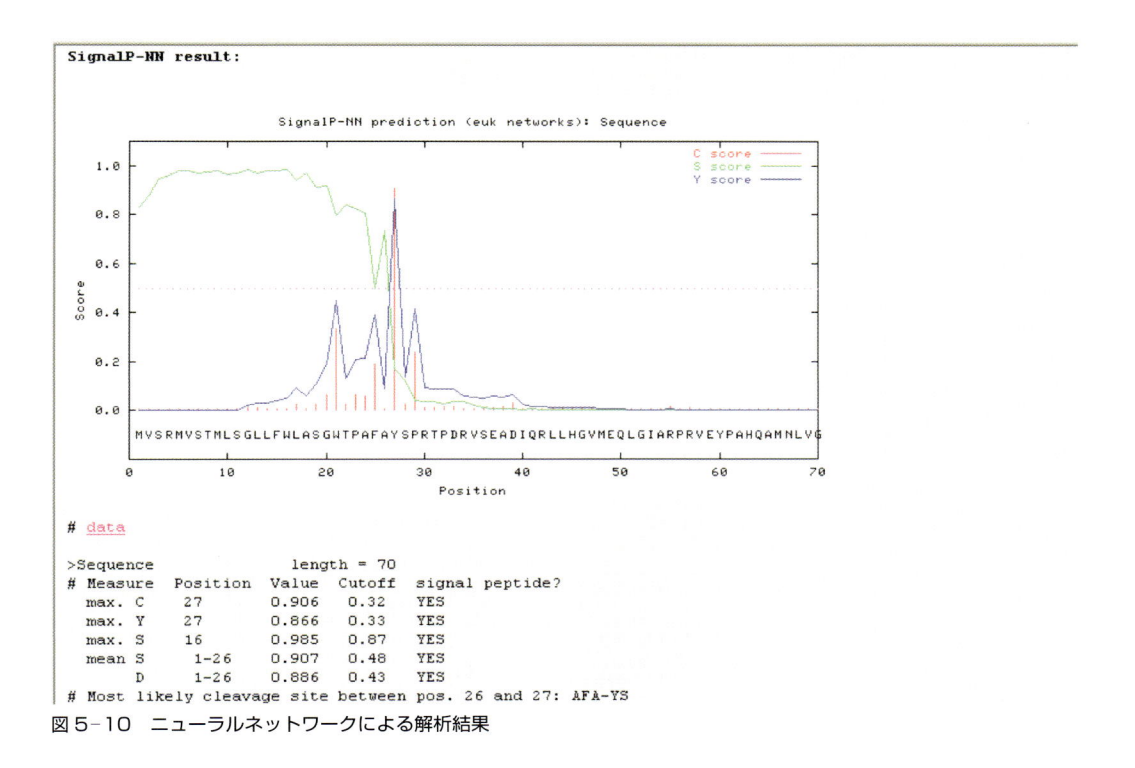

```
SignalP-NN result:

        SignalP-NN prediction (euk networks): Sequence
                                              C score
                                              S score
                                              Y score

             MVSRMVSTMLSGLLFWLASGWTPAFAYSPRTPDRVSEADIQRLLHGVMEQLGIARPRVEYPAHQAMNLVG
             0         10        20        30        40        50        60        70
                                      Position

# data
>Sequence              length = 70
# Measure   Position   Value   Cutoff   signal peptide?
  max. C    27         0.906   0.32     YES
  max. Y    27         0.866   0.33     YES
  max. S    16         0.985   0.87     YES
  mean S    1-26       0.907   0.48     YES
       D    1-26       0.886   0.43     YES
# Most likely cleavage site between pos. 26 and 27: AFA-YS
```

図5-10　ニューラルネットワークによる解析結果

▼ 実習③：細胞内局在予測

❶ PSORTのWebページにアクセスします。
http://psort.hgc.jp/

❷ 解析したい配列の生物種によって、各PSORT（WoLF PSORT, PSORT II, PSORT, iPSORT, PSORT-B）を選択します。本実習では、PSORTT IIを使って解析を行います（**図5-11**）。

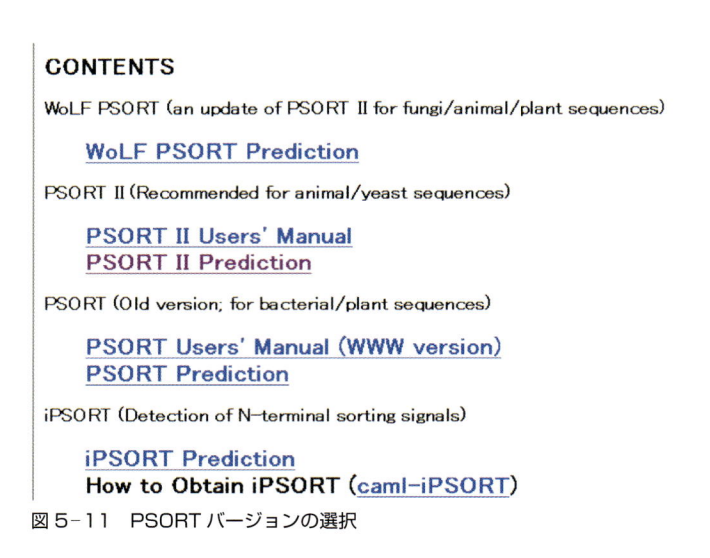

図5-11　PSORTバージョンの選択

❸ 解析したい配列（一文字表記）をアミノ酸配列入力フォームにコピー&ペーストで入力し、Submit をクリックします（図5-12）。本実習では、ヒトImportin subunit alpha-1の配列を用いています（Uniprot-ID：IMA1_HUMAN）。

図5-12　配列情報の入力

❹ PSORTでは、複数の解析プログラムの解析結果よりシグナルペプチドや細胞内局在を予測します。Importin subunit alpha-1の解析結果では、シグナルペプチドおよび膜貫通領域を持たないことがわかります。また、細胞内局在予測については、ミトコンドリア局在シグナル解析等を考慮しながら、最終的な局在可能性を出力します。今回の解析では、細胞質（cytoplasmic）および核（nuclear）への局在の可能性が高いと予測されています（図5-13）。細胞内局在予測は必ずしも1ヵ所ではありません。例えば輸送タンパク

質であれば、今回の実習結果のように2ヵ所の細胞内局在が予測されることがあります。

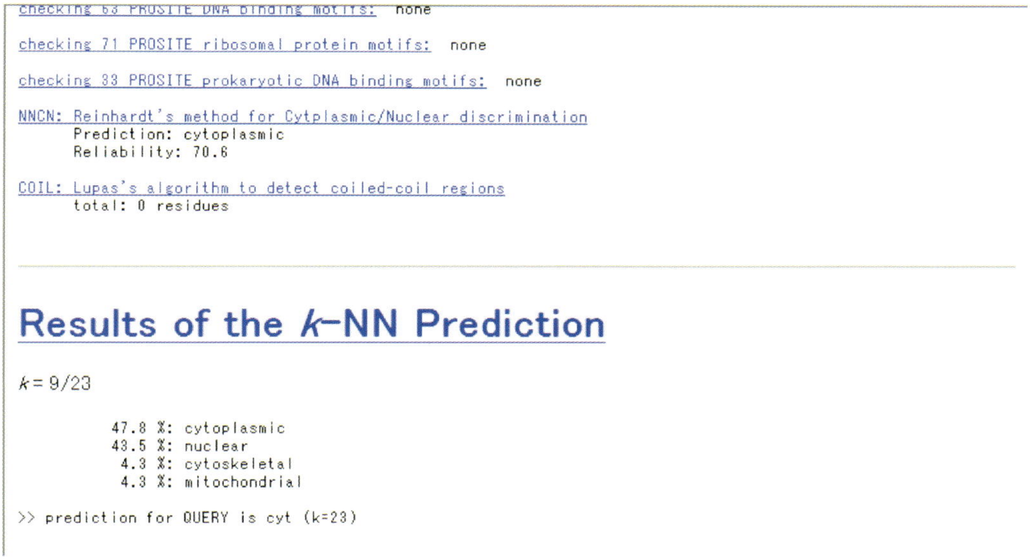

```
checking 63 PROSITE DNA binding motifs:  none
checking 71 PROSITE ribosomal protein motifs:  none
checking 33 PROSITE prokaryotic DNA binding motifs:  none
NNCN: Reinhardt's method for Cytplasmic/Nuclear discrimination
      Prediction: cytoplasmic
      Reliability: 70.6
COIL: Lupas's algorithm to detect coiled-coil regions
      total: 0 residues
```

Results of the k-NN Prediction

```
k = 9/23

       47.8 %: cytoplasmic
       43.5 %: nuclear
        4.3 %: cytoskeletal
        4.3 %: mitochondrial

>> prediction for QUERY is cyt (k=23)
```

図5-13　細胞内局在予測結果

▼ 実習④：膜タンパク質予測

　膜貫通領域の予測は、モチーフ配列の検索と同様に構造・機能を予測する上で非常に有用な情報を与えます。ここでは、物理化学的評価に基づく予測法であるSOSUIシステムの利用法を実習します。

❶ SOSUIのWebサイトにアクセスします。
http://bp.nuap.nagoya-u.ac.jp/sosui/

❷ 1．SOSUI system項目の"SOSUI"をクリックし、配列入力のページに進みます（**図5-14**）。

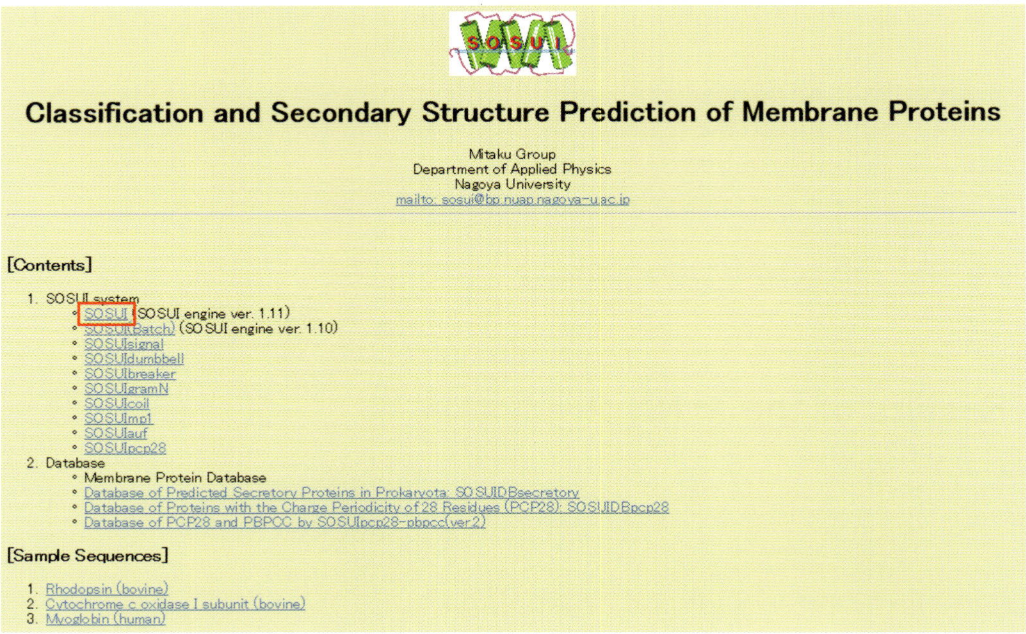

図5-14　SOSUIのトップページ

❸ 問い合わせ配列の例として、SOSUIのページで用意されているサンプル配列を利用します。ページ下側のSample Sequencesより"Rhodopsin（bovine）"を選択します。配列が表示されたら配列をコピーし、配列入力フォームにペーストします。Execをクリックし、実行します（図5-15）。

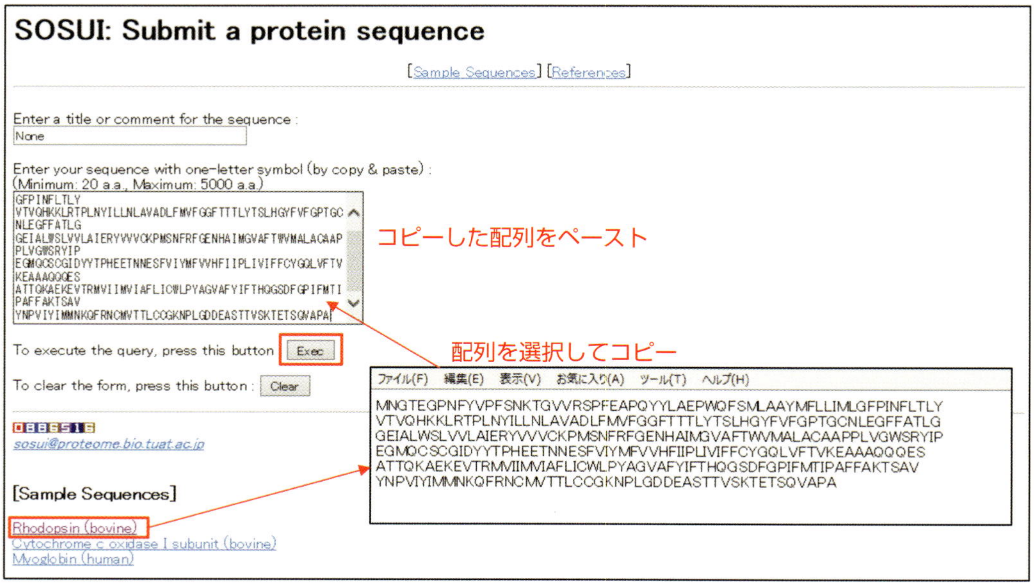

図5-15　アミノ酸配列の入力と実行

❹ 結果は、表形式といくつかのグラフィックスで表示されます。まず何本の膜貫通領域を持つタンパク質であるかが、メッセージとして表示されます。膜貫通領域が存在しない場合には、'This sequence is of a SOLUBLE PROTEIN' というメッセージになります。メッセージ下の表には、予測した膜貫通領域情報や長さ、そして膜貫通領域タイプが出力されます（図5-16）。

This amino acid sequence is of a MEMBRANE PROTEIN
which have 7 transmembrane helices.

No.	N terminal	transmembrane region	C terminal	type	length
1	40	LAAYMFLLIMLGFPINFLTLYVT	62	PRIMARY	23
2	71	PLNYILLNLAVADLFMVFGGFTT	93	SECONDARY	23
3	113	EGFFATLGGEIALWSLVVLAIER	135	SECONDARY	23
4	156	GVAFTWVMALACAAPPLVGWSRY	178	SECONDARY	23
5	207	MFVVHFIIPLIVIFFCYGQLVFT	229	PRIMARY	23
6	261	FLICWLPYAGVAFYIFTHQGSDF	283	PRIMARY	23
7	300	VYNPVIYIMMNKQFRNCMVTTC	322	SECONDARY	23

図5-16　SOSUIによって予測された膜貫通領域

膜貫通領域タイプの分類はSOSUI独自の評価で、PRIMARYは非常に膜貫通領域の性質が強いタイプ、SECONDARYはPRIMARYが存在する環境下で膜を貫通する可能性の高い領域を示しています。この分類により水溶性タンパク質に対する過剰予測の精度は非常に高く、SOSUIの特徴の1つといえます。

❺ グラフィックス表示領域では、①Kyte-Doolittleの疎水性指標によるプロット、②予測領域のヘリックス車輪図、③スネークモデルが図示化されます（図5-17）。

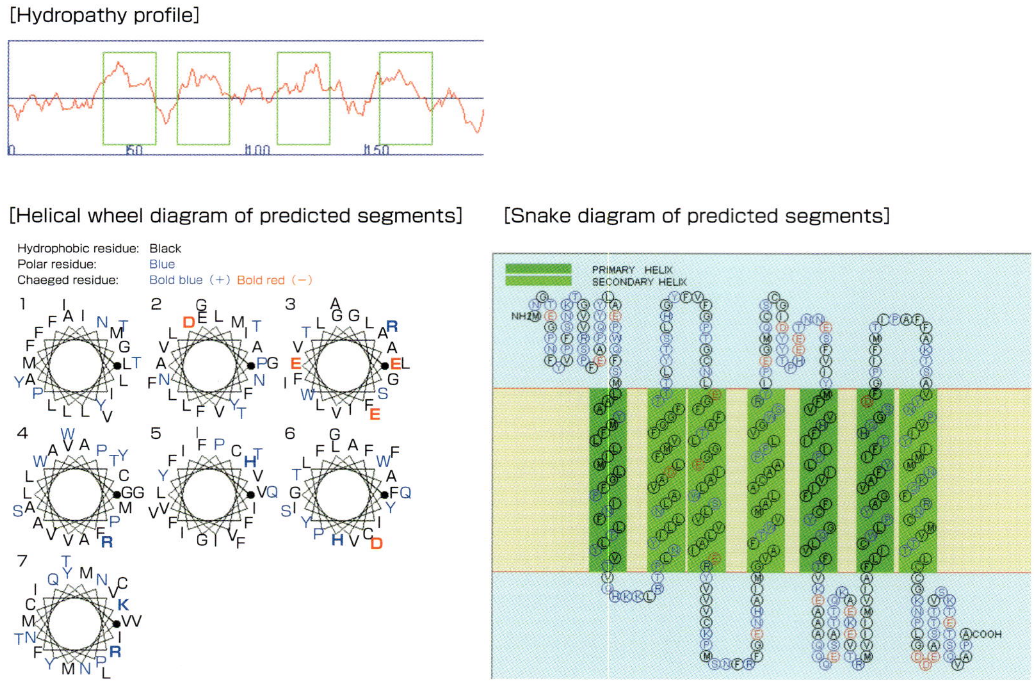

図5-17 予測された膜貫通領域のグラフィックス表示：疎水性プロット、ヘリックス車輪図、スネークモデル

　疎水性指標のプロットは、常に200残基領域が表示されるようになっており、ウィンドウ内でマウスをクリックしながら左右に動かすことで他の領域をスクロールすることができます。緑色の枠内は、予測した領域に対応しています。車輪図は、3.6周期で予測領域のアミノ酸残基を分布させた図で、ヘリックスの両親媒性を調べることができます。残基は、極性基、荷電残基で色分けされています。スネークモデルでは、ヘリックスがアンチパラレルに配向した際のアミノ酸残基の位置関係を把握することができます。

　このように、モチーフ検索や膜貫通領域予測の結果でもタンパク質の機能や構造をある程度予測できることが実感できたと思います。特にBLASTなどの相同性検索で機能・構造推定に優位なヒットが検出されない場合には、これらの解析は非常に重要になります。

［文献および関連サイト］

［1］遺伝子オントロジーコンソーシアム　http://www.geneontology.org/

［2］金久　實著、「ポストゲノム情報への招待」、3章分子生物学データベース、共立出版（2001）

［3］美宅成樹・金久　實編、「ヒトゲノム計画と知識情報処理」、2章乱雑さの中の機能を見る、培風館（1995）

［4］Punta M, et al. The Pfam protein families database. Nucleic Acids Res. 2012；40：D290-301.

［5］Kyte J, Doolittle RF. A simple method for displaying the hydropathic character of a protein. J. Mol Biol. 1982；157（1）：105-32.

［6］Wallin E, von Heijne G. Genome-wide analysis of intergral membrance proteins from eubacterial, archaean, and eukaryotic organisms. Protein Sci. 1998；7（4）：1029-38.

［7］Mitaku S, et al. Proportion of membrane proteins in proteomes of 15 single-cell organisms analyzed by the SOSUI prediction system. Biophys Chem. 1999；82：165-71.

［8］Nielsen H, et al. Machine learning approaches for the prediction of signal peptides and other prptein sorting signals. Protein Eng. 1999；12（1）：3-9.

［9］Petersen TN, et al. signalP 4.0：discriminating signal peptides from transmembrane regions. Na Methods. 2011；8（10）：785-6.

CHAPTER 6

BIOINFORMATICS

立体構造情報からタンパク質の機能を予測してみよう

> **概要** タンパク質の立体構造と機能には密接な関係があります。例えば、タンパク質が特定の基質を認識する場合には、その基質との結合に適したポケットが立体構造で形成されています。このようなポケットは、一般には配列情報のみでは予測が困難なため、立体構造情報を利用した予測が必要となります。本章では、立体構造情報に基づく、さまざまな機能予測を行います。

実習の前に

タンパク質の立体構造情報と機能

　タンパク質は機能を発現するために、特定の立体構造を形成します。まず、アミノ酸配列は、αヘリックスやβシート（βシートの構成単位は、βストランド）、ターンといった二次構造を形成します（1章 実習②参照）。アミノ酸配列は、主鎖（アミノ酸残基で共有の部分）と側鎖（アミノ酸残基ごとに固有の部分）に分かれますが、二次構造形成では、主に主鎖間の水素結合によって安定化しています。これらの二次構造が、さまざまな空間配置を形成することで三次構造となります（**図6-1**）。機能との関係や異なるタンパク質間の構造比較を研究の目的とした場合、二次構造と三次構造の中間に、超二次構造やドメインといった局所構造の定義を設けることもあります［1］。タンパク質の立体構造は、X線・電子線回折像や核磁気共鳴（NMR）スペクトルによって構造決定されており、得られる原子の三次元空間座標は、1章で紹介した Protein Data Bank（PDB）で登録・管理されています。また立体構造が決定されていないタンパク質でもタンパク質立体構造予測法によって構造を推定することが可能です。

　タンパク質の立体構造情報は、配列情報のみでは推定が困難な、さまざまな機能に関する情報を与えてくれます（**図6-2**）。タンパク質と基質（リガンドやDNA）、またはタンパク質−

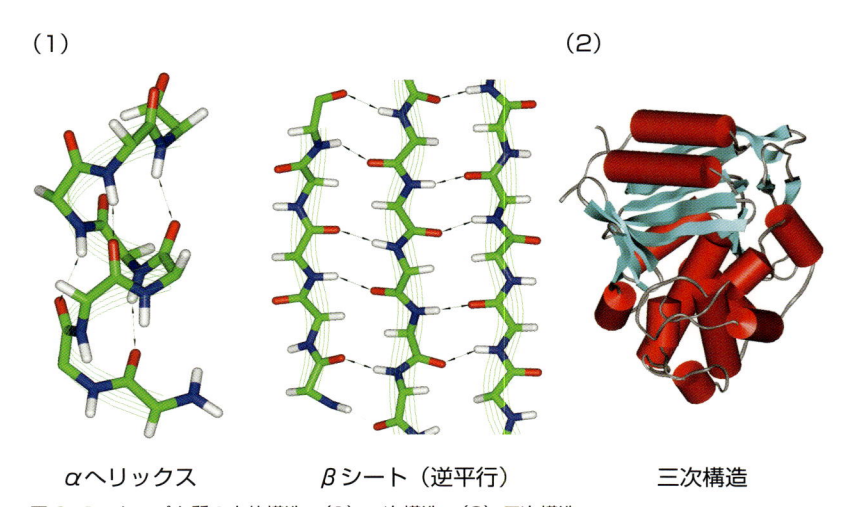

(1)　　　　　　　　　　　　　　　　　　　　(2)

αヘリックス　　　　βシート（逆平行）　　　　三次構造

図6-1　タンパク質の立体構造：(1) 二次構造、(2) 三次構造

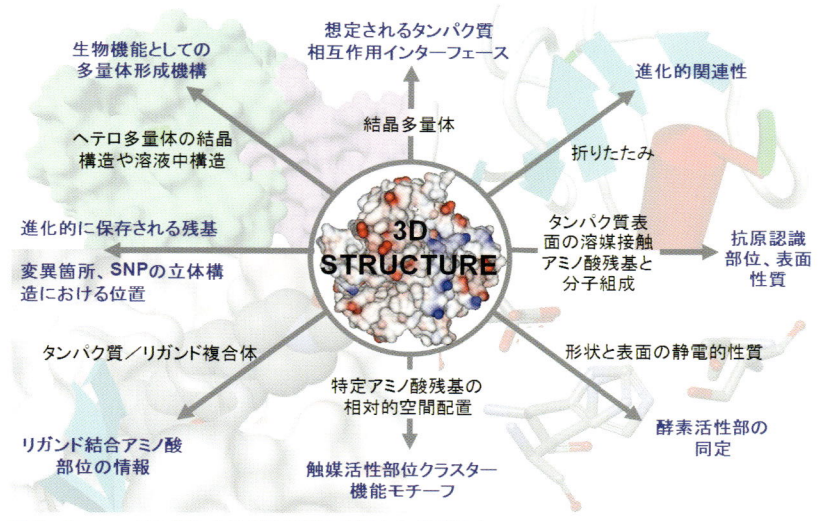

図6-2 タンパク質の立体構造情報を利用した機能推定

　タンパク質の複合体構造は、基質に代わる創薬分子の設計に重要な相互作用情報を解析する手法を与えてくれます。配列では遠く離れた、しかし空間上隣接している特定のアミノ酸残基の相対的空間配置を比較することで酵素の触媒活性を分類、予測することができます。部位特異的変異や一塩基多型（SNP）が及ぼす機能の影響を立体構造にマッピングすることで分子レベルのメカニズム解明につなげることができます。タンパク質表面の溶媒接触アミノ酸残基の構造と分子組成は、表面の性質を決め、抗原認識部位の解析に応用できます。タンパク質の二次構造の折りたたみ状態が機能に直接関係するケースもあります。このように立体構造情報は、タンパク質の機能と密接に関連しています。

立体構造モチーフ

　機能部位を形成するアミノ酸残基の立体構造モチーフは、配列モチーフに比べて進化的によく保存されています。**図6-3**のリパーゼやトリプシンのように配列相同性の低い、全体としても異なる折りたたみ構造を形成していても、加水分解の働きを持つ触媒活性部位の構造を共通に持っているような事例が、PDBのデータの増加とともに次々と明らかになってきています。配列モチーフに対して、立体構造モチーフは、配列上では点在しているアミノ酸残基同士でも空間的に隣接することがあり、そのことが触媒活性部位の保存性の背景となっています。しかし、このことは立体構造モチーフが、配列情報のみからでは同定が困難であるということを示しています。したがって、立体構造モチーフにより機能を推定する場合には、実験で直接、構造を決定するか、計算機的手法により予測した立体構造をあらかじめ準備する必要があります。PROSITEのようなモチーフライブラリに相当する立体構造モチーフライブラリは、すでにいくつかの酵素ファミリーについて座標テンプレートとしてデータベース化され、対象となる立体構造の座標データを入力すると、既知の酵素活性モチーフテンプレートと類似した部分構造を検索することができます。PINTSやCatalytic Site Atlas [2] は、インターネットで利用できる酵素活性部位モチーフ検索システムです。

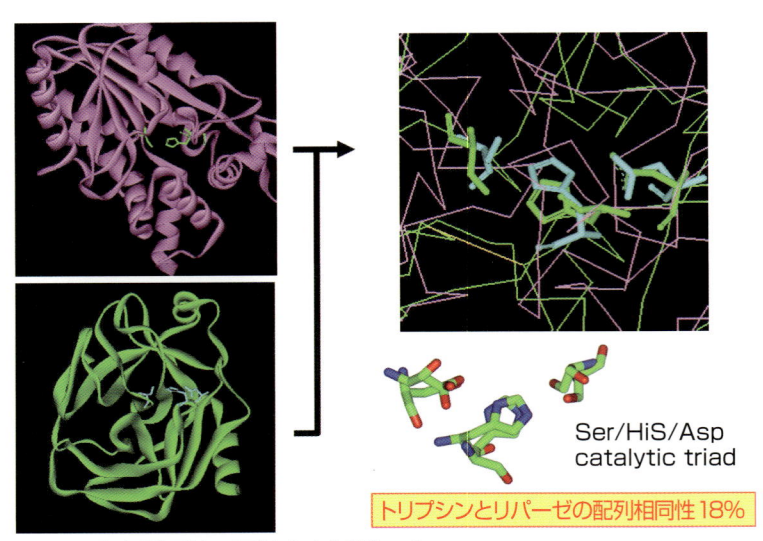

図6-3　加水分解酵素に関連した立体構造モチーフ

　活性部位の予測には、ホモロジーモデリング法や構造認識法で用いる構造テンプレートのタンパク質の PDB ファイルにある SITE 行に記述されている情報も参考になります。SITE 行には、実験などで活性部位が明らかな場合や、低分子との複合体で構造決定されている場合の低分子と相互作用する近傍残基が列挙されています。以下は、ある還元酵素（PDB-ID：1E6U）の触媒活性部位（CAT）と NADP（ACT1）の結合箇所を示す SITE 行の一部です。

```
SITE     1 CAT   3 SER A 107 TYR A 136 LYS A 140
SITE     1 AC1 28 GLY A  13 MET A  14 ARG A  36 LEU A 39
SITE     2 AC1 28 ASN A  40 LEU A  41 LEU A  42 ALA A 63
```

　対象タンパク質とテンプレートタンパク質のアミノ酸配列をアラインメントしたときに、SITE 行で定義されたアミノ酸残基の位置が対象タンパク質のアミノ酸残基と一致していれば、構築される対象タンパク質もその活性部位に関連した同じ機能を持っていると予測されます（**図6-4**）。

　低分子と相互作用する活性部位のような数残基で構成される機能部位の他に、DNA やタンパク質と相互作用する表面も立体構造から推定できる場合があります。例えば、リン酸基の主鎖骨格により分子全体として負電荷を帯びた DNA 分子と相互作用するタンパク質は、DNA と接触する分子表面が正電場を帯びています（**図6-5**）。分子表面の正電場は、電荷を持つアミノ酸残基の空間分布に基づくポアソン–ボルツマン方程式によって算出することができます（**図6-5** は PyMOL により簡易的に計算した結果）。よって、DNA に限らず、何らかの分子と相互作用することで機能発現する場合、あらかじめその分子の静電的な性質がわかっていれば、対象タンパク質にもその分子と静電相互作用しうる可能性があるかどうかを調べることが機能推定に役立ちます。

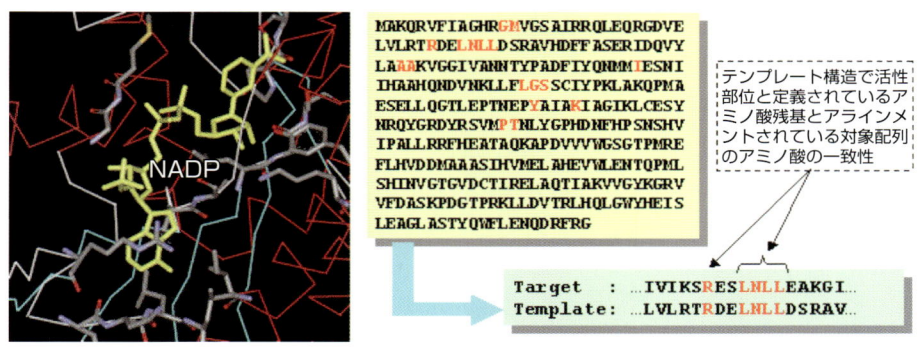

図6-4 テンプレートタンパク質の活性部位位置およびアミノ酸配列アラインメントに基づく活性部位予測

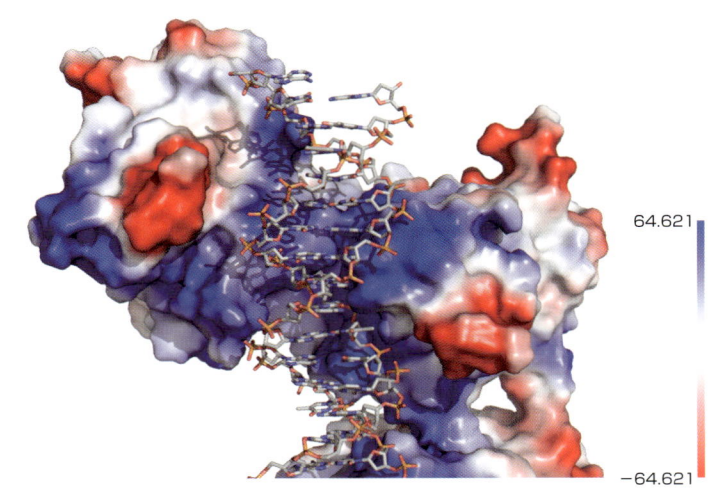

図6-5 DNA分子（中央）と相互作用するタンパク質の静電ポテンシャル解析例
青は正電場、赤は負電場。

タンパク質の折りたたみ様式

　多くのタンパク質の三次構造は、二次構造要素の空間配置の上に成り立っていますが、空間配置だけではなく、N端を始点、C端を終点と考えたときの方向性の組み合わせも考慮した立体構造の特徴を、折りたたみ様式（フォールド）やトポロジーと呼んでいます。例えば、アミノ酸配列上では8本のβストランドでβシートを形成するタンパク質でも、4本×2でサンドウィッチ状のフォールドを形成するものもあれば、8本で樽状（バレル）を形成するものもあります。またβストランド間が平行・逆平行のどの関係にあるかでフィールドも異なってきます。

　タンパク質立体構造データ数の増加に伴い、タンパク質の立体構造を二次構造の組成とフォールドのタイプによって分類しているデータベースが開発、公開されています。世界的には、SCOP［3］とCATH［4］がよく利用されています。分類の基準・手法に違いはありますが、階層ごとに構造分類するという基本的な方針は似ています。まず大きな階層レベルとし

てタンパク質がすべてαヘリックス（all α）か、すべてβシート（all β）か、αヘリックス＋βシート（α＋β）か、αヘリックスとβシートの交互繰り返し（α／β）か等で分類されています。CATHデータベースでは、このレベルをClassといいます。Classの下には、続いてArchitecture － Topology － Homologyと分類階層があります。Architectureは、All β Classでもβシートが板状か樽状かによって分類されるレベルで、その下に二次構造要素のつながり方の違いを分類するTopologyレベルがあります。Homologyレベルは、構造の類似性と進化的に関連があるかで分類されています［5］。このようなタンパク質立体構造分類データベースは、現在では、タンパク質立体構造予測、機能予測、折りたたみ予測に関する研究に欠かせないデータベースとなっています。

実習

3章の実習で予測したヒトのグルタミンtRNA合成酵素の予測構造を用いて、ポケット予測、静電ポテンシャル解析など、立体構造情報に基づくさまざまな機能予測を行います。一部の予測ツールは実行時間がかかるものもありますので、メール通知機能などを活用して効率良く行います。

▼ 実習①：活性ポケット候補部位探索

構造ゲノミクスの進展により、配列と立体構造はわかっていても、機能が未知のタンパク質に遭遇することが増えてきています。タンパク質の表面形状は、機能を予測する最も有用な情報の1つになります。CASTpは、タンパク質立体構造データ（PDB形式）を入力情報に、活性ポケット候補部位を検索し、ポケットの体積や周辺残基の情報をグラフィックスを使いながら解析できるWebサイトです。CASTpなどによる活性ポケット候補探索は、創薬におけるドッキング計算のドッキング部位入力情報としても活用できます。また活性ポケットの体積情報を利用した化合物サイズの簡単なスクリーニング処理にも応用できます。

❶ CASTpのWebサイトにアクセスします（図6-6）。
http://sts.bioengr.uic.edu/castp/

図6-6　CASTpのトップページ

❷ CASTpでは、PDB-ID（4文字）で検索するのが一般的な利用方法です。トップページにPDB-IDを入力するQueryフォームがあります。本実習では、最初にHIVプロテアーゼを代表して、'1hte'というPDB-IDを持つタンパク質を入力情報とします。Queryフォームに「1hte」を入力後、[Search]をクリックします。

❸ 検索結果は、中央に立体構造、左側に候補ポケットリスト、右側にPDBファイルに記載されているアノテーション情報、下側に配列ウィンドウと構成されています（**図6-7**）。

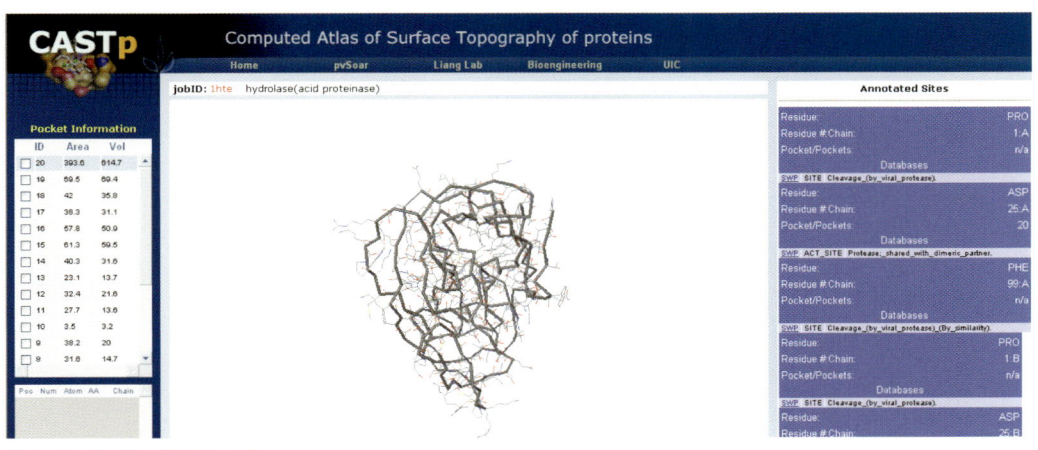

図6-7　CASTp解析ページ

❹ 候補ポケットの観察には、表面積（Area）や体積（Vol）を参考に興味のあるポケットIDのチェックボックスにチェックを入れます。その結果、ポケットの該当箇所が中央部のタンパク質立体構造のグラフィックスにアノテーションされます。同時に左側下に、選択したポケット周辺に存在する残基リストが表示されます。この残基リストは、配列ウィンド

◆ 立体構造情報からタンパク質の機能を予測してみよう

ウのアノテーションと同調しています（図6-8）。

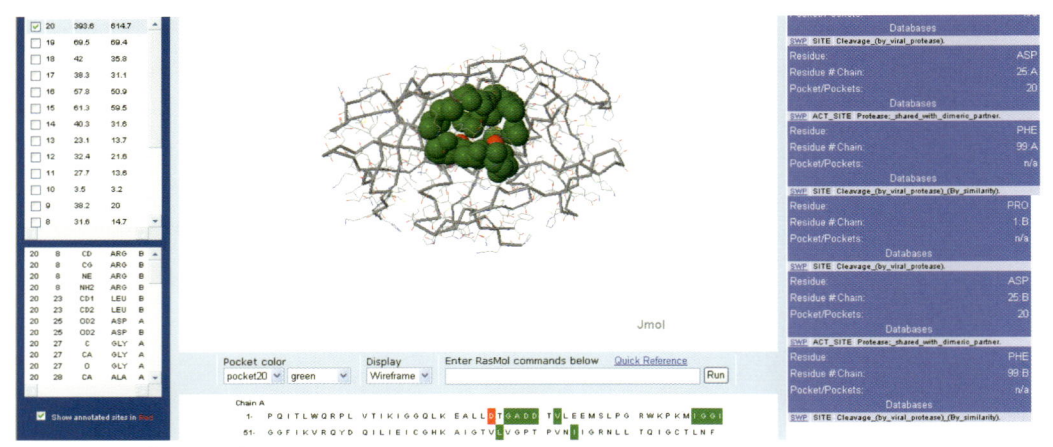

図6-8　候補ポケットの表示

❺ 解析対象のタンパク質が PDB に登録されていない場合（例えば、モデリングによりタンパク質立体構造を予測した結果を PDB ファイル形式で保有している場合）でも、CASTpではデータファイルをサーバー上で Upload して解析を行うことができます。トップページの左側のメニューから"Calculation Request"を選択します（図6-9）。

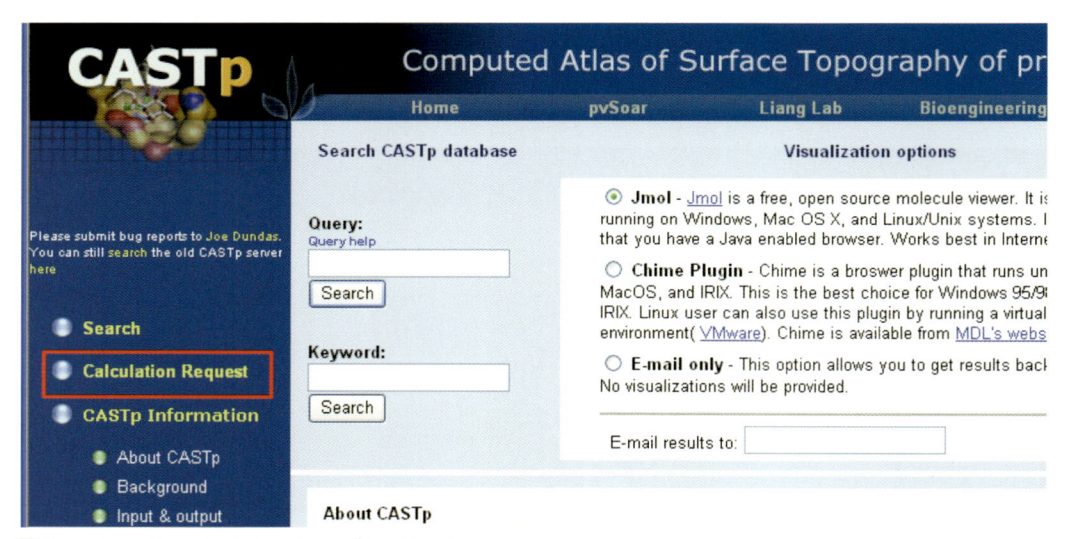

図6-9　Calculation Request ページへのリンク

❻ Calculation Request には、ファイルを Upload する項目があります。解析したい立体構造データを用意して、参照　でPC内のデータを選択します。この実習では、3章**実習**①で予測したヒトのグルタミン tRNA 合成酵素の予測構造を指定後、Submit でポケット候補探索を実行します（図6-10）。結果は、操作❸と同様の形式で出力されます。

図6-10　予測構造データのアップロード

❼ 候補ポケットリストより体積の最も大きいポケットを選択します。ヒトのグルタミンtRNA合成酵素の予測構造を用いた解析では、非常に特徴的な大きな結合ポケットが存在していることがわかります（**図6-11**）。

最も体積の大きいポケットを選択

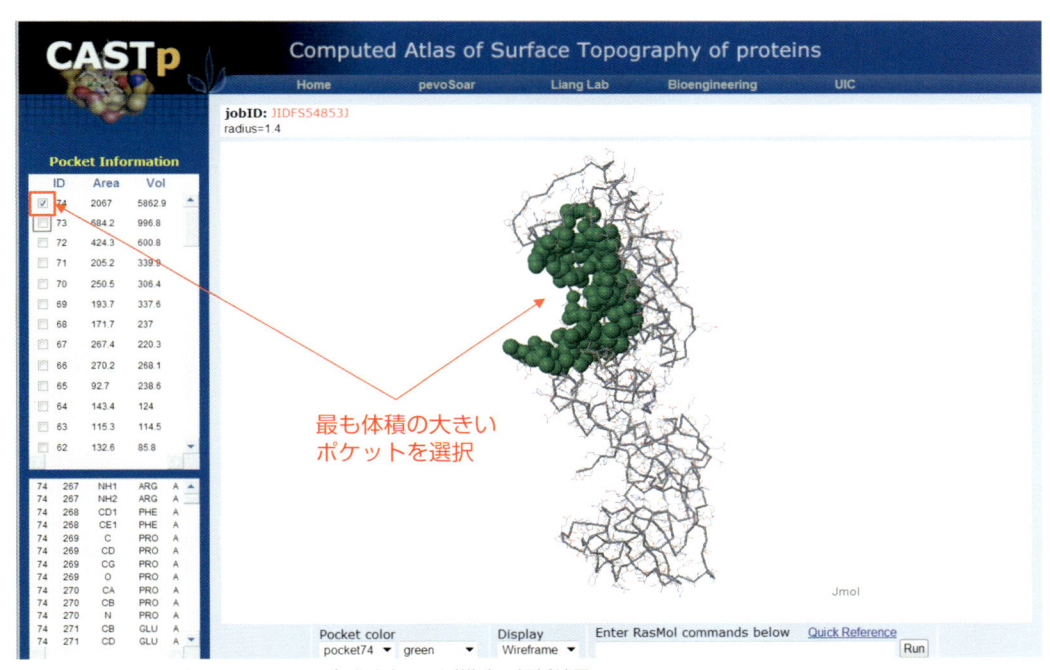

図6-11　ヒトのグルタミンtRNA合成酵素の予測構造の解析結果

実習②：リガンド結合および活性部位予測

　タンパク質の機能には、配列の相同性や構造のフォールドが異なるけれども共通した活性機能やリガンド結合部位を有しているものがあります。このような場合、配列相同性や配列情報に基づくモチーフ、立体構造予測だけでは機能予測が困難です。PINTSは、活性部位に関す

◆ 立体構造情報からタンパク質の機能を予測してみよう　　**97**

るデータベース（PDB に登録されているタンパク質で、SITE 行定義されているアミノ酸残基）とリガンド結合部位のデータベース（PDB に登録されているタンパク質で、リガンド 3Å 周辺に存在しているアミノ酸残基）をパターンデータベースとして備えており、入力したタンパク質立体構造データに対して、活性部位やリガンド結合部位がタンパク質立体構造内に存在するか、テンプレート検索を行います。これにより、全体の折りたたみ構造や全体の配列相同性に依存なく活性部位を予測することができます。PINTS は、CASTp と同様、タンパク質立体構造情報に基づく機能予測手法の 1 つとして広く利用されています。

❶ PINTS の Web サイトにアクセスします（図 6-12）。
http://www.russelllab.org/cgi-bin/tools/pints.pl

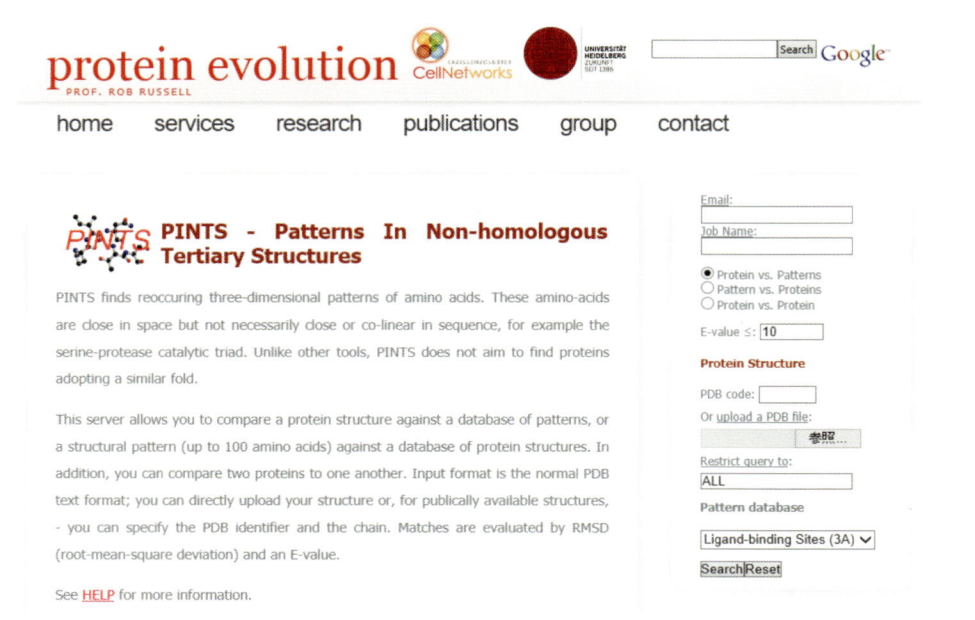

図 6-12　PINTS のトップページ

❷ PINTS の基本入力操作として、既知の PDB に対して PDB-ID 等を検索情報に検索するモードと、PDB に登録されていないタンパク質立体構造データに対して、既知の活性部位パターンデータベース（SITE Annotations）かリガンド結合部位パターンデータベース〔Ligand-binding Sites（3A）〕を選択して、類似部位がないかを検索するモードの 2 つがあります（図 6-13 左）。前者の場合には PDB-ID を、後者の場合には 参照 より PC にある立体構造データ（PDB 形式）をアップロードし、Search をクリックして検索を実行します。PINTS では、その他にパターンデータを入力して、タンパク質データベースを検索する機能（図 6-13 中央）、2 つのタンパク質間で共通構造を検索する機能（図 6-13 右）も利用できます。

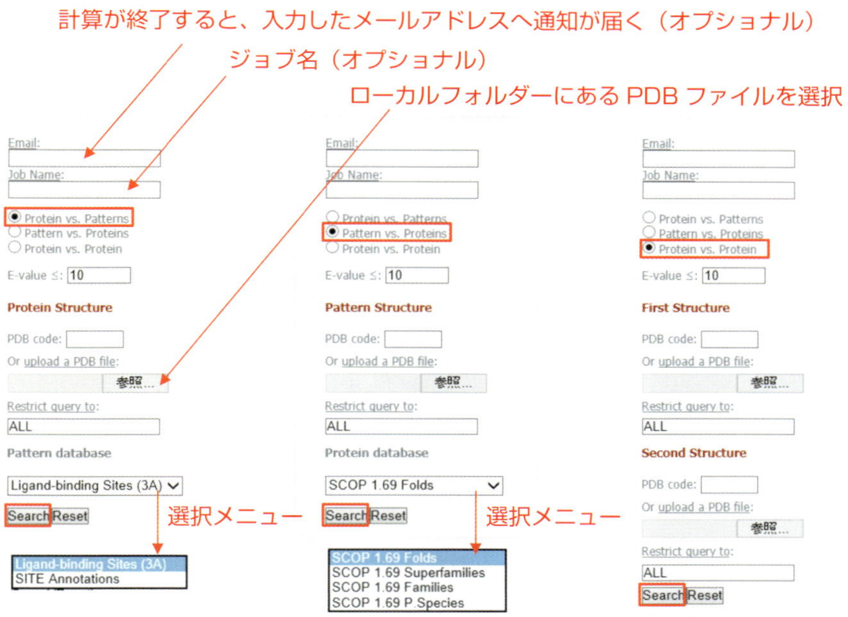

図6-13 入力メニューとパラメータ（左：タンパク質データ vs パターンデータベース、中央：パターン構造データ vs タンパク質データベース、右：タンパク質データ vs タンパク質データ）

❸ PINTS サーバーの稼働状況によりますが、10分ほどで検索は終了します（途中で Web ブラウザを閉じて中断する可能性がある場合は、メールアドレスを入力して、通知機能を活用することをお勧めします）。検索結果は、**図6-14** のように出力されます。画面左のリストに、パターンデータベース中でヒットした構造情報がリガンド結合部位との比較値（RMSD）の小さい順に列挙されます。構造情報には、パターンデータベース中の PDB とリガンド情報、統計的有意性値（E）、パターンデータベース中の活性部位構造との比較値（RMSD）、対応するアミノ酸残基情報（左側が入力タンパク質、右側がパターンデータベース）が含まれています。このような部分構造の検索では、実際の活性部位とは関係のないランダムに起こりうるヒット（負の答え）との識別が非常に重要となります。よって、E の値には注意しておきましょう（0 に近いほどよい）。注目するヒットをクリックすると背景が灰色に反転し、右の構造画面に活性部位が表示されます。マウス左ボタンで回転、スクロールボタンで拡大縮小ができます。**図6-14** では、1qrs（PDB-ID）というタンパク質に存在する ATP 結合部位のパターンがヒットした中に含まれていたことになります。実習では、リガンド結合部位パターンデータベースで検索を行いましたが、活性部位パターンデータベースでも検索して、結果を比較してもよいでしょう。

◆ 立体構造情報からタンパク質の機能を予測してみよう

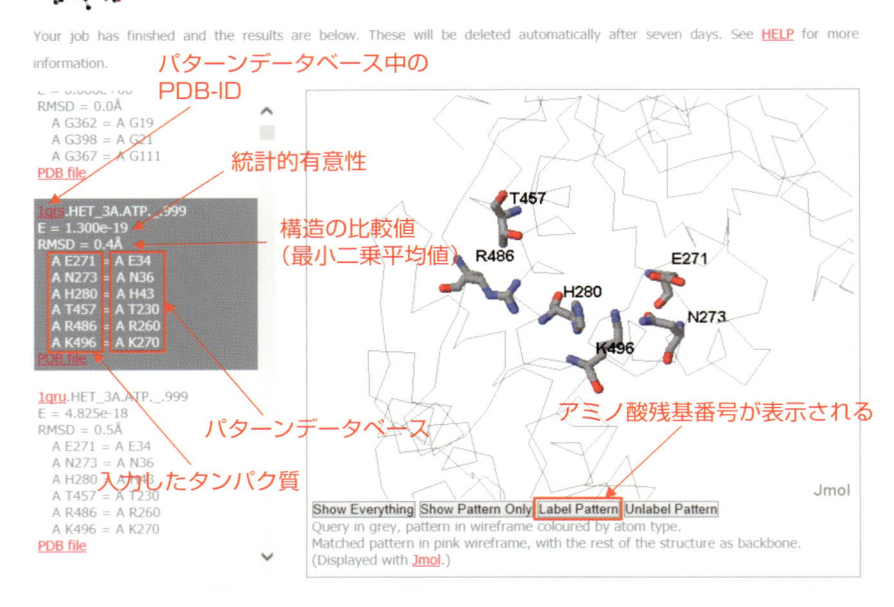

図 6-14 PINTS 検索結果

▼ 実習③：静電ポテンシャル解析

3章**実習**①で予測したヒトのグルタミン tRNA 合成酵素の予測構造の静電ポテンシャル表面を eF-surf により解析します。eF-surf では、静電ポテンシャルはポアソン–ボルツマン方程式を用いて計算します。少々計算時間を有するため、メールアドレスを登録して、結果通知機能を用いています。

❶ eF-surf にアクセスします（**図 6-15**）。
　http://ef-site.hgc.jp/eF-surf/top.do

図 6-15　eF-surf のトップページ

❷ 計算対象の PDB ファイルを 参照 をクリックし、アップロードします（実習では、Model_1.pdb というファイル名）。次にメールアドレスとタイトル（オプショナル。空白でも可）を入力し、Submit をクリックします。ただし、この段階では、計算は実行されていません。まもなく、登録したメールアドレスに'eF-surf acceptance'という件名のメールが届きますので、メールに記載されている URL をクリックします。画面中の Start をクリックすると計算が実行されます（図 6-16 左）。計算が終わると、Status：Calculation is registered と記載された画面が表示されます（図 6-16 右）。

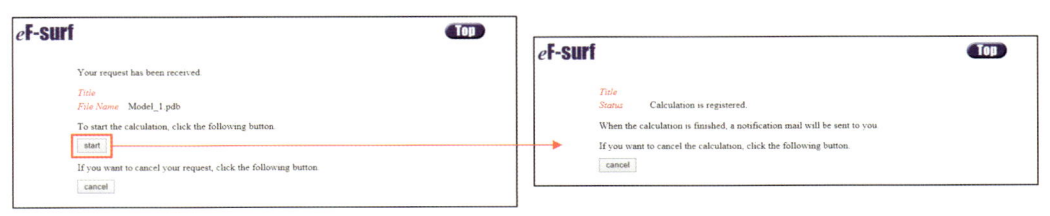

図 6-16　eF-surf 計算実行確認画面

❸ eF-surf サーバーの稼働状況によりますが、計算は 30 分から 1 時間ほどで終了します。計算終了後に、'eF-surf result'という件名の通知メールが届きます。メールに記載されている解析結果の URL にアクセスすると、静電ポテンシャルによる表面図が描画されたページが表示されます（図 6-17）。"jV viewer"をクリックすると回転（マウス右）・拡大（Shift キー＆マウス右）可能なウィンドウが表示されます。静電ポテンシャル計算結

◆ 立体構造情報からタンパク質の機能を予測してみよう

果では、赤色が負電荷の分布を、青色が正電荷の分布を意味します。色の濃淡は、強さを表しています。また上段の default color scheme は、静電ポテンシャルに加え、表面の疎水性を黄色（疎水性弱）から緑色（疎水性強）にかけて表現しています。画像を回転させながら、静電ポテンシャルの特徴的な分布や表面の形状（ポケットを形成できる凹み等）を観察してみてください。

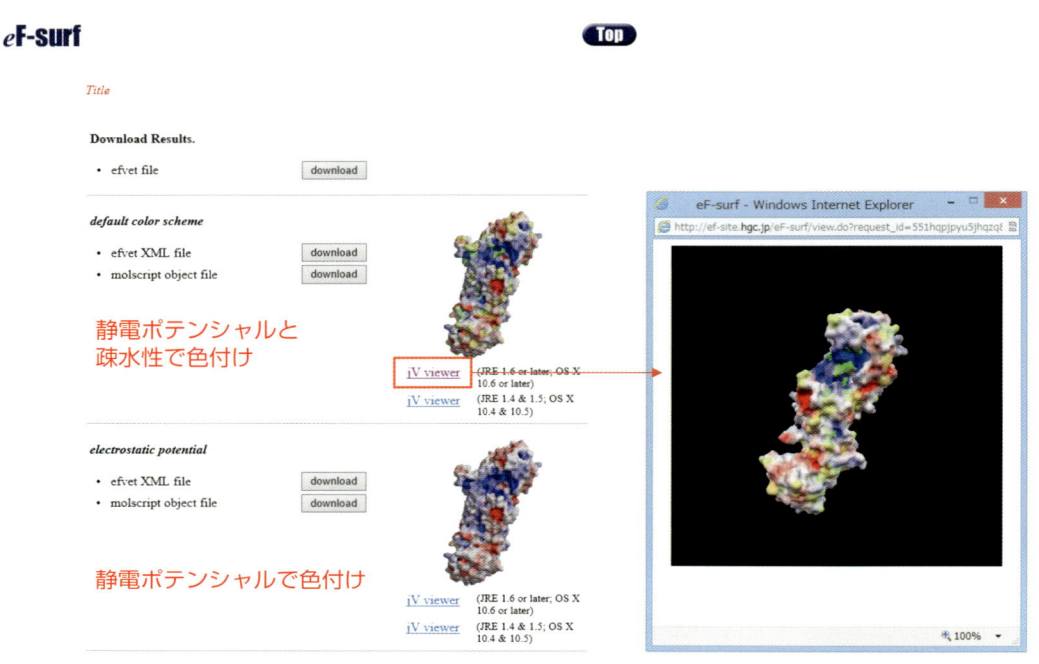

図 6-17 eF-surf 解析結果

実習の結果、ヒトグルタミン tRNA 合成酵素の予測構造では、連続した帯状で分布している正電場の領域が存在しているのがわかります。このような正電荷を帯びた表面は、DNA や RNA などリン酸基（負電荷）を持つ生体高分子と相互作用するタンパク質によく見られます。図 6-18 は、予測構造構築に用いたテンプレートタンパク質の 1 つである大腸菌のグルタミン tRNA 合成酵素の tRNA（赤いリボンモデル）と結合した状態の分子グラフィックス（図 6-18 右）との比較を示した図です。予測構造の持つポケット位置（図 6-18 左）や正電荷分布の表面（図 6-18 中央）が、tRNA の相互作用部位と対応していることがわかります。このように静電ポテンシャル計算結果は、対象タンパク質が持つ他の分子との相互作用に関する情報を提供します。

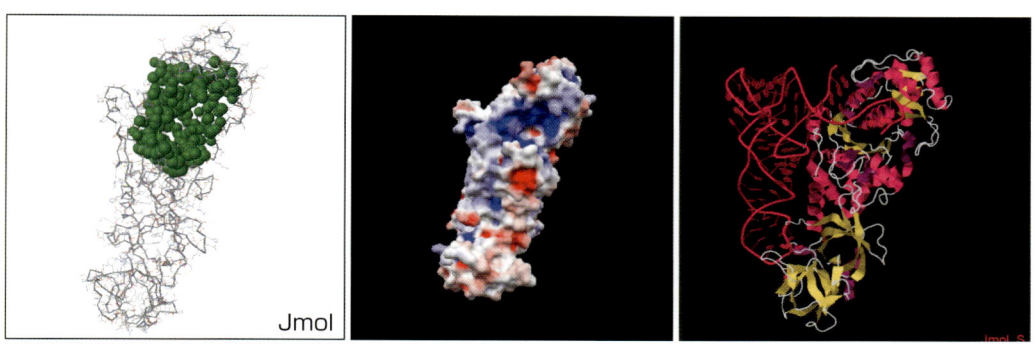

図 6-18 ヒトグルタミン tRNA 合成酵素の予測構造の機能予測結果（左：CASTp によるポケット検索、中央：eF-surf による静電ポテンシャル解析）とモデリングに用いた鋳型タンパク質、大腸菌のグルタミン tRNA 合成酵素（PDB-ID: 1euy）との比較

[文献および関連サイト]

[1] 油谷克英・中村春木著、「応用化学講座 11　蛋白質工学」、1 章 蛋白質の構造とその特性、3 章 天然タンパク質の改変の原理、朝倉書店（1991）
[2] Catalytic Site Atlas　http://www.ebi.ac.uk/thornton-srv/databases/CSA_NEW/
[3] SCOP　http://scop.mrc-lmb.cam.ac.uk/scop/
[4] CATH　http://www.cathdb.info/
[5] 日本生物物理学会シリーズ・ニューバイオフィジックス刊行委員会編、「シリーズ・ニューバイオフィジックス 1 巻　タンパク質のかたちと物性」、1 章 タンパク質のかたちの多様性と類似性、共立出版（1997）

CHAPTER 7

BIOINFORMATICS

ゲノムデータを閲覧してみよう

> **概要**　ヒトゲノム計画や、その他ヒト遺伝子に関する研究成果により、さまざまな遺伝子の情報が、何番目の染色体のどの位置に存在しているのか明らかになってきました。パーキンソン病の原因遺伝子であるパーキンを例に、遺伝子関連地図の可視化データベースを利用して、染色体上の位置を探索してみましょう。

実習の前に

　2001年2月に国際プロジェクトチーム［1］とセレラ社［2］によってヒトゲノム概要配列決定の論文が報告され、国際プロジェクトチームによる塩基配列データについては、インターネットブラウザやFTPなどにより誰もが自由に利用できるようになりました。配列決定までの詳細については参考文献をご覧いただき、ここでは一般的なゲノム地図の作成から塩基配列決定、そして得られた塩基配列からどのような情報を抽出できるのかについて簡単に紹介します。

● ゲノム地図の作成と塩基配列の決定

　ヒトゲノム配列を決定することは、それぞれの染色体においてタンパク質複合体と絡まりあっている塩基配列を引き伸ばして、染色体の短腕端から長腕端までの領域のATGCの並びを決定することですが、塩基配列決定技術（ジデオキシ法等）は、どんなに大きくとも約750塩基対以上の長さを一度に決定することはできません。したがって長い塩基配列を決定するためには、あらかじめ配列決定ができる短い配列の断片を、後に再構築できるよう糊代となる領域を考慮しながら切り分けます。次に配列決定された断片同士が重なり合うようにして、長い1本の塩基配列に組み上げます。この作業は高度なコンピュータ解析技術によって実現されます。このように断片配列を作成し、それぞれの断片の塩基配列を決定した後、コンピュータによって再構築する手法をショットガン法といいます（**図7-1**）。

　ただし、真核細胞ゲノムでは断片配列数が多くなるため、再構築のためのデータ解析が非常に複雑になるという問題点があります。またゲノム配列が持つ反復配列領域の断片は、お互いに類似した配列となるため、誤った再構築をしてしまう可能性があります。この問題を解決し全塩基配列を正確に決定するためには、ゲノム地図が必要になります。ゲノム地図に既知の遺伝子や塩基配列の位置を示し、これを指標として利用し、ショットガン法による断片配列を繋ぎ合わせていきます。このようなマスター（マーカー）遺伝子の位置関係を示すゲノム地図には、遺伝地図と物理地図の2種類があります。

　遺伝地図は、交配や家系図解析のような遺伝学的手法に基づくもので、表現型の遺伝子やDNAマーカーの位置関係を連鎖解析により作成する方法です。基本的な考えは、染色体上にある2つの遺伝子間の位置が互いに近い場合、交差による分離頻度も低くなるため、組換え頻度を調べることで染色体上の相対距離を比例関係で推定できるというものです。このような距離は、物理的な距離と必ず一致するわけではないという問題点はありますが、遺伝子の並び

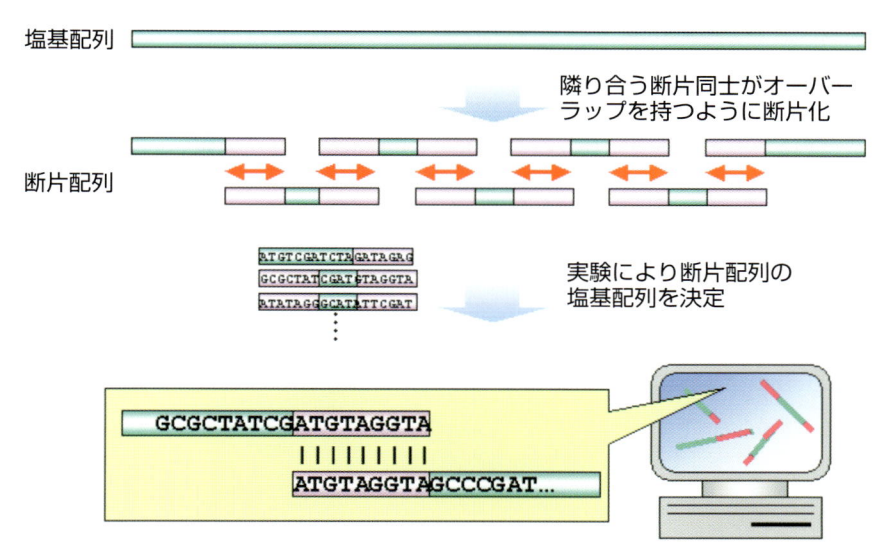

図7-1 ショットガン法による塩基配列の決定

を決定し、大まかな遺伝子間距離の枠組みを作るための重要な地図になります。

一方、物理地図は、物理的解析を行い、それに基づいてDNA分子の地図を作成する方法です。数多くの交配が可能で、多くのマーカーを持つ微生物ゲノムの場合では遺伝地図でも十分ですが、ヒトをはじめ高等真核生物の場合には、連鎖解析には制限があり、距離の正確さにおいても遺伝地図のみでは問題があります。物理地図によるマーカーのマッピングと遺伝地図は、相互に補うことで完全塩基配列決定の基盤となる正確な複合地図が得られます。物理地図作成の主な手法としては、制限酵素マッピング、蛍光 in situ ハイブリダイゼーション（FISH法）、配列タグ部位マッピング（STSマッピング）が挙げられます。

ゲノム配列を調べる

全ゲノム配列が決定されたとき、次に重要な問題の1つとして挙げられるのが、タンパク質としてコードされる遺伝子がゲノム配列中のどこに存在し、どのような機能を持っているのかを調べることです（ここでは、非コード領域で機能を持つRNAについては割愛します）。遺伝子領域は全ゲノムの数％とされており、その分布も不均一になっています。ゲノム配列の中でmRNAに転写される部分が遺伝子となるわけですが、この領域をORF（open reading frame）と呼んでいます。ORF領域は、遺伝コードと呼ばれる3つ組み塩基（コドン）からアミノ酸残基や開始・終止コドンへの翻訳をしてみると、大抵の場合は同定できます。塩基配列に対して読み枠を3つ設け、それを2方向からスキャンし（計6つの読み枠）、開始・終止コドンに対応するコドンを検出することで、長いORF領域が推定できるのです（図7-2）。

現在では、塩基配列の入力からORF領域を検索するWebサイトもあります。

ORF Finder　www.ncbi.nlm.nih.gov/gorf/gorf.html

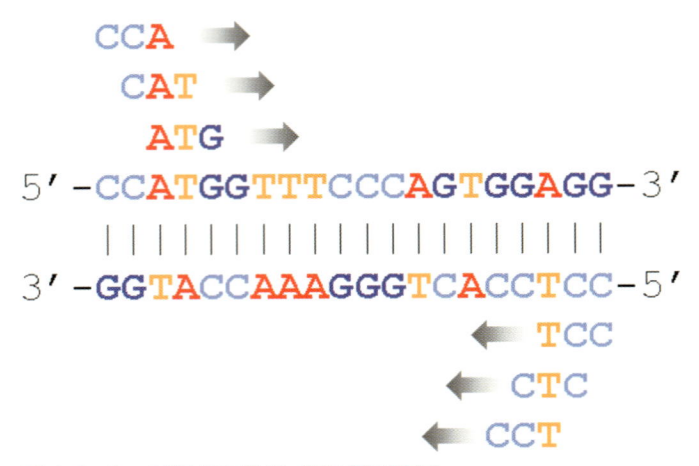

```
                CCA →
                CAT →
                ATG →
     5'-CCATGGTTTCCCAGTGGAGG-3'
         ||||||||||||||||||||
     3'-GGTACCAAAGGGTCACCTCC-5'
                           ← TCC
                           ← CTC
                           ← CCT
```

図7-2　6つの読み枠を用いたORF領域の同定

　しかし、この単純なORFスキャンニングによる遺伝子の同定は細菌類のゲノムには有用ですが、高等真核生物ではエキソンとイントロンにより不連続になっていることや、選択性スプライシングの存在などから同定が困難です。この問題を解決するには生物種ごとに遺伝子のコドンの偏りを考慮した遺伝コードを利用し、エキソン、イントロン境界に存在する特徴的な塩基配列や上流制御配列をパラメータに用いたORFスキャンニングが必要となります。しかしそれでも遺伝子領域の予測は難しいため、すでにGenBankなどのデータベースに存在する遺伝子配列やcDNA配列、EST（expressed sequence tag）など遺伝子として発現している配列断片をゲノム配列に対して相同性検索を行い、ORFが真のエキソン領域であるかをチェックしなければなりません。その他、隠れマルコフモデルなどの情報処理的なパターン認識法による遺伝子予測もされています。以下に、インターネットで利用できる遺伝子予測プログラムをいくつか紹介します。

GENSCAN　genes.mit.edu/GENSCAN.html
GrailEXP　grail.lsd.ornl.gov/grailexp/
HMMgene　www.cbs.dtu.dk/services/HMMgene/
Genie　www.fruitfly.org/seq_tools/genie.html

　また、他の生物種のゲノム配列と比較することで対応する類似の部分を探し出す方法もあります。現在ではさまざまな生物種のゲノムプロジェクトが進行しているため、比較ゲノム解析による遺伝子予測は今後ますます有効な手段になってくるでしょう。

● ゲノムデータの閲覧ツール：ゲノムブラウザ

　ゲノム解析がなされている生物種では、それらの情報は、ゲノムブラウザと呼ばれるグラフィカルユーザーインターフェースを備えたソフトウェアやウェブツールを通じて閲覧することができます。ゲノムブラウザでは、特定の遺伝子が、ゲノム配列上のどの位置に存在するか、さらにその周辺にどのような遺伝子が存在しているかなど、染色体構造からスタートし

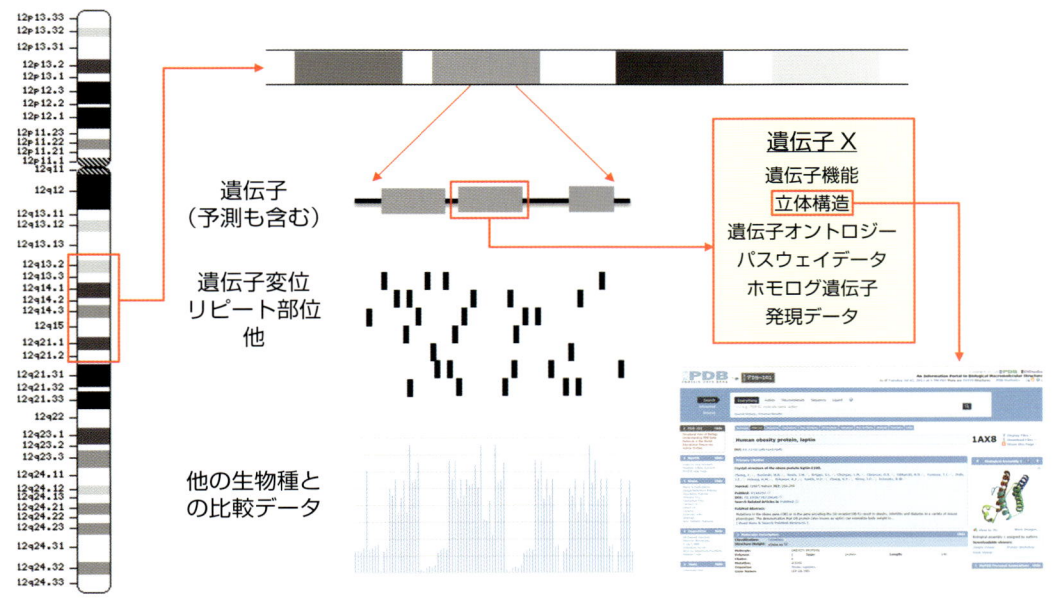

図7-3 一般的なゲノムブラウザの構成

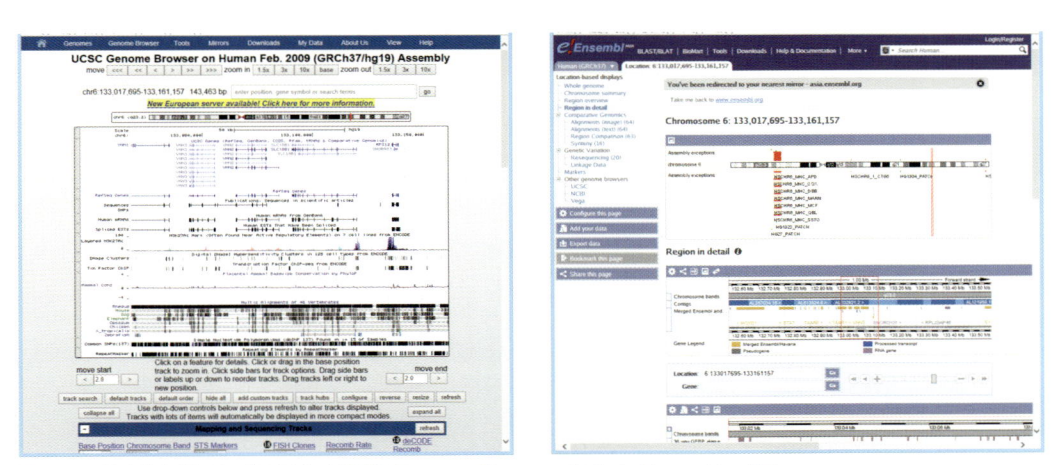

図7-4 代表的なゲノムブラウザ：UCSC Genome Browser（左）とEnsemble（右）

て、地図上で目的の場所を拡大するような感覚で調べることができます。またゲノム配列の変異箇所や、他の関連生物種との比較ゲノム解析、ホモログ遺伝子情報など、アノテーションと呼ばれるさまざまな関連情報や他のデータベースへのリンクが統合されています（**図7-3**）。最近では、急増するゲノム情報に対応して、これらのアノテーションは自動化されています。ヒトゲノムの代表的なゲノムブラウザは、欧州 EBI の Ensembl［3］、米国 NCBI の Map Viewer、UCSC Genome Browser［4］が知られています（**図7-4**）。最近では、これらのゲノムブラウザは、ヒトゲノムに限らず、他の生物種にも利用されています。UCSC Genome Browserはカスタマイズが可能で、例えば、機能性RNAにフォーカスしたゲノムブラウザなどに活用されています［5］。また、米国エネルギー省では、IMG（Integrated Microbial Genomes）と呼ばれるさまざまな微生物ゲノム情報が統合化された、微生物専用の

◆ゲノムデータを閲覧してみよう **109**

ゲノムブラウザを公開しています［6］。

▼ これからのゲノム解析

　近年、これまでのサンガー法を用いたシーケンサーに加え、次世代シーケンサーによるゲノム配列決定が注目を浴びています［7］。サンガー法では、ジデオキシヌクレオチドによってDNAポリメラーゼ伸長を制御するチェインターミネータ法が用いられていましたが、次世代シーケンサーでは、合成シーケンシング法（イルミナ社製品）、パイロシーケンシング法（ロシュ・ダイアグノスティックス社製品）、リガーゼ反応シーケンシング法（ライフテクノロジー社製品）など、独自の塩基配列決定原理によって、解読速度が飛躍的に向上しました。ネアンデルタール人のミトコンドリアゲノム解読［8］、ケナガマンモスのゲノム解読［9］、ジェームス・ワトソン博士［10］やクレッグ・ベンター博士［11］の個人ゲノム解読など、すでに多くの興味深いゲノム解読に利用されています。次世代シーケンサーは、従来の方法より早い期間で、低コストで解読できるため、個人ゲノム解読時代の到来も現実になってきました。また、癌ゲノム解析、エピゲノム解析、疾患関連遺伝子同定など幅広い目的でも次世代シーケンサー解読による成果が期待されています。これに伴い、次世代シーケンサーから得られる大規模なデータをいかに効率的に処理するか、今後の生物学の情報解析研究に期待が高まっています。

実習

　ゲノムデータに対する関心の1つにゲノムプロジェクトの進捗状況が挙げられます。実習では、まず初めにゲノムプロジェクトに関する情報を提供しているGOLDの利用方法について実習します。続いて、ゲノムブラウザを用いて特定の遺伝子のゲノム上の位置や関連する情報を調べるための基本操作を実習します。

▼ 実習①：ゲノムプロジェクト検索

　国際的なゲノムプロジェクトの進捗情報を公開しているGOLD（Genomes OnLine Database）を紹介します。生物種やメタゲノム、プロジェクトごとの進捗や、世界地図で実施研究機関を俯瞰するサービスが提供されています。

❶ GOLDにアクセスします。
　http://www.genomesonline.org/cgi-bin/GOLD/index.cgi

❷ GOLD では、メタゲノム、生物種、プロジェクト等の進捗状況がトップページからわかりやすくリンクされています（図7-5）。

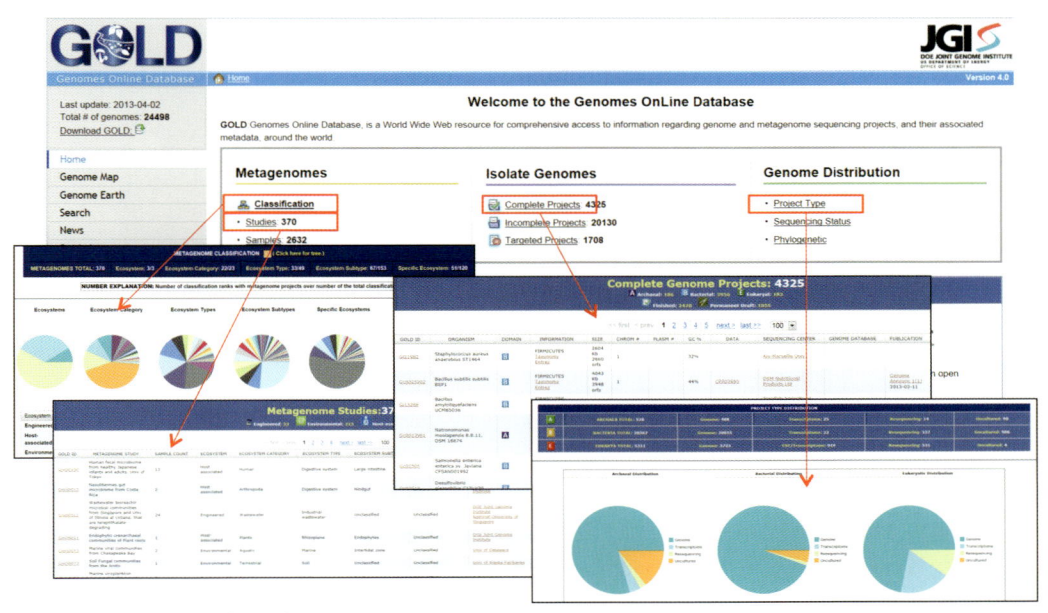

図7-5　GOLDのトップページ

❸ 左のメニューから"Genome Map"を選択すると、Googleマップを活用した国、地域ごとの研究拠点が確認できます。密集度によって赤、黄、青に色分けされています。例えば、日本を拡大すると地域ごとの拠点が把握できます（図7-6）。

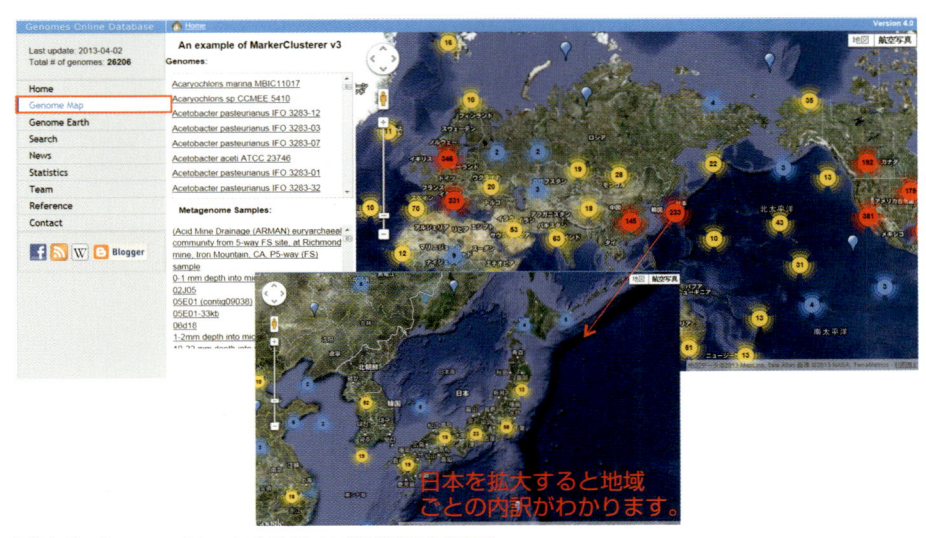

図7-6　Genome Mapによるゲノム解析研究拠点表示

◆ ゲノムデータを閲覧してみよう　111

❹ 左のメニューから"Genome Earth"を選択すると、Google Earthプラグインを介して、メタゲノムのサンプル収集地を立体的な地球地図で俯瞰することができます（図7-7）。

図7-7　Genome Earthによるメタゲノムサンプル収集地の表示

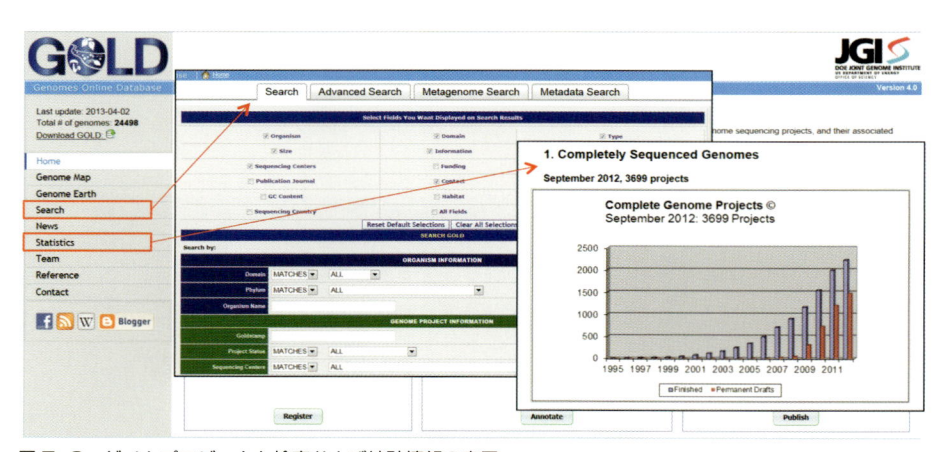

❺ その他にも特定の条件に合ったゲノムプロジェクトを検索するメニュー（Search）や統計情報（Statistics）も用意されており、ゲノムプロジェクトに関する調査に活用できます（図7-8）。

図7-8　ゲノムプロジェクト検索および統計情報の表示

▼ 実習②：遺伝子検索

　代表的なゲノムブラウザの1つである、NCBIのMap Viewerを用いて特定の遺伝子のゲノム上の位置や関連する情報を調べる基本的な実習を行います。本実習では、アルデヒド脱水素酵素2を検索対象の遺伝子とします。アセトアルデヒド脱水素酵素2の活性は、酒に弱い、もしくは酒を飲めないというアルコール類に対する耐性との関連でもよく知られています。ゲノム上の位置を確認後、遺伝子多型の情報についても解析を行います。

❶ NCBIのMap Viewerページにアクセスします。NCBIのトップページ、もしくは以下の
URLからアクセスします（**図7-9**）。
http://www.ncbi.nlm.nih.gov/mapview/

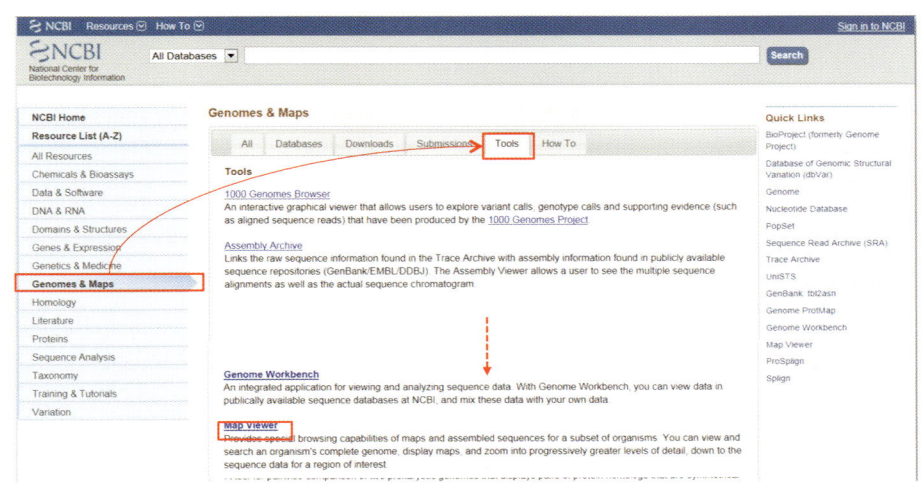

図7-9　NCBIトップページからMap Viewerページへのアクセス手順

❷ アルデヒド脱水素酵素2（aldehyde dehydrogenase 2：ALDH2）を検索します。検
索の入り口は、Map Viewerのトップページで生物種とキーワードを入力して検索する方
法（**図7-10左**）と、最初に生物種とアノテーションバージョンを指定して、キーワー
ド検索する方法（**図7-10右**）があります。実習では、前者の方法で検索を開始します。
キーワード入力フォームに「aldehyde dehydrogenase 2」と入力し、 Go をクリッ
クします。

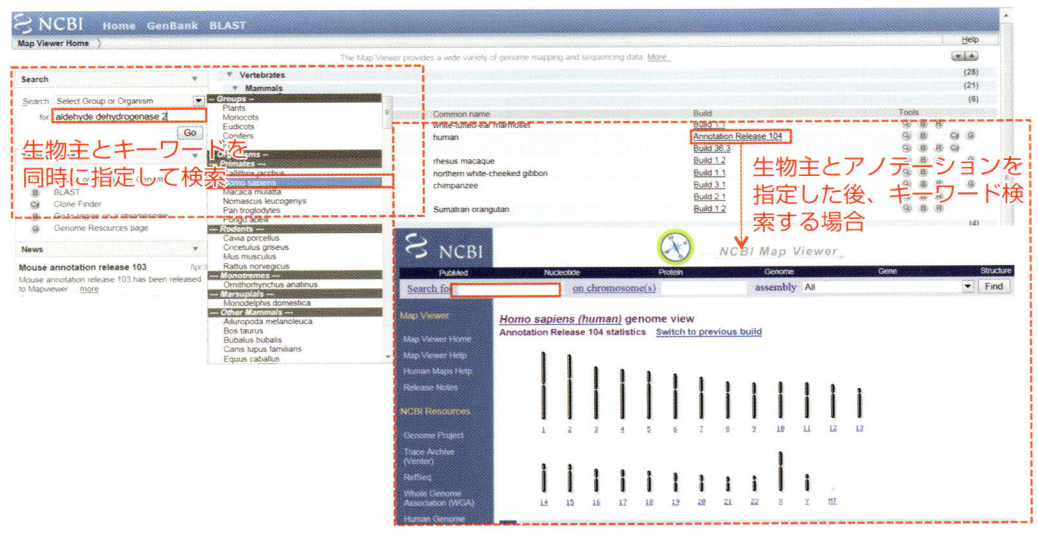

図7-10　Map Viewerを用いた遺伝子検索

◆ゲノムデータを閲覧してみよう

❸ 最初に表示される検索結果は、さまざまなアセンブリ法による結果や遺伝子の他に転写の情報など関連するすべての情報が含まれています。結果を絞り込むために、本実習では、画面上部の assembly リストからアセンブリ法を"reference"に指定し、Find で実行します。続いて、画面右にある Quick Filter で Gene にチェックを入れて、Filter を実行します（図 7-11）。

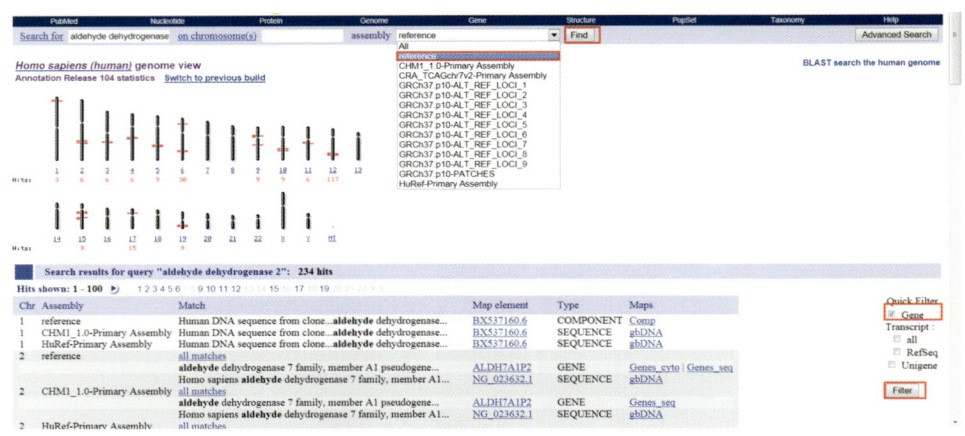

図 7-11　Map Viewer を用いた遺伝子検索結果の絞り込み

❹ 絞り込みの結果から、目的とする ALDH2 は 12 番染色体に存在することがわかります（染色体図上にも対応する位置にチェックがついています）。拡大図を表示するために Map element カラムにある"ALDH2"をクリックします（図 7-12）。

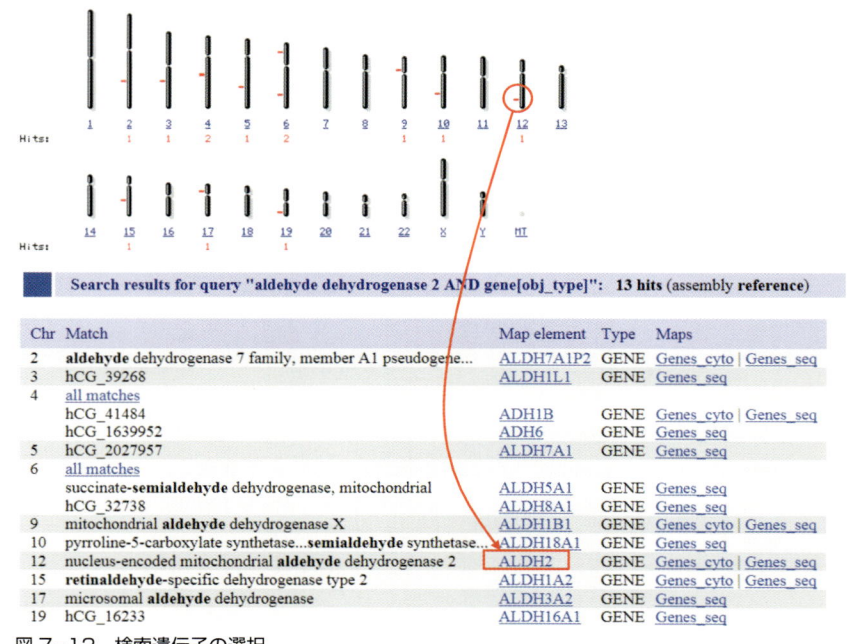

図 7-12　検索遺伝子の選択

❺ 左のメニュー領域には、染色体全体の位置（location）情報が表示されます。全体や特定の位置の拡大・縮小が設定できます。

メインウィンドウでは、左から染色体地図（Cytogenetic map）、EST データベース（短い転写産物としての配列）に基づく UniGene 配列地図（UniGene map）、遺伝子配列地図（Genes_seq map）の順に表示されます。また地図上のどこでもマウスを左クリックすると、クリックした位置で拡大・縮小が調整できます。今回検索対象の ALDH2 は、遺伝子配列地図領域で、背景が薄ピンク色で示されています。続いて、ALDH2 付近の地図を"Zoom in × 8"で拡大表示してみます（図 7-13）。

図 7-13 Map Viewer による遺伝子配列地図表示

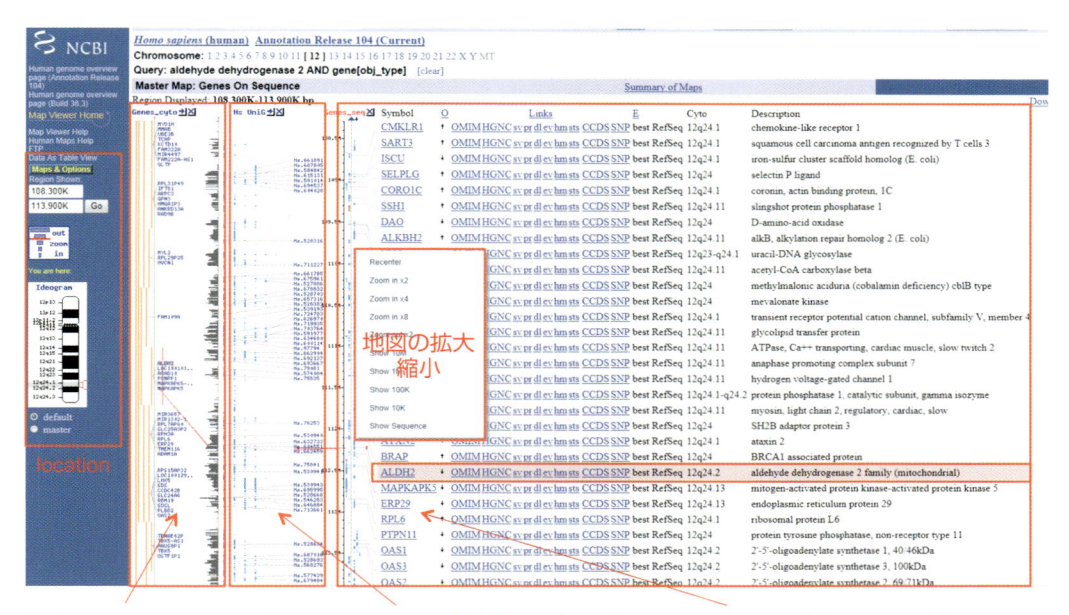

❻ 拡大後、ALDH2 遺伝子に関する関連情報を表示します。"ALDH2"は、Entrez Gene データベースにリンクされており、ALDH2 の遺伝子情報を調べることができます（図 7-14）。

図7-14　ALDH2に関するEntrez Geneデータベースへのリンク

❼ OMIMは遺伝病のデータベースで、ALDH2に関連する遺伝病について調べることができます。ALCOHOL SENSITIVITYに関する記載があります。HGNCは遺伝子の命名に関するデータベースです。ALDH2の命名について記載されています。svをクリックすると配列可視化ツールSequence Viewer画面になります（図7-15）。

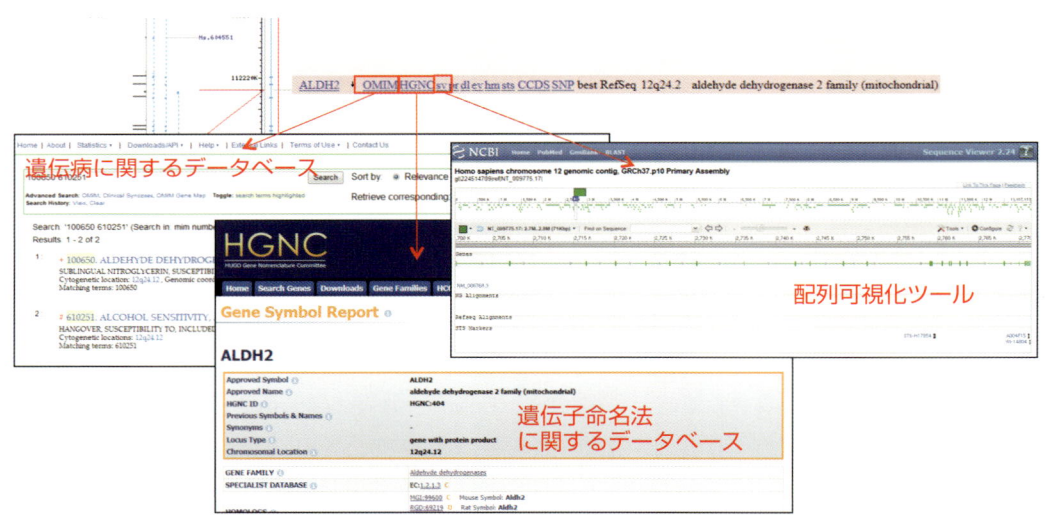

図7-15　ALDH2に関するOMIM、HGNC、Sequence Viewerへのリンク

❽ pr、dl、evは、それぞれ、タンパク質としての関連リンク情報、地図の位置に関する情報、遺伝子構造を推定する基となる部分配列のアラインメント情報へリンクされています。hmはALDH2の他の生物種におけるホモログ遺伝子、stsはSTS配列情報へリンクされています。CCDSは、ヒトとマウス間で保存されているタンパク質コード領域に関するデータベースにリンクされています（図7-16）。

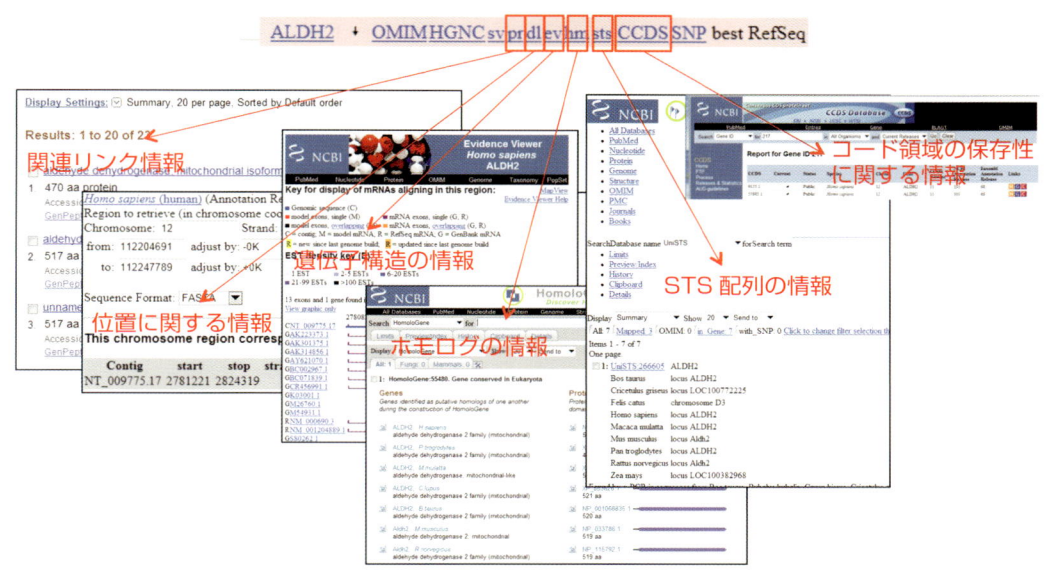

図7-16 ALDH2に関するさまざまなデータベースへのリンク

❾ ALDH2は、アルコール耐性との関連が高い遺伝子として知られています。個人や人種による違いがあり、その因子として一塩基多型情報が活用されています。SNP（Single Nucleotide Polymorphism；一塩基多型）をクリックすると、SNPに関するデータベース dbSNP に登録されている ALDH2 関連情報が表示されます。最初に Clinical Source のチェックを On にして refresh をクリックして、情報を更新します。ALDH2 には多くの SNP 情報が報告されていることがわかります（**図7-17**）。

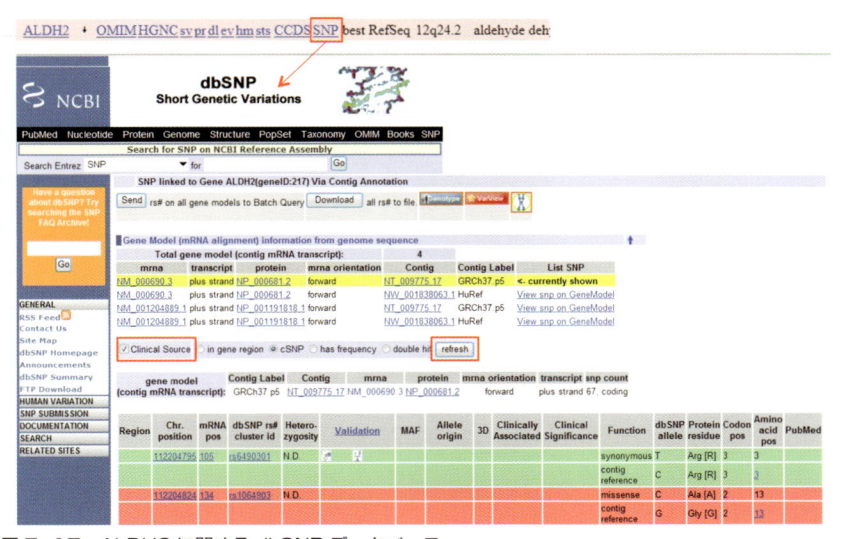

図7-17 ALDH2に関するdbSNPデータベース

❿ SNPのリストの後半に dbSNP データベースの ID、rs671 が存在していることがわかります。この SNP は、Clinical Significance 項目に drug response と記載があること

◆ ゲノムデータを閲覧してみよう　**117**

から推測されるように、アルコール耐性に影響する多型であることがわかります。これは、G（グアニン）からA（アデニン）に変異することでALDH2の活性を低下させている要因になっていることを示しています。この一塩基変異は、アミノ酸配列において504番目のGlu（グルタミン酸）からLys（リジン）への変異を引き起こしています。IDの"rs671"をクリックするとdbSNPの登録画面にリンクされ、詳細情報を確認することができます（**図7-18**）。

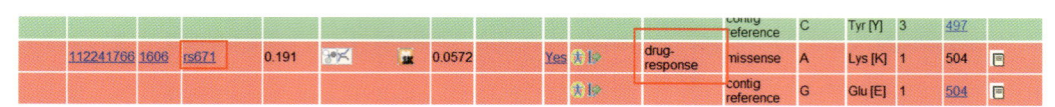

図7-18　アルコール耐性に関するALDH2のSNP

⓫ dbSNPデータベースでは、一塩基多型の情報を中心に関連する遺伝子地図上での位置情報（GeneView）や、実際に登録された多型配列（Submitter records for this RefSNP Cluster）、変異分布（Population Diversity）等の情報がまとめられています。登録配列の情報をみると、話題になった1,000人ゲノムプロジェクトからの登録があることがわかります（**図7-19**）。

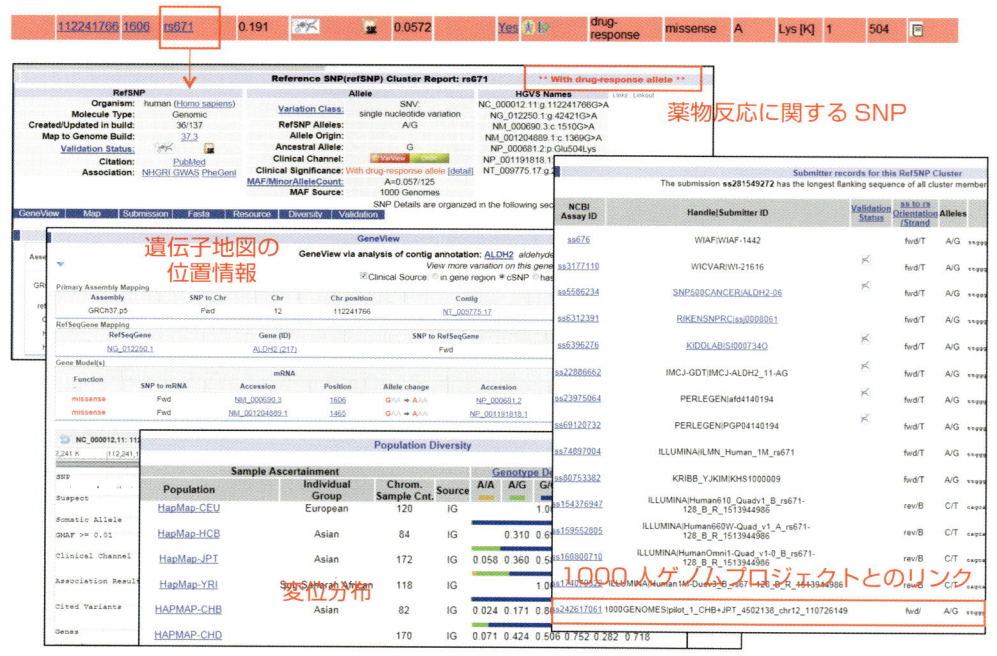

図7-19　rs671に関するさまざまなデータベースのリンク

⓬ **図7-18**の画面に戻り、3D項目を確認するとYesと記載されています。これは、ALDH2の立体構造が既知であることを示しています。"Yes"をクリックすると、タンパク質立体構造上にマッピングできるSNPリストが表示されます。オレンジの背景のア

118

ミノ酸残基は、Synonymous SNP を指しています。これは、アミノ酸が置換しない遺伝子変異である同義 SNP を意味しています。よってタンパク質上で変異箇所を観察しても標準配列との違いはわかりません。一方、緑の背景は、アミノ酸の置換に影響を与える遺伝子変異、Nonsynonymous SNP を示しています。rs671 は、Nonsynonymous SNP となります。リストから rs671 を確認できたら、Cn3D（NCBI が提供しているタンパク質可視化プラグイン）のチェックを On にして Selected をクリックすると、NCBI が管理しているタンパク質立体構造データベースへリンクされます（図 7-20）。

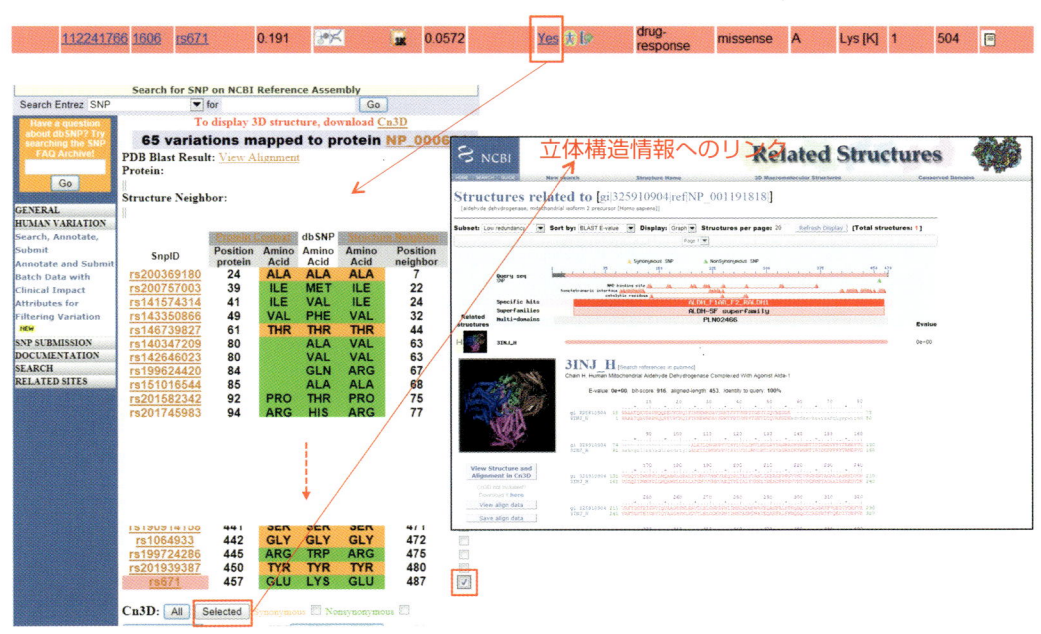

図 7-20　遺伝子変異に関する立体構造情報へのリンク

⓭ ALDH2 は、PDB ID が 3INJ で登録されています（3INJ_H の H は、複合体中の H 鎖に対応しています）。画面左にある View Structure and Alignment in Cn3D をクリックすると、Cn3D が起動して立体構造情報と配列情報が表示されます（Cn3D は、事前にインストールが必要です）。配列ウィンドウの配列情報を確認しながら変異箇所となる立体構造上で 487 番目の Glu 残基（E）をクリックすると、立体構造ウィンドウで対応する残基が黄色で示されます。この Glu 残基が rs671 多型では、Lys 残基に変異されてしまいます。立体構造を観察するとこの Glu 残基は、タンパク質の表面に存在していることがわかります。Glu は負電荷を持つアミノ酸残基ですから、正電荷の Lys へ変異することで、分子間相互作用に何らかの影響を与える可能性が高いと考察できます（図 7-21）。

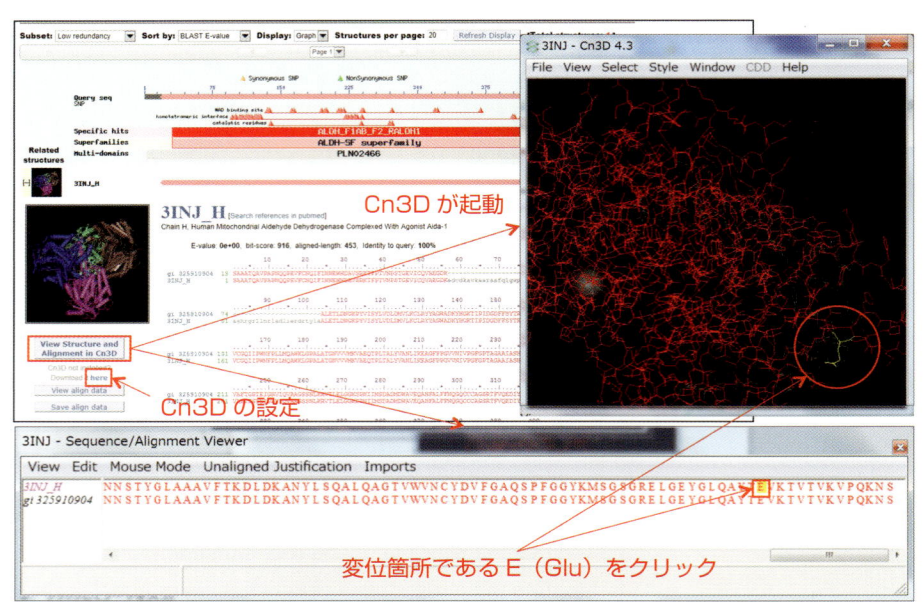

図7-21　Cn3Dを用いたタンパク質立体構造表示

　このようにゲノムブラウザを用いて目的となる遺伝子を検索することで、染色体地図のような巨視的な情報から、SNPのような変異情報まで、さまざまな階層で関連情報を調べることができます。

[文献および関連サイト]
[1] Lander ES, et al. Initial sequencing and analysis of the human genome. Nature. 2001；409：860-921.
[2] Venter JC, et al. The sequence of the human genome. Science. 2001；291：1304-51.
[3] Ensembl　www.ensembl.org/
[4] UCSC Genome Browser　genome.ucsc.edu/
[5] ncRNA　http://www.ncrna.org/
[6] IMG　img.jgi.doe.gov
[7] 水島-菅野純子・菅野純夫著、次世代シークエンサーの医療への応用と課題、モダンメディア、2011；57（8）：225-9.
[8] Green RE, et al. A complete Neandertal mitochondrial genome sequence determined by high-throughput sequencing. Cell. 2008；134：416-26.
[9] Miller W, et al. Sequencing the nuclear genome of the extinct woolly mammoth. Nature. 2008；456：387-90.
[10] David A, et al. The complete genome of an individual by massively parallel DNA sequencing. Nature. 2008；452：872-6.
[11] Lew S, et al. The diploid genome sequence of an individual human. PloS Biol. 2007；5：e254.
[12] T.A.Brown著、村松正實・木南凌監訳、「ゲノム」第3版、メディカル・サイエンス・インターナショナル（2007）

CHAPTER
8

BIOINFORMATICS

生物情報をネットワークで眺めてみよう

> 概要
>
> ゲノム情報とさまざまな生物学実験データの蓄積により、近年では、遺伝子制御やタンパク質相互作用、化合物や基質を含んだ代謝反応をネットワークにより表現、解析することで、生命現象を理解しようと試みています。本章では、いくつかの代表的なネットワークデータベースを利用し、ネットワーク上での目的とする遺伝子の検索や、ネットワークの可視化、編集の基本操作を実習します。

実習の前に

生体ネットワークの種類と表現方法

ネットワークで表現される代表的な生物情報には、遺伝子制御ネットワーク、タンパク質相互作用ネットワーク、代謝ネットワークがあります。遺伝子制御ネットワークは、マイクロアレイ実験等で得られた遺伝子発現データを基に構築され、遺伝子をノード、遺伝子間の制御関係をエッジで表現します。タンパク質相互作用ネットワークは、質量分析や酵母２ハイブリッドシステムによって同定されたタンパク質−タンパク質相互作用の関係をもとに構築します。この場合、相互作用するタンパク質（ノード）間は、エッジで連結して表現されます。代謝ネットワークでは、酵素を介した化合物の変換過程を、化合物をノード、代謝反応をエッジで表現します。遺伝子制御ネットワークや代謝ネットワークでは、エッジを矢印にすることで、制御関係や反応の方向が表現されます。

ネットワーク表現の基になる相互作用データの代表的な形式として、SIF（Simple Interaction Format）があります［1］。これは、二項関係にある２つのノード（通常、ソース

SIF ファイルによる二項関係の記述

```
YGR009C pp YDR335W
YGR009C pp YBL050W
YDL088C pp YER110C
YLR197W pp YDL014W
YLR197W pp YOR310C
YGL202W pp YGR074W
YIL162W pd YNL167C
YBR170C pp YGR048W
YOR212W pp YLR362W
YDR103W pp YLR362W
YDL023C pp YJL159W
YGR136W pp YGR058W
YBR109C pp YOR326W
```

ソースノード　↑　ターゲットノード
関係タイプ
（pp: protein − protein, pd: protein → DNA）

Cytoscape によるネットワークの可視化

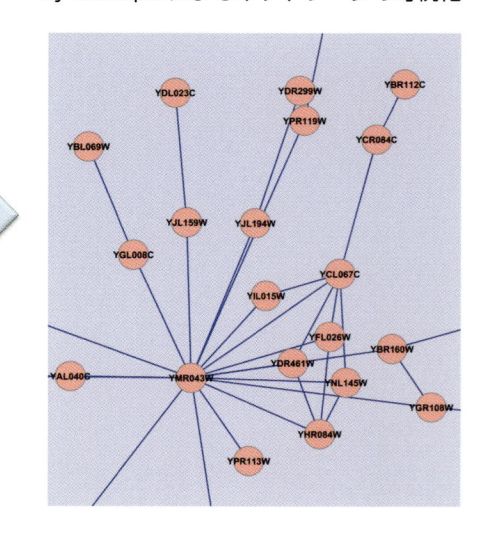

図 8-1　SIF ファイルとネットワークの可視化

ノードとターゲットノードと呼ばれます）と関係の種類を一行で表現する形式で、ネットワークを構成するすべての二項関係について、1つのファイルに複数行で列挙します。関係の種類とは、タンパク質−タンパク質相互作用やタンパク質→DNA制御系が挙げられ、それぞれ、pp（protein−protein）、pd（protein→DNA）といった略語を利用します。SIFファイルで記載されたネットワークの基本となる二項関係のデータは、Cytoscape等の可視化ツールによってネットワーク上に表現されます（図8−1）。

● ネットワークの解析方法：次数分布とスケールフリー性

　ネットワークが与えられた時、一定の共通する性質を解析するための要素として、次数分布があります。次数分布とはネットワークにおけるノードごとのエッジ数（ノードの次数）の分布のことです［2］。例えば、**図8−2**左上図の簡単なネットワークは、次数1のノードが1つ、次数2のノードが3つ、次数3のノードが1つから構成されており、その分布は図8−2左下図のようになります。一般にエッジがランダムなネットワークは、大半のノードがほぼ同数のエッジを持ち、非常に多く（または少ない）エッジを持つノードが少ない分布の性質を持っており、ランダムネットワークと呼ばれます（図8−2中央）。一方、大半のノードは少ないエッジしか持たず、少数のノードが膨大なエッジを持つネットワークがあり、このようなネットワーク構造をスケールフリーネットワークと呼びます（図8−2右図）。スケールフリーネットワークは、次数と次数の相対頻度を対数プロットすると直線の関係になります（次数分布のべき乗則）。これは、新しいノードが次々に追加されても、ネットワークの形状が変化しないフラクタル性をもっているところに最大の特徴があります（スケールフリーの由来）。具体例として、WWW（ウェブページがノード、ハイパーリンクがエッジ）や人間関係などもスケールフリーネットワークであることが知られています。実は、生体内の相互作用でも、特定のタンパク質やDNAが相互作用（エッジ）を集める構造や代謝ネットワークのように化合物をノードとして、同じ生化学反応に関与することをエッジとして表現した場合もスケールフリーネットワークになっていることがわかってきています。

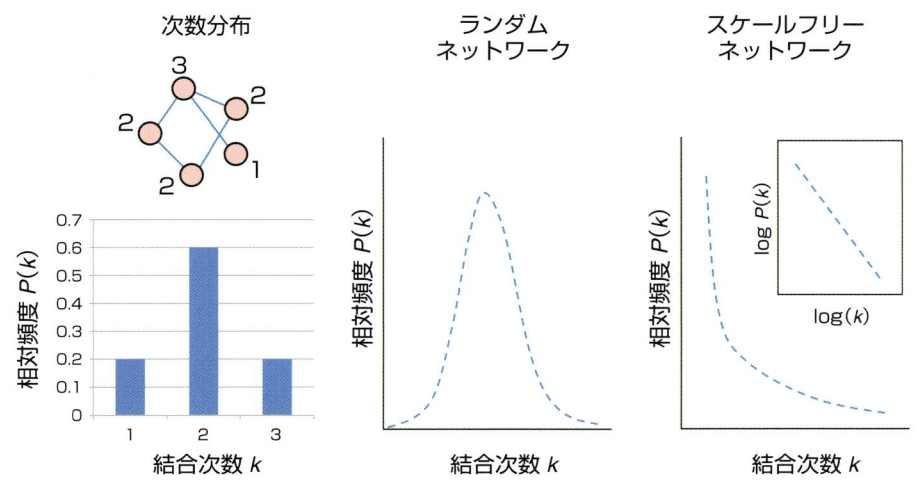

図8−2　ネットワークの結合次数分布、ランダムネットワークとスケールフリーネットワーク

$$C_i = \frac{E_i}{Z_i}$$

$E_i = i$ と隣接しているノードの中に存在するリンクの数

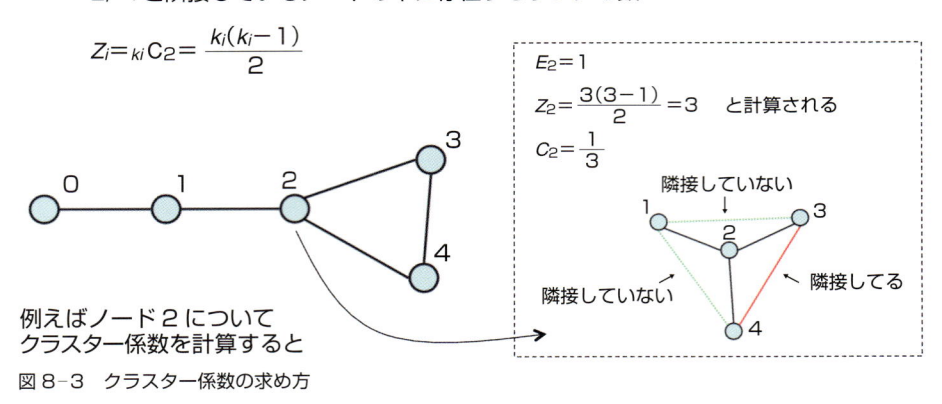

$$Z_i = {}_{k_i}C_2 = \frac{k_i(k_i-1)}{2}$$

$E_2 = 1$
$Z_2 = \frac{3(3-1)}{2} = 3$ と計算される
$C_2 = \frac{1}{3}$

例えばノード 2 について
クラスター係数を計算すると

図 8-3 クラスター係数の求め方

● ネットワークの解析方法：クラスター係数

グラフにおいて、次数 k を持つ点 v のクラスター係数は、v の隣接点間の辺数を隣接点間辺数のとりうる最大値で割ったもので算出されます［2］。グラフのクラスター係数は、すべての点 v のクラスター係数の平均値で表現されます。複雑ネットワークのクラスター係数は、点数に関わらず比較的大きい値をとることが知られているため、クラスター係数はネットワークの複雑性を示す指標の 1 つとして利用されています。クラスター係数や、前節のネットワークのスケールフリー性は、生物情報のネットワーク関連の学術論文でよく議論されるので、性質を理解しておくとよいでしょう（図 8-3）。

実習

KEGG を用いた代謝パスウェイデータベースや、医薬品とその標的タンパク質の関係性をデータベース化した DrugBank を利用して、ネットワークデータベース上で、検索実習を行います。またネットワークデータを可視化したり、編集できる Cytoscape の基本操作についても実習します。

● 実習①：代謝データベース検索

パスウェイ情報は、創薬ターゲットの探索研究や薬物代謝の理解に重要な知見を与えます。現在は、タンパク質と低分子との関連付けがされたデータベースが公開されています。本実習では、代表的なパスウェイデータベースである KEGG を利用して、注目する化合物と生化学反応するタンパク質や関連する化合物の関係を調べます。KEGG は、1 章の実習でも利用しましたが、今回は例題として「痛風薬のターゲットタンパク質候補を同定する」という研究目的を想定し、痛風と関連のある尿酸をキーワードに検索を行います。

❶ KEGG にアクセスします。
http://www.genome.jp/kegg/

❷ キーワード入力フォームに、実習のキーワードである尿酸「uric acid」を入力し、Search をクリックします（図 8-4）。

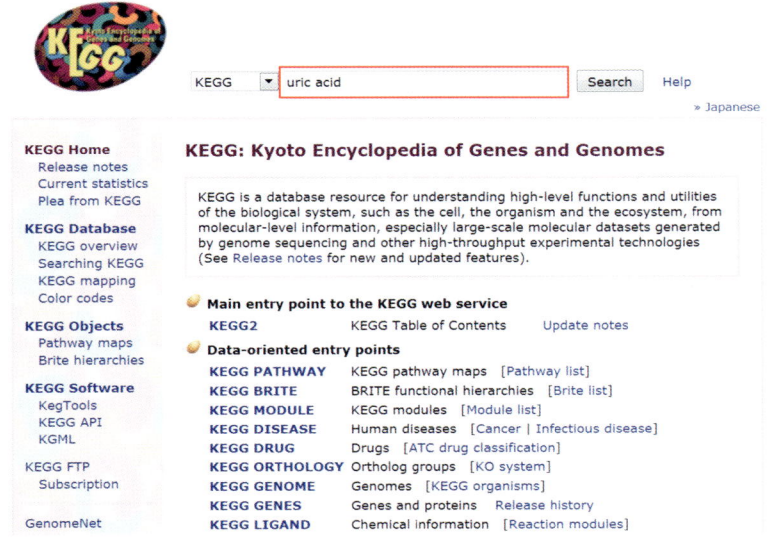

図 8-4　KEGG のトップページ

❸ 尿酸に関連した遺伝子やネットワークなど多くの情報がヒットします。今回の実習では、尿酸そのものを検索していますので、画像をスクロールして尿酸を探します。検索結果カテゴリーの KEGG COMPOUND に C00366 という ID で尿酸がヒットしていることを確認します。尿酸に関するデータの詳細を表示するために"C00366"をクリックします（図 8-5）。

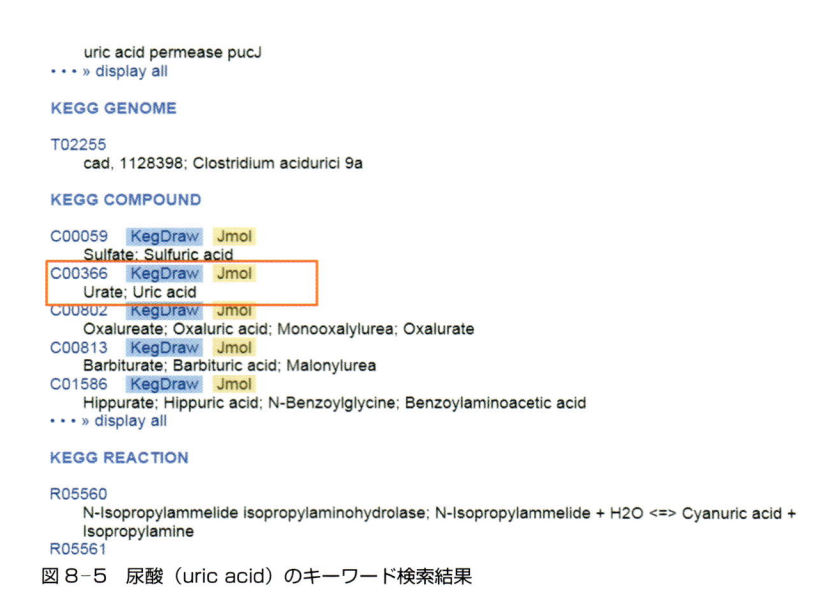

図8-5　尿酸（uric acid）のキーワード検索結果

❹ KEGGに登録されている尿酸に関するデータが表示されます。表の上段は、構造式や分子量など物質に関する基本的な情報が記載さています。中段から下段にかけて尿酸が関与する反応（Reaction）やパスウェイ（Pathway）、酵素情報（Enzyme）、他の化合物データベースへのリンク（Other DBs）が示されています（**図8-6**）。

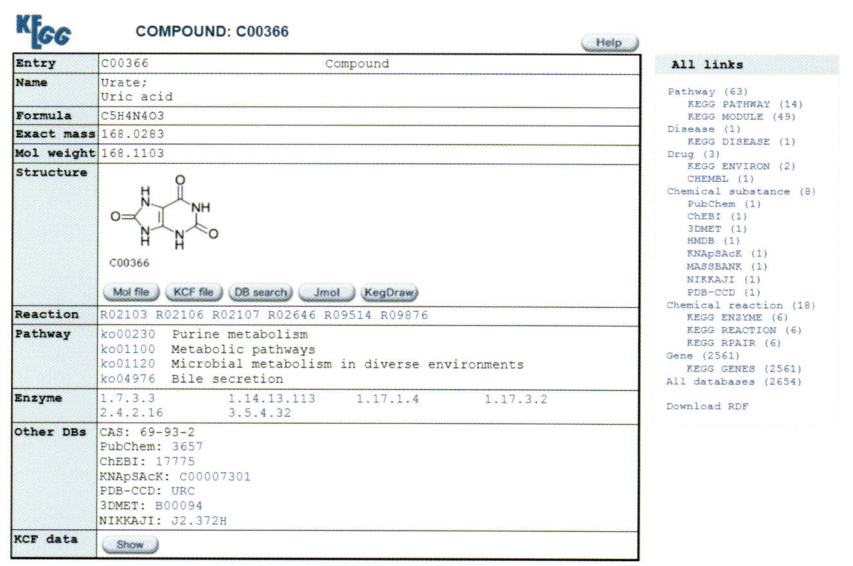

図8-6　尿酸に関するデータ（KEGG-ID：C00366）

❺ 反応データの1つを表示します。Reactionの"R02103"をクリックします。尿酸の前駆体であるキサンチンから尿酸への反応の詳細が表示されます（**図8-7**）。

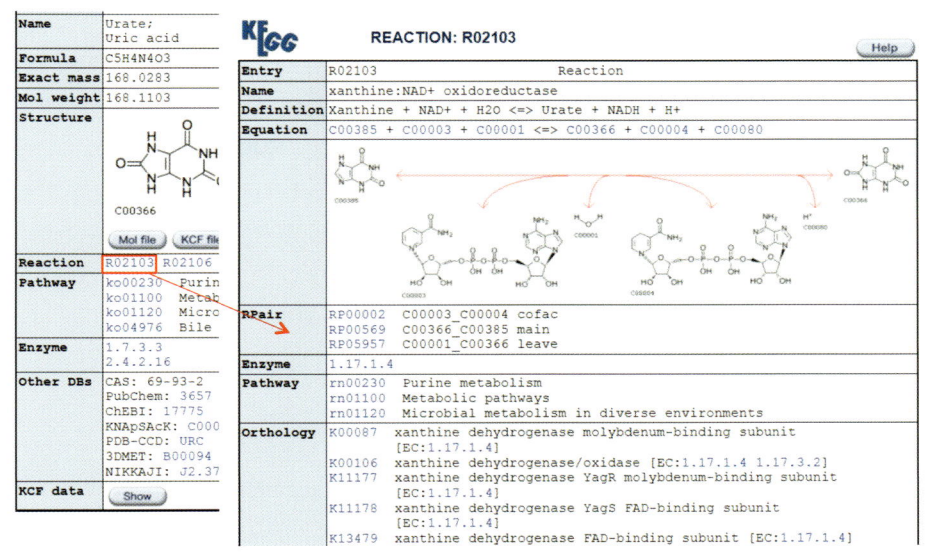

図8-7 キサンチンから尿酸への反応に関するデータの表示

❻ 次に尿酸に関する代謝パスウェイの1つであるプリン代謝のパスウェイマップを表示します。Pathway から"rn00230"（Purine metabolism）をクリックします。パスウェイマップが表示されましたら、Reference pathway をヒト（Homo sapiens）に変更します。ヒトで確認されているタンパク質が薄緑色に反転します。検索対象の尿酸は、パスウェイマップの中央下にノードで'Urate'と示されています（**図8-8**）。

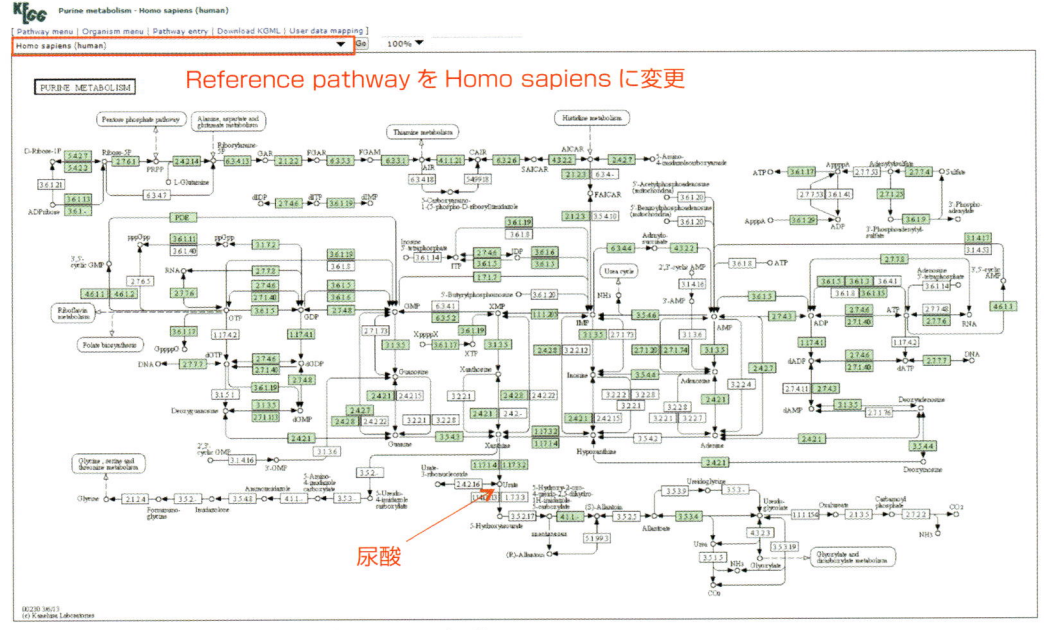

図8-8 プリン代謝パスウェイマップにおける尿酸の位置

◆ 生物情報をネットワークで眺めてみよう **127**

❼ 尿酸近傍のパスウェイマップを拡大すると、操作❺で確認したキサンチンから尿酸へのパスウェイがネットワークによって表現されています。更に、その反応には2つの酵素（EC番号で表示）が関与していることがわかります。EC番号をクリックすると酵素の詳細構造が表示され、これらの酵素は、キサンチン脱水素酵素（1.17.1.4）／酸化酵素（1.17.3.2）であることがわかります。実習の課題であった痛風薬との関連性を考えると、これらの酵素を阻害することでキサンチンから尿酸への反応を阻害し、尿酸値を降下させることが期待できます。これらの検索結果から、キサンチン脱水素酵素／酸化酵素は、痛風薬の標的タンパク質になりえると考察できます（図8-9）。

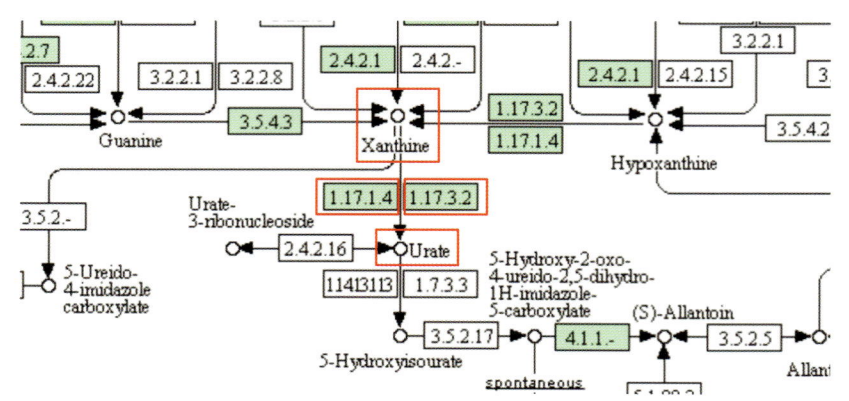

図8-9 キサンチンから尿酸へのパスウェイ

▼ 実習②：化合物、遺伝子情報検索

　近年の統合データベースは、配列―構造といったタンパク質の階層性のリンクだけではなく、関連したリガンド情報やパスウェイ情報まで網羅したデータベースとなっています。特にDrugBankは、KEGGの内容も包括しており、またリガンドについても医薬品としての情報リソースまで関連付けがされていますので、創薬標的タンパク質解析で利用しやすくなっています。実習では、抗インフルエンザ薬であるタミフルをキーワードにDrugBankのデータを検索します。

❶ DrugBankにアクセスします。
　http://www.drugbank.ca/

❷ トップページにあるキーワード検索入力フォームを利用して検索を行います。キーワードにインフルエンザ治療薬の1つである「tamiflu」を入力し、Search をクリックします（図8-10）。

図 8-10　DrugBank のトップページ

❸ 一般名 Oseltamivir として化合物がヒットします。詳細を確認するために、DrugBank の Accession No である "DB00198" をクリックします（**図 8-11**）。

図 8-11　キーワード tamiflu の検索結果

❹ 詳細データでは、Oseltamivir の構造式、KEGG や PubChem など他の化合物データベースとのリンク、薬理活性等の情報が記載されています（**図 8-12**）。

◆ 生物情報をネットワークで眺めてみよう　**129**

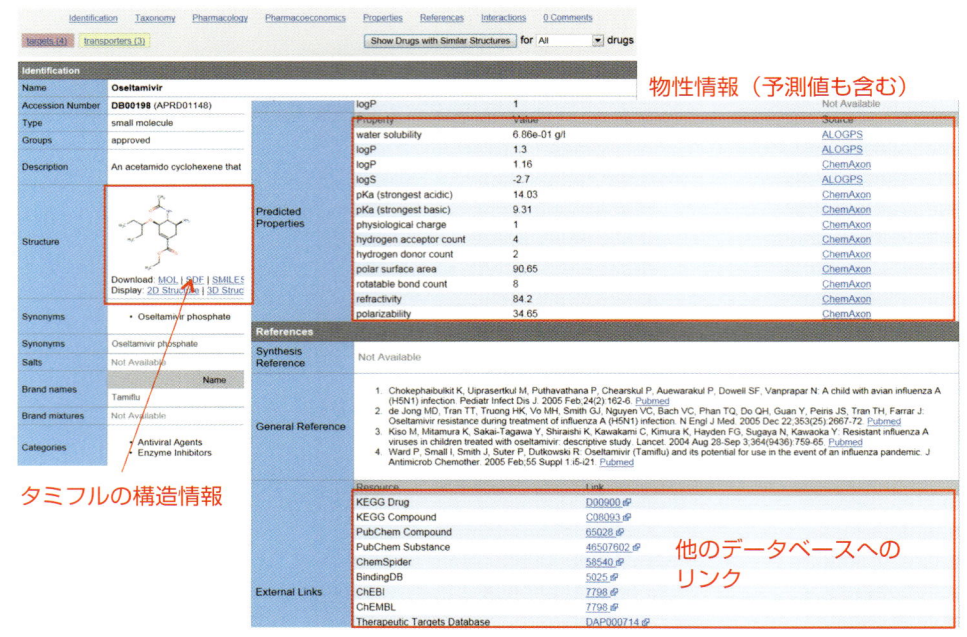

図8-12　Tamifluに関する情報

❺ 化合物情報に続いて、Oseltamivirが標的とするタンパク質の情報が記載されています。化合物によって複数の標的タンパク質（Targets）が存在する場合には、Target 1，2，3…と続きます。また輸送に関するタンパク質が既知であれば、輸送タンパク質の情報（Transporters）についても記載されています（**図8-13**）。

図8-13　標的タンパク質および輸送タンパク質に関する情報

❻ ここでは、標的タンパク質の一次配列、機能（学術的記載や Gene Ontology 分類、Pfam モチーフなど）、DNA 配列、染色体位置などが列挙されています。また標的タンパク質によっては、パスウェイマップへのリンクも含まれています（図 8-14）。

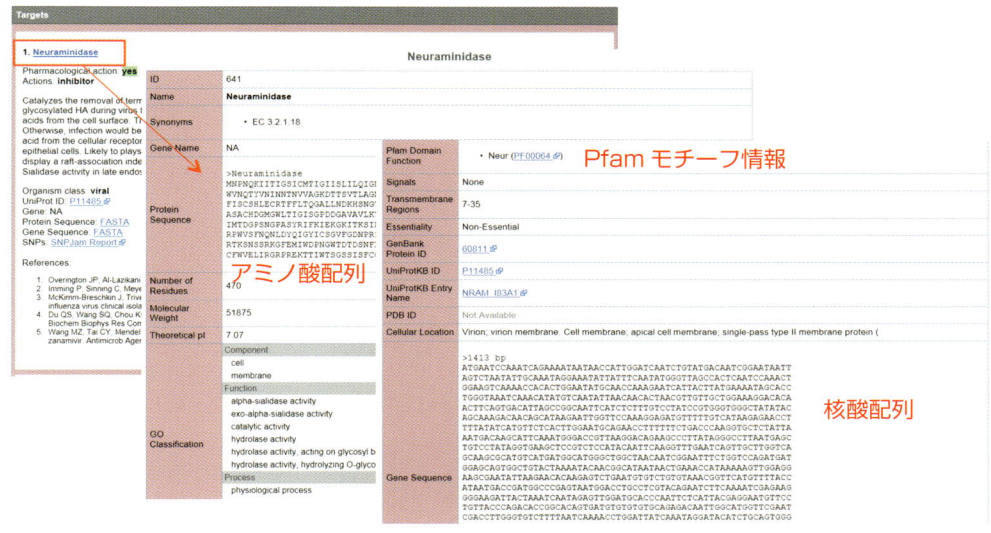

図 8-14　標的タンパク質の詳細ページ

❼ 標的タンパク質の情報等が確認できたら、続いて、Tamiflu をクエリーとした類似化合物検索を行います。Tamiflu の検索結果のページの上部に Show Drugs with Similar Structures ボタンがあります。これにより、化合物構造を基とした類似構造検索が可能です。検索対象は、初期設定では All となっていますが、Approved，Experimental，Illicit，Nutraceutical，Withdrawn などさまざまなカテゴリーが選択可能となっています。本チュートリアルでは、初期設定の All のまま検索を実行します。
Show Drugs with Similar Structures をクリックします（図 8-15）。

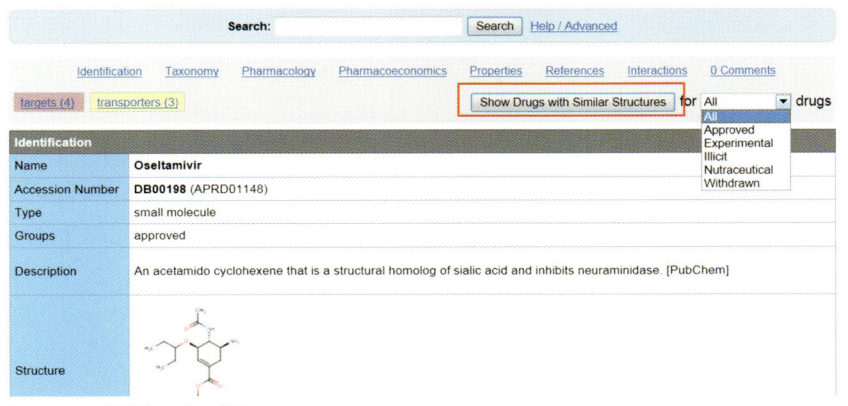

図 8-15　類似化合物の検索

❽ 検索の結果、2個の類似化合物がヒットし類似性スコアによってソートされています（この結果は、データベースの更新に伴い変化する可能性があります）。ランク 1 のヒットは、タミフルそのものが表示されます。他のヒット化合物の詳細を確認したい場合は、Drug-Bank ID をクリックします（例えば DB02600）。類似性検索の初期設定では、類似性の閾値が 0.6 となっています（最小 0、最大 1）。類似性の閾値は、検索結果のページ上部に記されており、変更可能になっています。値を小さくすれば類似性の基準が下がりますので、より広い検索結果が得られます。類似性の閾値を変更して再検索したい場合は、下の Search をクリックします（図 8-16）。

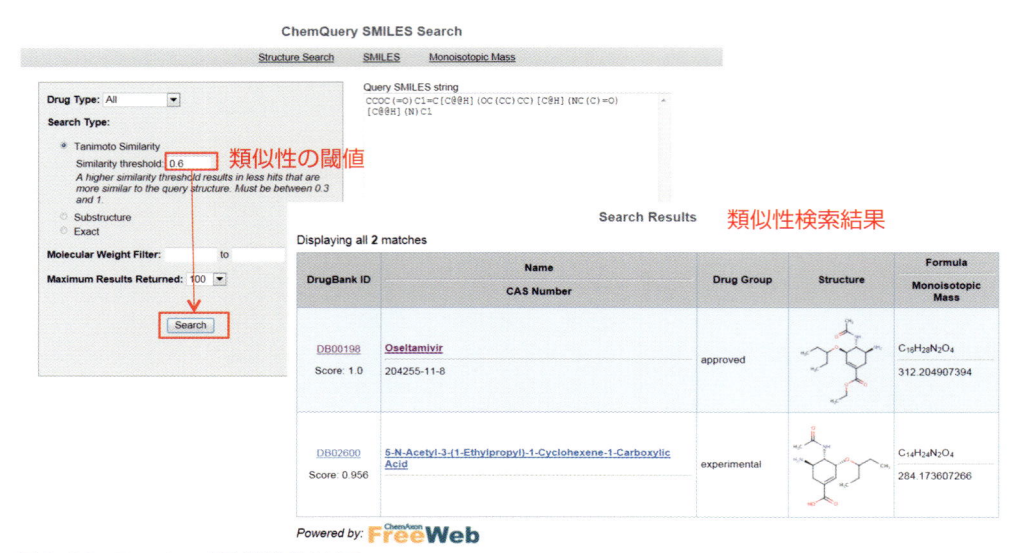

図 8-16　Tamiflu の類似構造検索結果

❾ これまでの操作では、tamiflu という物質名称で検索を行いましたが、タミフルのように慣用名のない、化合物で検索しなくてはならない場合もあります。DrugBank では、ブラウザ上で化合物の構造式を直接スケッチして検索することができます。メニュートップ画面（図 8-10）の Search 項目の "ChemQuery" をクリックします。ChemQuery では、スケッチツールを使って分子構造を構築します。初期設定では、SIMLES 入力パネルになっていますので、Strucure Search パネルに切り替えます。パレットが表示されたら、右のパレットから原子を選択し、マウスの右ボタンを使って描画します。結合次数は、結合線をクリックすると単結合から変更可能な結合まで簡単に修正できます。画面の左側では操作❽で紹介した検索の条件を設定することができます。描画した化合物と完全一致の化合物のみを検索したい場合は、チェックを Tanimoto Similarity から Exact や Substructure（部分構造）へ変更します。化合物の描画と検索条件を設定後、Search で検索を実行します（図 8-17）。

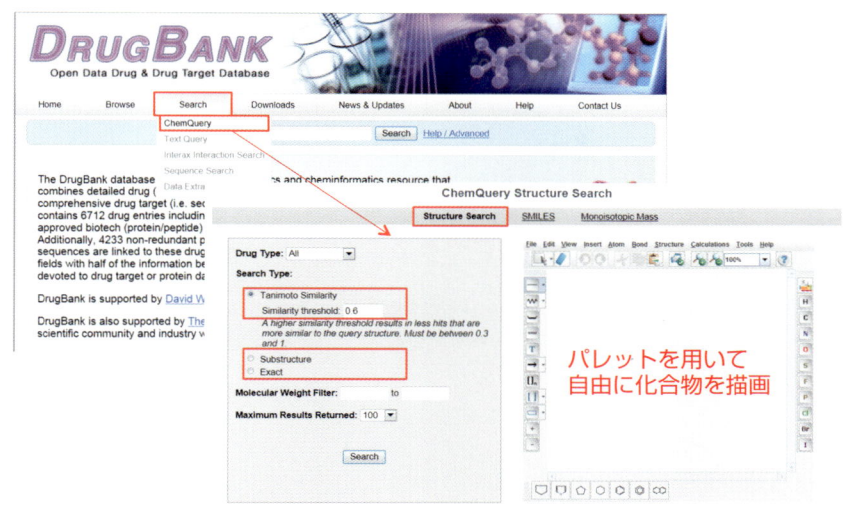

図8-17　化合物の構造式による検索ページ

❿ これまでは、化合物情報をキーワードに検索を行いましたが、DrugBank では、標的タンパク質の配列の相同性を用いて DrugBank にエントリーされている標的タンパク質と関連化合物の情報を検索することができます。Search 項目の "Sequence Search" をクリックします。アミノ酸配列入力フォームがありますので、検索したい配列をコピー＆ペーストで入力します。相同性検索には BLAST が用いられます（**図8-18**）。

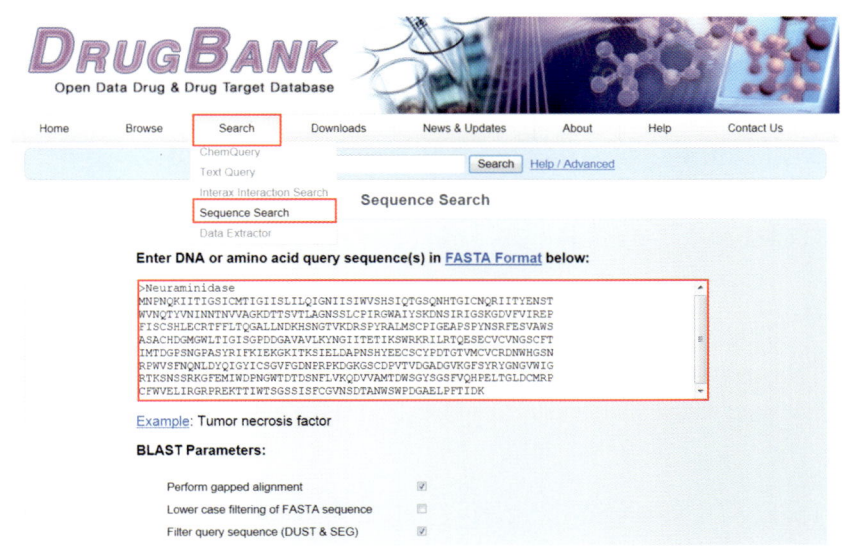

図8-18　BLAST 検索ページ

⓫ 検索結果は、通常の BLAST 出力と同様ですが、各標的タンパク質に相互作用する化合物の情報が付加されます。化合物名をクリックすると詳細情報を確認できます（**図8-19**）。

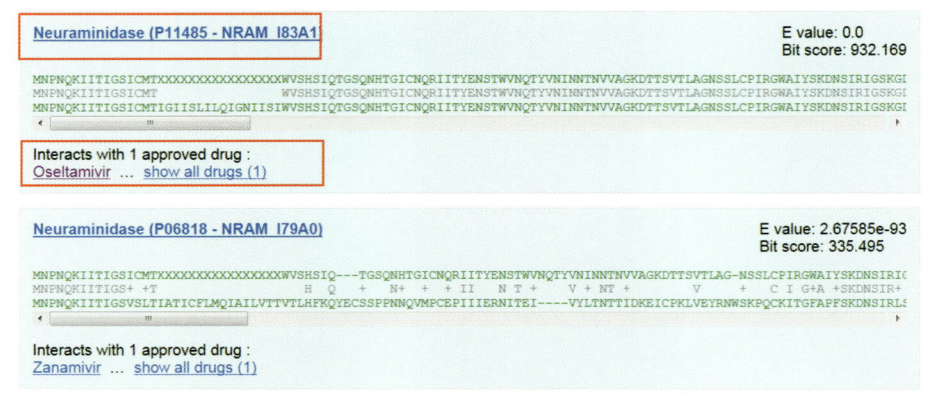

図8-19　BLAST 出力結果

● 実習③：ネットワークの可視化と編集

ネットワークの可視化や編集の支援ツールとして代表的なソフトウェアである Cytoscape の基本的な利用方法を実習します。Cytoscape はソフトウェアを PC にインストールして利用します。本実習では、Web で公開されているネットワークデータの可視化、編集機能による新規ネットワーク作成、SIF データの読み込みの基本操作を実習します。

❶ Cytoscape にアクセスします。
http://www.cytoscape.org/

❷ トップページの上部にある "Download" をクリックして Cytoscape のダウンロードを開始します。本実習では、Cytoscape2.8.3 をダウンロードします。ライセンスに関する事項を確認後、ユーザー情報の入力や PC の OS（Mac, Windows, Linux で稼働します）を選択します。インストーラーの指示に従ってインストールします（**図8-20**）。

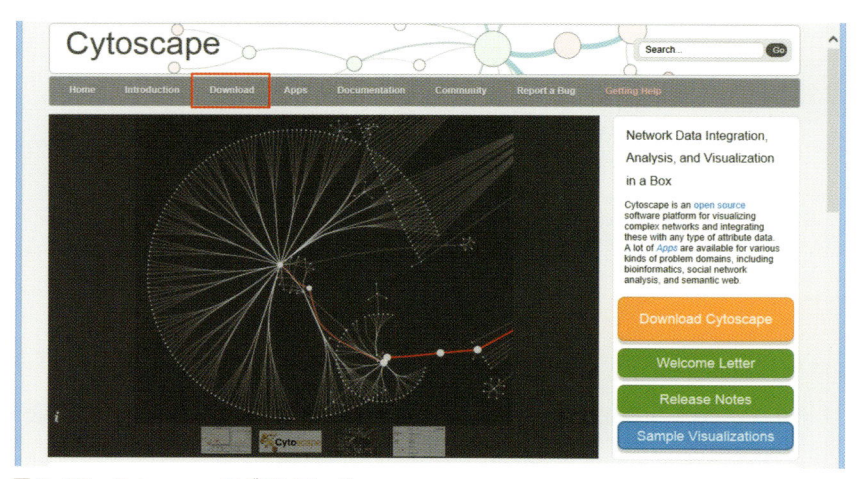

図8-20　Cytoscape のダウンロード

❸ Cytoscapeを起動します。Cytoscapeは、メインツールバー、コントロールパネル、ネットワークグラフパネル、データパネルの4つのパネルから構成されています（図8-21）。

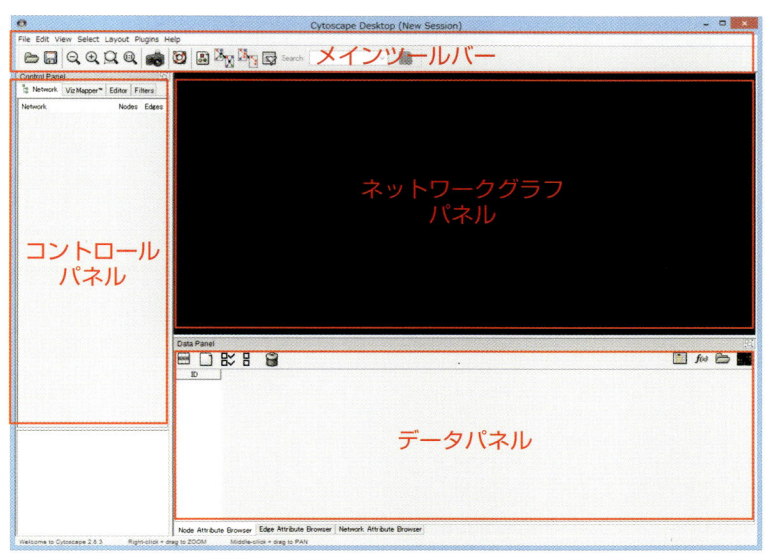

図8-21　Cytoscape 操作画面

❹ Cytoscapeでは、ネットワークデータの読み込み方法がいくつか用意されています。ここでは、Webで公開されているネットワークデータベースから目的の遺伝子が関与するネットワークを検索する操作を行ってみます。メインツールバーからFile → Import → Network from Web Servicesを選択します。Import Network From Databaseという検索ウィンドウが表示されます。ここでは、例としてアポトーシスに関連する遺伝子BAXを検索します。キーワード入力フォームにBAXと入力します。続いて、生物種をAll OrganismsからHumanに指定し、Searchで検索を実行します。検索結果の遺伝子リストから目的とするBAX_HUMANを選択し、続いてPathwaysリストからパスウェイを選択します。BAXは、さまざまなパスウェイに関与しています。ここでは、アポトーシスにおけるCaspaseカスケードパスウェイを選択し、ダブルクリックします。ネットワークデータがダウンロードされ、Cytoscape上で表示されます。実習では、パスウェイネットワークから選択していますが、相互作用ネットワークから関連ネットワークを選択したい場合は、PathwaysタブからInteraction Networksに切り替えて、Filter機能等で絞り込んだあとリストから目的のネットワークを選択します（図8-22右上）。

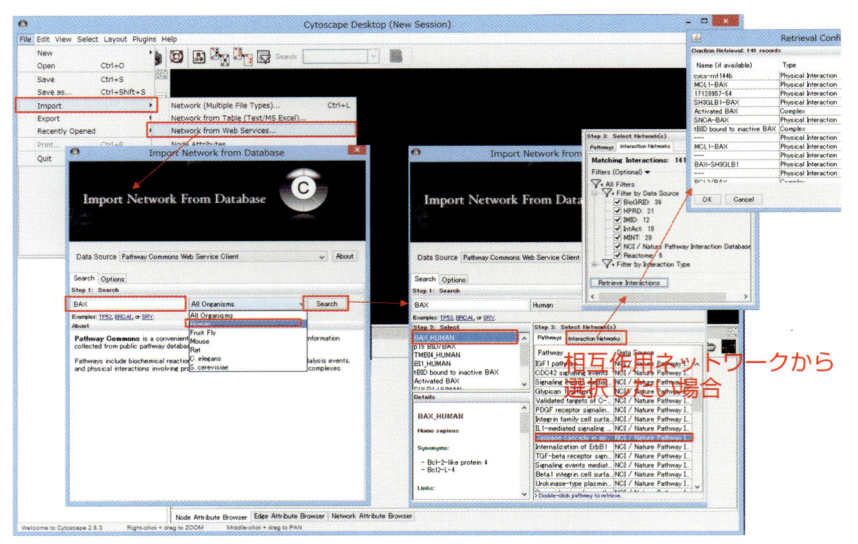

図8-22　Webで公開されているネットワークデータベースからの検索

❺ ネットワークがダウンロードされると、コントロールパネルにノード数とエッジ数の情報を含むネットワーク情報が登録されます。ネットワークグラフパネルにはネットワーク図が表示され、右側にエッジの注釈が記載された結果パネル（Results Panel）が追加されます（**図8-23**）。

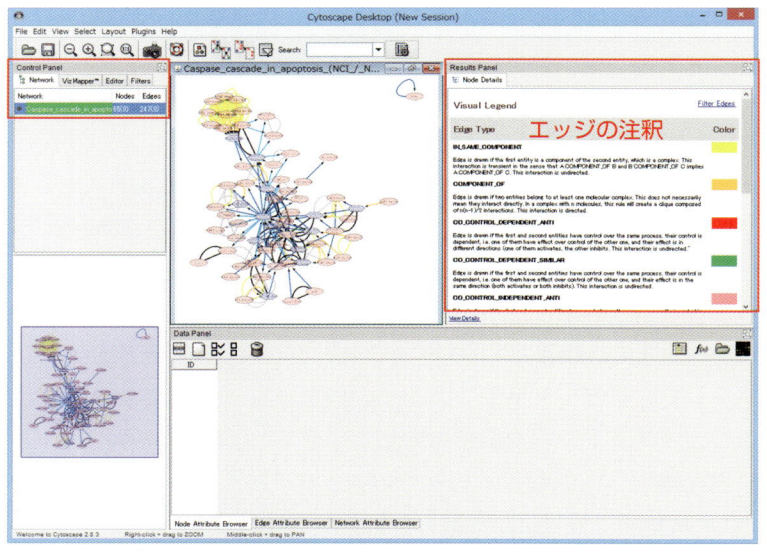

図8-23　アポトーシスに関与するCaspaseカスケードネットワーク

❻ ネットワーク図の表現方法は、Layout → yFilesメニューで変更できます。初期設定では、Organicに設定されています。Circular他、いくつか表現方法を変えてみてください。ネットワークのさまざまな表現方法が確認できたら、Organicに戻します（**図8-24**）。

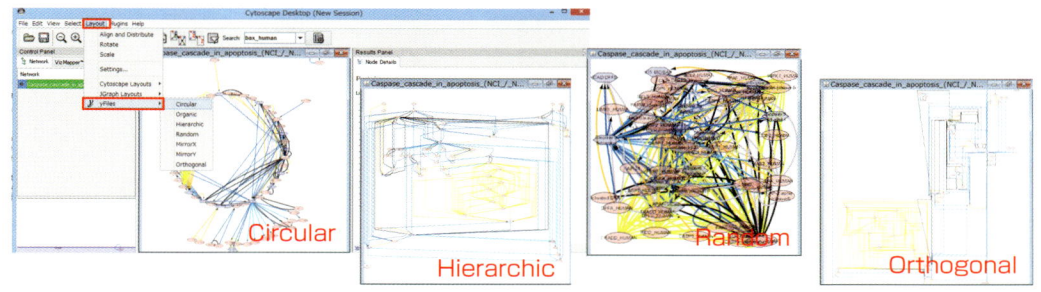

図8-24　ネットワーク図の表現方法の変更

❼ ネットワーク上でBAX遺伝子のノードを検索したい場合は、メインツールバーのSearchフォームに「BAX_HUMAN」と入力してEnterキーで実行します。ネットワーク図上でノードが黄色に反転し、BAX_HUMANの位置が確認できます。メインツールバーの（＋）アイコンを使って図を拡大することができます（**図8-25**）。

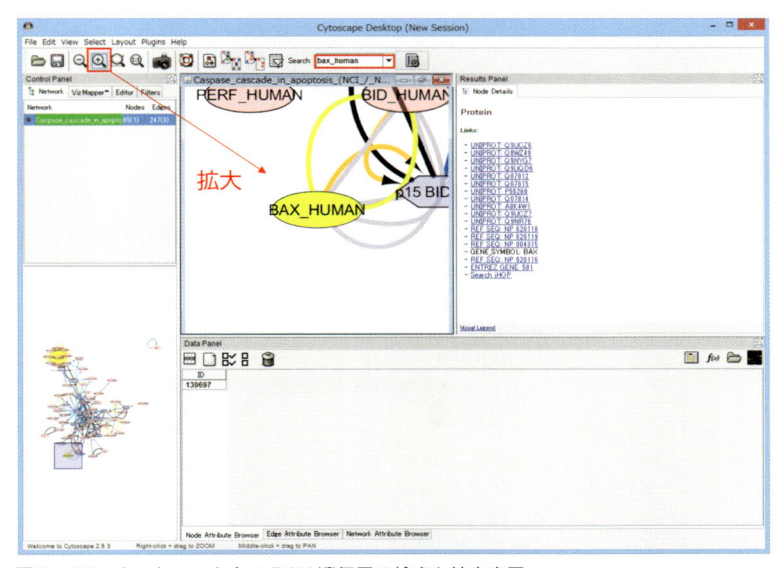

図8-25　ネットワーク上のBAX遺伝子の検索と拡大表示

❽ 次に新しいネットワークを作成する操作を行います。Cytoscapeを新しく起動します。メインツールバーのFile → New → Network → Empty Networkを選択します。ネットワークグラフパネルに新しいNetworkが作成されます。コントロールパネルのAdd a Nodeのノードアイコンを Networkウィンドウへドラッグ＆ドロップして配置します。同様に合計で4つのノードを作成します（**図8-26**）。

◆ 生物情報をネットワークで眺めてみよう　　**137**

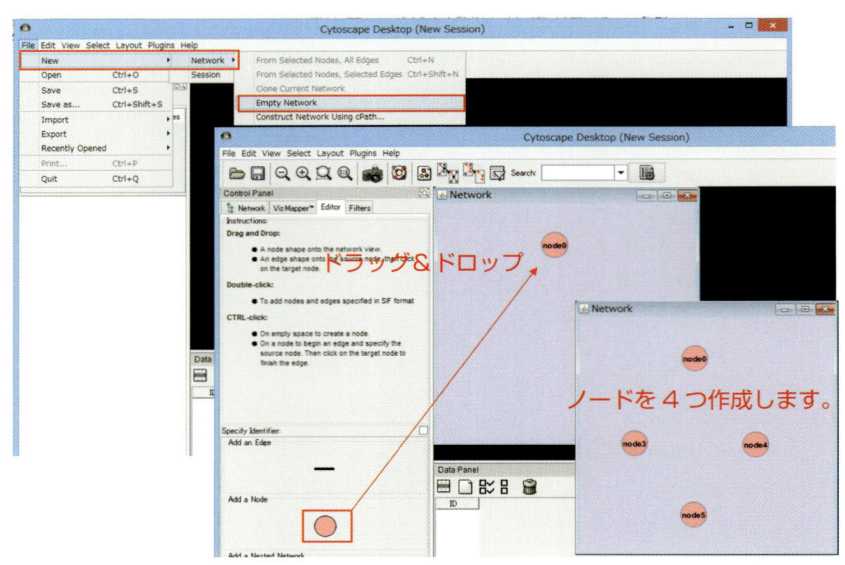

図8-26　新規ネットワーク作成（ノードの作成）

❾ 作成したノードの属性を編集します。属性を変更したいノード上にポインタを合わせ、マウスの右ボタンをクリックするとメニューが表示されます。Visual Mapping Bypass から Node Label を選択し、ラベルの変更を行います。「DNA_1」と入力します。その他、ノードの色や形状等も編集できます。4つのノードに「DNA_1」、「protein_1」、「protein_2」、「protein_3」、「protein_4」とラベルを付けます（**図8-27**）。

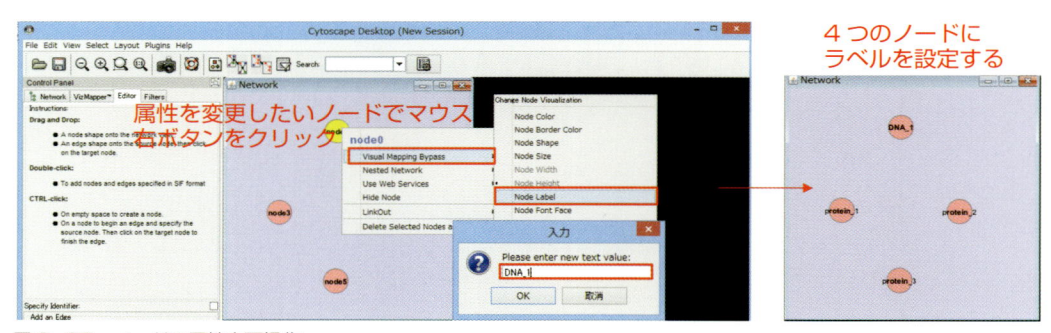

図8-27　ノードの属性変更操作

❿ 続いてエッジを作成します。ノードを配置した操作と同様にコントロールパネルの Add an Edge を始点となるソースノードへドラッグ＆ドロップし、引き続き、終点となるターゲットノードでマウス左ボタンをクリックするとエッジが作成されます。作成したエッジの属性は、エッジ上でマウス右ボタンをクリックし、ノード属性の変更と同じ操作で編集します。ここでは、エッジのラベルを「pd」と入力します（**図8-28**）。

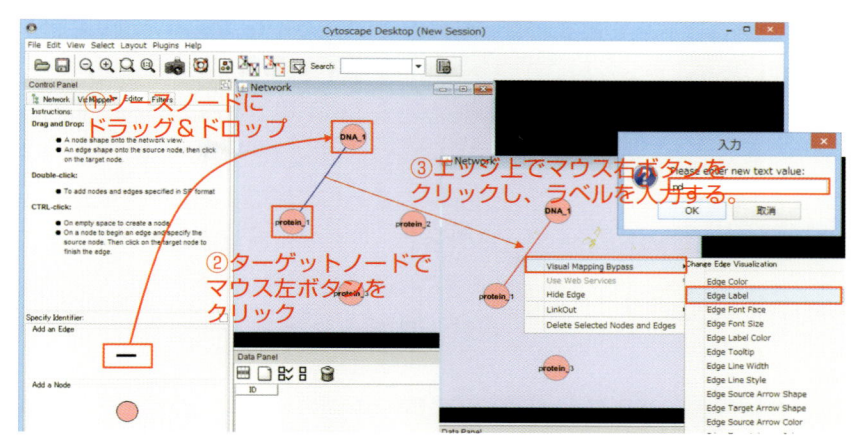

図8-28　エッジ作成の操作手順

❶ 例として、**図8-29**左図のようにエッジを作成します。DNA と protein 間のエッジは、Edge Line Style を使って破線で表現しています。作成したネットワークは、コントロールパネルの VizMapper メニューで、いくつか用意されているスタイルテンプレートに沿って描画スタイルを変更することができます（図8-29中央）。またメインツールバーの Layout → Rotate を選択すると回転を調整するツールパネルが表示され、希望の角度でネットワークを回転できます（図8-29右）。作成したネットワーク図を画像ファイルとして保存したい場合は、メインツールバーのカメラアイコンをクリックして保存します。操作途中の状態は、メインツールバーの File → Save を選択し、cys 形式で保存できます。再開したい場合は、File → Open で開くことができます。

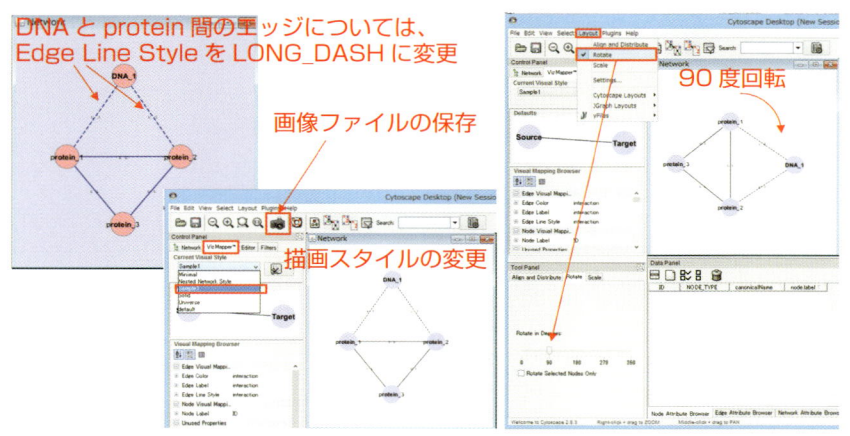

図8-29　描画スタイルの変更

❷ 構築したいネットワークがあらかじめ SIF 形式で用意されている場合は、SIF ファイルを読み込んでネットワークを可視化することができます。メインツールバーの File → Import → Network（Multiple File Types）から SIF ファイルを指定します。ノード数が 10,000 以下であれば、ネットワークが自動生成されますので、Layout → yFiles か

ら表現方法を選んで調整します。ノード数が 10,000 を超える場合は、Edit → Create View で作成します。サンプル SIF ファイル（拡張子 sif）が、Cytoscape インストールディレクトリ（例：C:¥Program Files¥Cytoscape_v2.8.3¥sampleData）に数種類用意されていますので、SIF 形式や読み込み操作を確認したい時に利用できます。SIF ファイル以外にも Excel 形式のファイルを読み込むことも可能です〔File → Import → Network form Table（Text/MS Excel）〕。この場合、ファイルを指定後、ソースノード、エッジ、ターゲットノードに対応する Excel カラムを選択する必要があります。カラムを選択後、Import ボタンで読み込みます（図 8-30）。

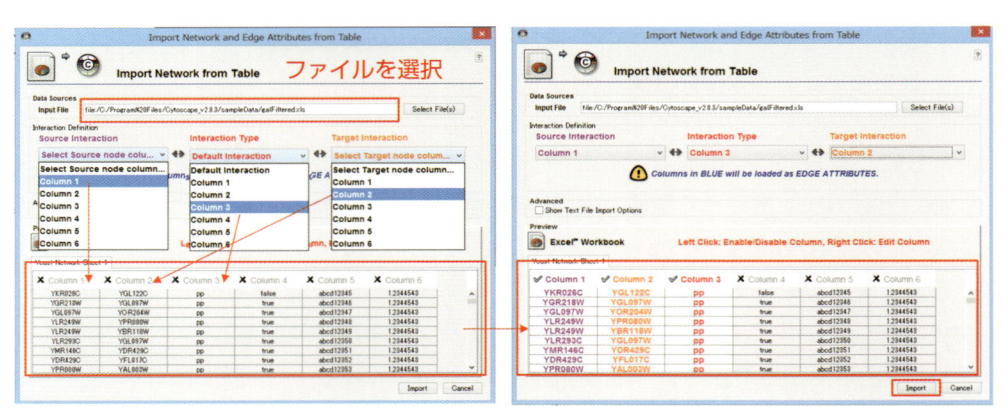

図 8-30　Excel ファイルの読み込み操作

［文献および関連サイト］
［1］ SIF Format　http://wiki.cytoscape.org/Cytoscape_User_Manual/Network_Formats
［2］ 阿久津達也、ナチェル・ディエズ ホセ・カルロス著、生体内ネットワーク構造の数理モデルと情報解析、生物物理、2007；47（2）：86-92.

CHAPTER 9

BIOINFORMATICS

創薬研究に情報科学を活用してみよう

> 概要
>
> 　創薬研究を支援する技術として、バイオインフォマティクス（生物情報科学）とケモインフォマティクス（化合物情報科学）を融合した創薬インフォマティクスによる化合物創製支援技術の活用が注目を浴びてきています。特に、医薬品の候補化合物探索支援に密接に関与するインシリコスクリーニングは創薬研究における最も代表的な情報科学技術です。本章では、インターネットで利用できるインシリコスクリーニング関連ツールを使って、創薬インフォマティクスによる化合物探索を実習します。

実習の前に

LBDD と SBDD

　インシリコ（in silico）スクリーニングは、化合物情報に指南される手法（Ligand-Based Drug Design：LBDD）と標的タンパク質の立体構造に基づく手法（Structure-Based Drug Design：SBDD）に分類されます（図9-1）。LBDD は、機能既知の活性化合物情報を手がかりに、全体構造の類似性、部分構造の有無、ファルマコフォア（活性化合物の物理化学的特徴とその三次元空間制約）を介して新規リガンドを探索・設計する手法で、標的タンパク質の立体構造に関する情報を必要としないことから、古くから利用されています。一方、SBDD は、標的タンパク質が特異的な化学物質を選択して結合する「鍵と鍵穴」理論に基づき、標的タンパク質の立体構造に指南された化合物を計算機で探索・設計する手法で、

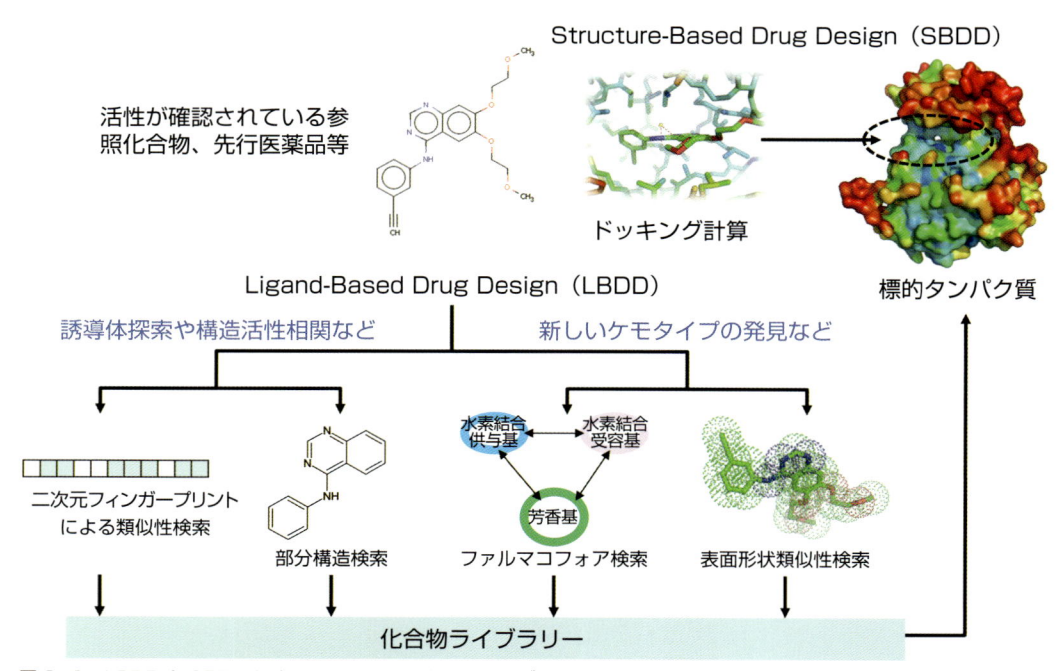

図9-1　LBDD と SBDD によるインシリコスクリーニング

近年のタンパク質の立体構造解析技術の進展に伴い、創薬標的タンパク質の立体構造データが増加していることから、創薬研究における SBDD への期待が高まっています。鍵穴の構造情報を活かし、標的タンパク質への選択性や高結合能を目指した設計が期待できるなど LBDD にはない利点が挙げられます。インシリコスクリーニングを実施する際には、求められる活性化合物の性質や利用できる情報により、前もって SBDD か LBDD（もしくは両方）を選択する必要があります。

▼ LBDD によるインシリコスクリーニング

　LBDD は、①タンパク質の構造情報が未知でも実施可能である、②計算時間コストがかからない、③得られたヒット化合物に参照活性化合物と同等の活性レベル・作用機序が期待できる、などの利点が挙げられます。LBDD では、活性を持つ検索化合物に似ている対象化合物をデータベースより検索し、その類似性の高いものからソートすることで評価を行います。高いランクがついた対象化合物は、検索化合物に類似した物性を有している確率が高いと予想されます。特に化合物の二次元フィンガープリントによる類似性検索は、誘導体検索や構造活性相関研究等の目的で用いられる代表的な検索方法です。この手法では、検索化合物と対象化合物の間で、同じ部分構造を共有する割合を類似性尺度として用いています。計算機では、ビットと対応づけられた部分構造の有無を二進数（1：あり、0：なし）によって表現する二次元フィンガープリントで化合物を記述する方法がよく用いられており、類似性値も二次元フィンガープリントに基づいて算出されます。図9-2は、2つの化合物 A、B 間の類似性を二次元フィンガープリントの構造キーと代表的な類似性尺度であるタニモト係数を用いて算出する方法を示しています。タニモト係数の場合、1 に近いほど類似性が高く、0 に近いほど類似性が低いことになります。例えば、0.8 くらいになると、人が直接目で見て2つの化合物が類似していることが確認できます。

　その他、新しい化学種の発見を目的とする場合には、ファルマコフォア検索や形状類似性検索などがあります。ファルマコフォア検索では、標的分子と化合物の相互作用が重要で、かつ生物学的反応を引き起こす物理化学的・立体的な集合体を定義し、検索に利用します。主なファルマコフォアの物理化学的特性は、水素結合受容体（Acc）/ 供与体（Don）、カチオン（Cat）/ アニオン（Ani）、芳香族化合物（Aro）、疎水性（Hyd）で定義されています。計算機

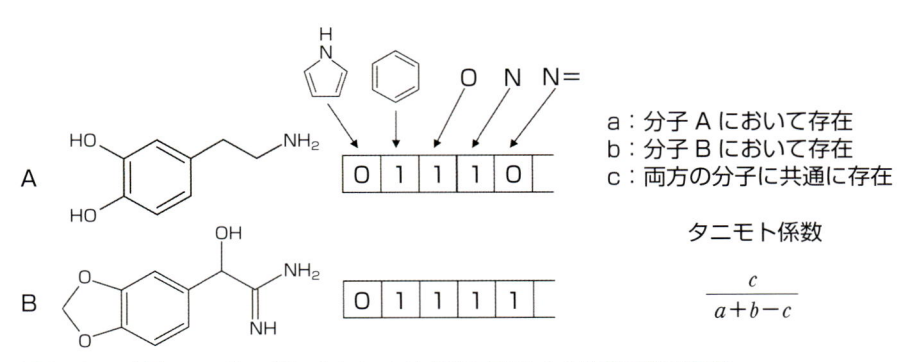

図9-2　二次元フィンガープリントとタニモト係数を用いた化合物間の類似性計算

タニモト係数

$$\frac{c}{a+b-c}$$

a：分子 A において存在
b：分子 B において存在
c：両方の分子に共通に存在

では、これらの特性は任意の半径を持つ Feature 球で表現され、三次元空間上に配置されます。形状類似性検索は、三次元構造と表面の物理化学的性質等に着目した検索方法です。表面の物理化学的性質には、静電ポテンシャル解析がよく用いられます。

▼ SBDD によるインシリコスクリーニング

SBDD は、①既知活性化合物情報に依存しない、②新規ケモタイプが発見しやすい、③結合に関するエネルギー的寄与を評価できる、などのタンパク質構造情報を生かせる利点があります。SBDD による化合物のインシリコスクリーニングは、大きく、標的タンパク質構造の準備、ドッキング計算、スコアによる順位付けと化合物選定、の 3 つの手順で行います（**図 9-3**）。ドッキング計算に用いる標的タンパク質構造は、X 線、NMR 等の実験的手法で決定された座標データ、または計算機による予測構造を用います。特に SBDD では、化合物が結合する構造ドメインやポケット部位について解像度の高い（精度のよいモデリング構造）データを用意することが重要となります。X 線構造の場合でも、化合物結合部位近傍に欠失残基やループ構造がある場合は、注意が必要です。

続いて、ドッキング計算では、タンパク質にある活性部位に結合しうるリガンド（低分子以外にもペプチド、DNA、RNA、タンパク質等）の自由エネルギー最安定結合状態を現実的な時間範囲内で検索、極小化します。ドッキング計算では、「探索」と「スコアリング」の 2 つの手順が重要となります。探索とは、形状相補性を用いた探索法などで、相互作用分子間の可能な配座、配向空間を探索することです。スコアリングは、結合自由エネルギーをスコア関数で近似するもので、結合状態の真偽の判別や、実験値との高い構造活性相関が観測できるようなスコアリングが理想です。スコアリングの計算には大きく、量子化学的手法、古典力学的手法、経験的手法があり、精度と計算コストにおいてそれぞれ長所と短所がありますので、研究開発の期間、計算環境に応じて使い分ける必要があります。最後に、ドッキング計算に用いたスコアや化合物のクラスタリングによって、冗長な化合物を取り除く作業を行い、最終的な評価化合物を選定します。この時点で薬物動態や毒性の性質、安定性、合成の取り扱いやすい母

①標的タンパク質構造の準備　　②ドッキング計算　　③スコアによる順位付けと化合物の選定

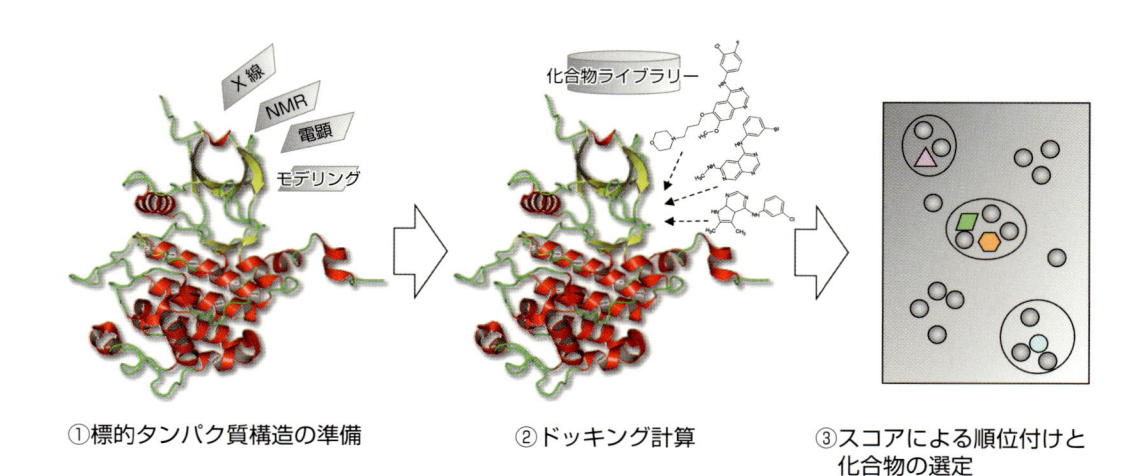

図 9-3　SBDD によるインシリコスクリーニング手順

核の抽出など、薬理学研究者、合成化学研究者の意見をうかがうことも重要です。

実習

　LBDD の実施例として、PubChem データベースを用いた化合物類似性検索を実習します。参照化合物を Web 上でスケッチしてクエリーに利用します。類似性の他に部分構造検索も行います。SBDD の実施例としては、タンパク質立体構造データ（PDB）および化合物データ（mol2 形式）を入力して、インターネットで利用できるドッキングツール SwissDock を用いてドッキング計算を行います。ドッキング計算結果の解析は、分子可視化ツール UCSF Chimera を用いて行います。

▼ 実習①：化合物類似性検索

　PubChem は、米国 NIH で管理運営されている大規模な化合物データベースで、欧州 EMBL の ChEMBL［1］と並んで、世界中で利用されている代表的な化合物データベースです。実習では、ドーパミン分子をクエリー分子として PubChem のブラウザ上でスケッチし、類似性検索、部分構造検索を行います。

❶ PubChem の検索用 Web ページにアクセスします。
　http://pubchem.ncbi.nlm.nih.gov/search/

❷ 類似性検索を行うために、Identity/Similarity タブをクリックします（図 9-4）。

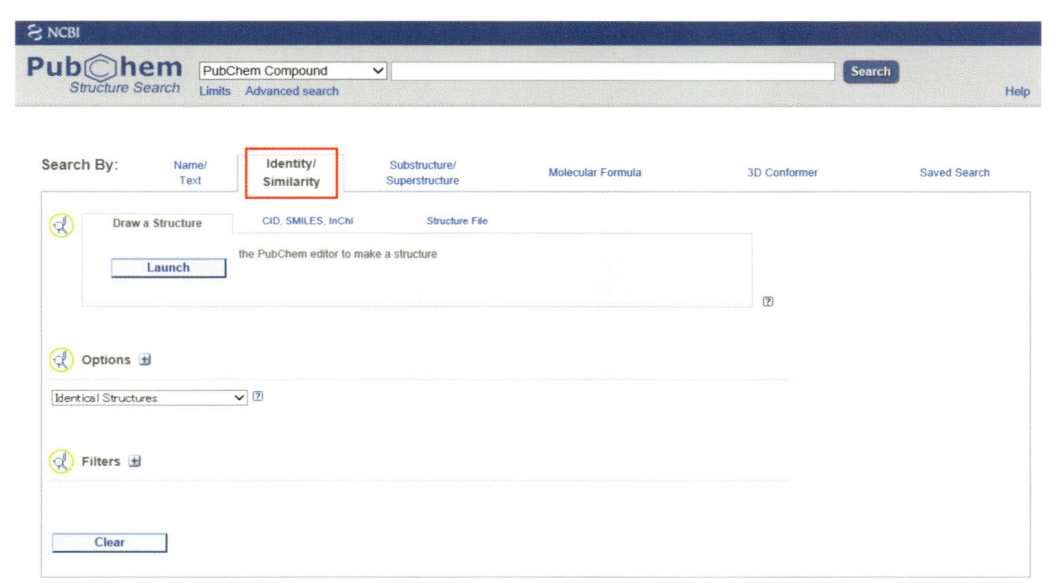

図 9-4　PubChem 類似性検索ページ

❸ Launch をクリックして PubChem スケッチウィンドウを起動します。ウィンドウ左側にパレット、右側が描画エリアになります。パレットから構造を選択し、描画エリアでマウス右ボタンを使って分子のスケッチを行います。最初に炭素原子で骨格を作成し、最後に原子種を変更することがスケッチのコツです。スケッチの構造は、 Cln をクリックして整形することができます。スケッチ終了後は、 Done をクリックしてスケッチを終了します（図9-5）。

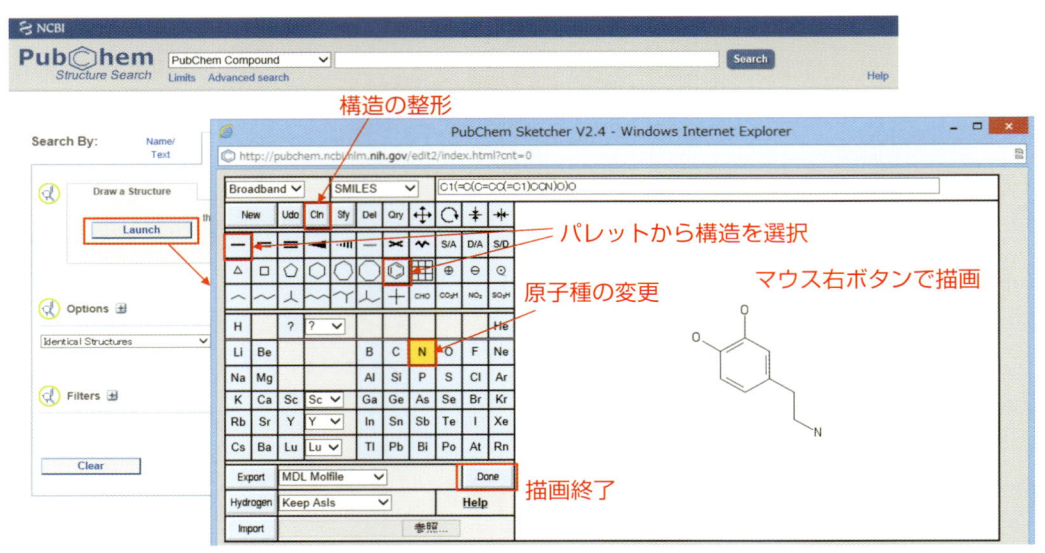

図9-5 スケッチウィンドウを用いたクエリー分子の構築

❹ 検索のための類似性の閾値を選択します。初期設定では、同一化合物を検索する Identical Structures が選択されています。類似性検索を行いたい場合は、score の閾値を選択します。ここで 80％ とは、タニモト係数の 0.8 を意味します。閾値を選択後、 Search をクリックして検索を実行します（図9-6）。

図9-6 類似性検索閾値の設定

❺ 図9-7は、閾値80％で設定した検索結果です。8,000以上の化合物がヒットしていることがわかります。また、ページ右側には、検索結果をさまざまな条件で絞り込む機能が用意されています。生物活性データを含む化合物（BioAssays）やタンパク質との複合体データとしてPDBに登録されている化合物（Protein 3D Structures）などが選択できます。例として、"Protein 3D Structures" をクリックします。

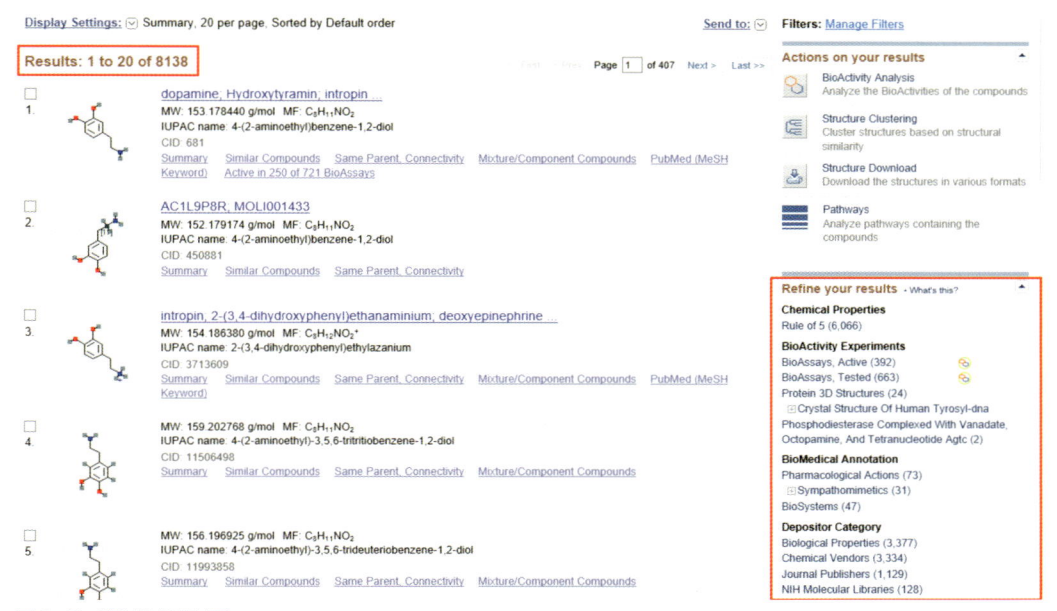

図9-7　類似性検索結果

❻ 検索結果が24化合物に絞られます。リストの中から、化合物のアイコンや化合物タイトルをクリックすると化合物の詳細が表示されます。化合物の詳細情報や、Protein Structure（PDB）へのリンク、分子量や水素結合供与基、受容基数、疎水性（XLogP）などの基本物性を確認できます。また分子構造の三次元表示、構造データのダウンロードも可能です。続いて、このヒット化合物を新たな検索クエリーとして検索を行ってみます。構造データのダウンロードアイコンの並びにある、化合物検索アイコンをクリックします（図9-8）。

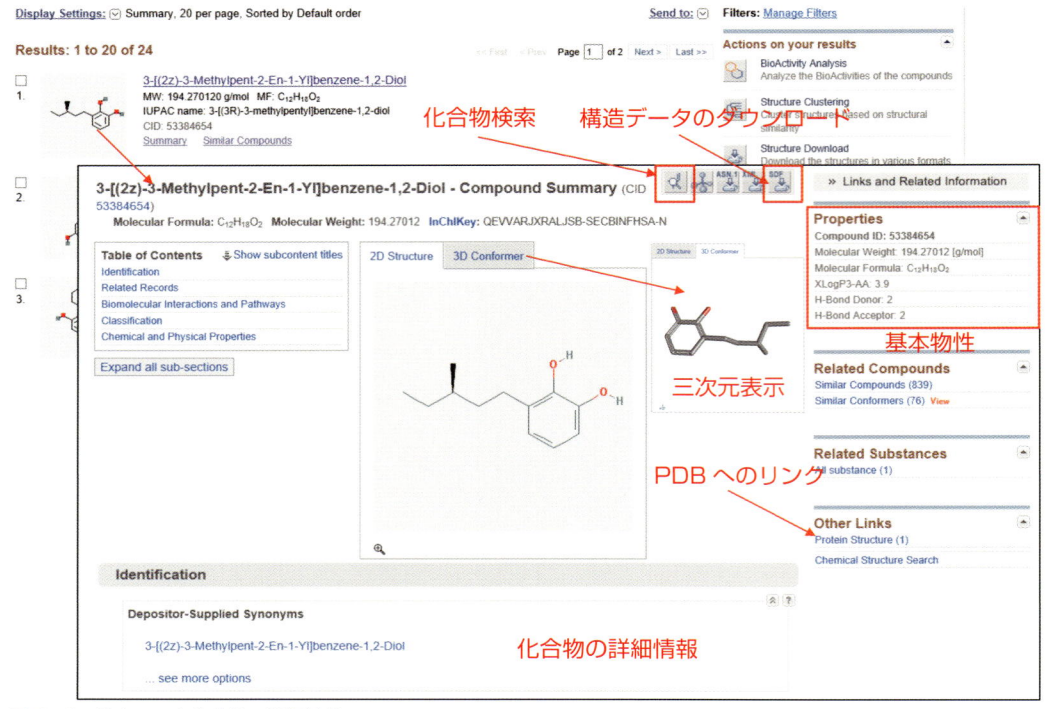

図9-8 検索ヒット化合物の詳細情報

❼ 今回は、部分構造検索に切り替えて検索を行います。Identity/Similarity タブから Substructure/Superstructure タブに変更します。検索には、Substructure と Superstructure の2種類が選択できます。Substructure Search は、クエリー分子を部分構造として含む構造を検索するのに対して、Superstructure Search は、クエリー分子の中に含まれる部分構造を検索することができます。検索結果は、類似性検索結果の時と同じように表示されます（図9-9）。

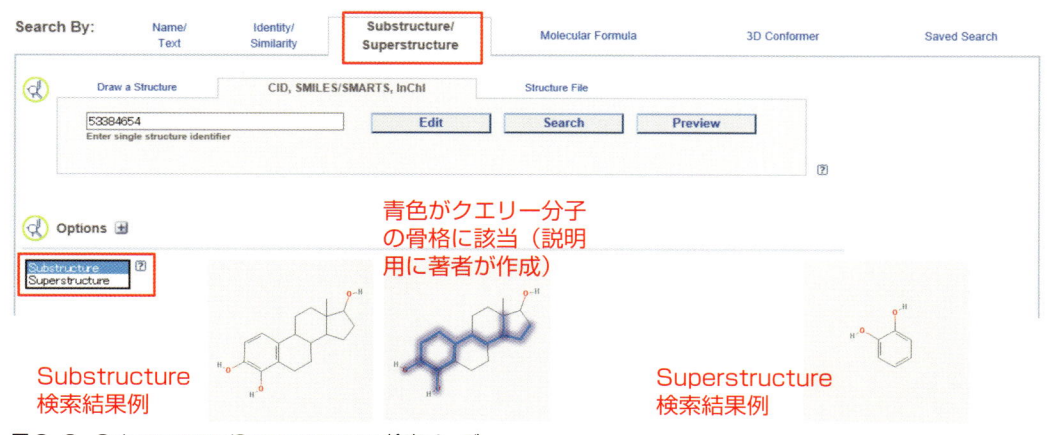

図9-9 Substructure/Superstructure 検索ページ

▼ 実習②：タンパク質と化合物のドッキング計算

　タンパク質と化合物のドッキング計算は、SBDD の代表的な解析手法であり、化合物探索において中心的な役割を果たす要素技術の 1 つです。ドッキング計算のためのソフトウェアは、有償のものが多いのですが、SwissDock は無料で利用できる便利なドッキング計算サイトです。今回は、標的タンパク質にストレプトアビジン、化合物にビオチンを用いてドッキング計算を実習します。結果の解析には、UCSF Chimera を利用します。

❶ UCSF Chimera をダウンロードします。利用する OS に合わせてインストーラーを選択し、指示に従ってインストールを行います。
　http://www.cgl.ucsf.edu/chimera/download.html

❷ SwissDock にアクセスします。
　http://swissdock.vital-it.ch/

❸ トップページの Home タグを Submit Docking タグに変更します（図 9-10）。

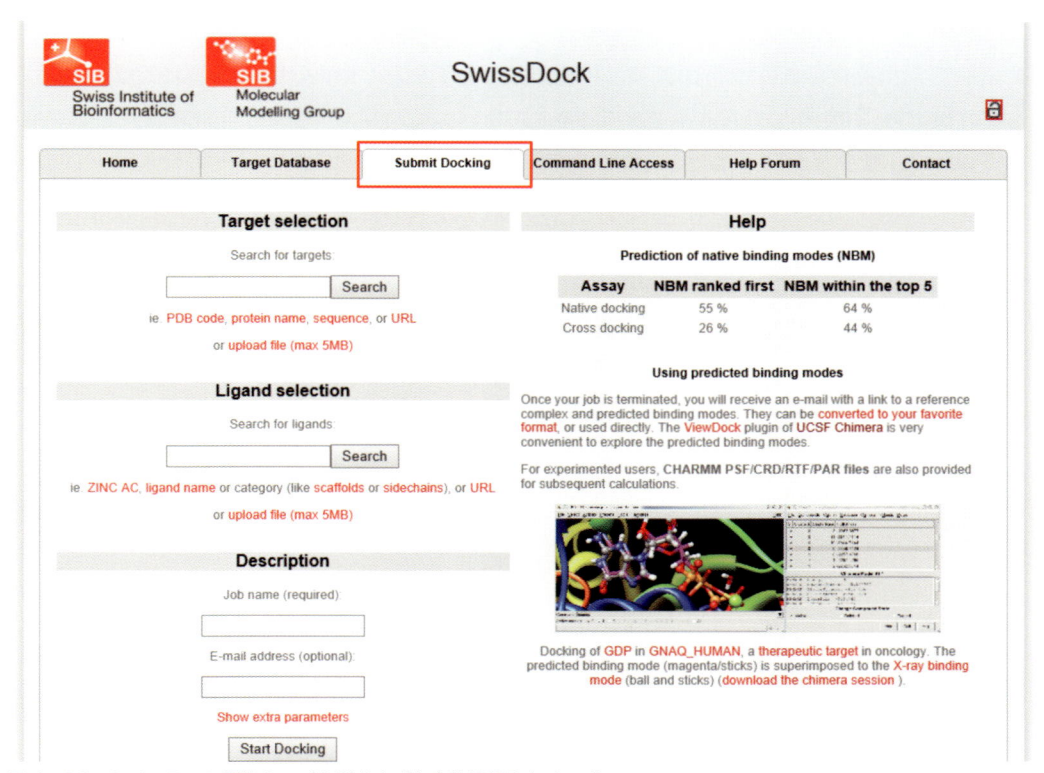

図 9-10　SwissDock 標的タンパク質および化合物情報入力ページ

◆ 創薬研究に情報科学を活用してみよう　149

❹ Submit Docking タグで標的タンパク質と化合物を指定します。SwissDock では、ローカルマシンに保存している構造を参照する方法と、データベース検索を利用して、検索結果をそのまま入力構造に利用する方法が用意されています。実習では、データベース検索を利用する方法を紹介します。まず標的タンパク質（Target selection）のキーワードとして avidin を検索します。検索結果から希望の構造を選択します。実習では、独自のデータベース S3DB に登録されているエントリー 1stp を選択します（**図 9-11**）。

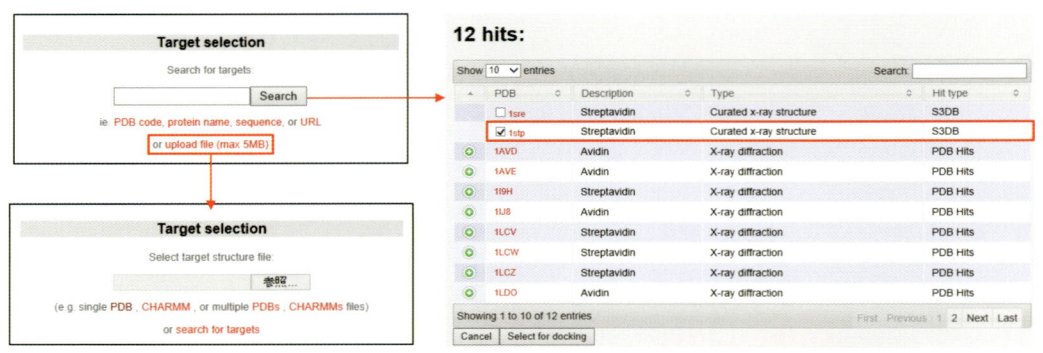

ローカルファイルを指定したい場合　　　　　　　　avidin で検索した結果

図 9-11　標的タンパク質の指定方法

❺ 続いて、化合物の検索を行います。検索方法は、Target selection と同様です。実習では、biotin で検索します。Ligand selection の入力フォームに「biotin」を入力し Search をクリックすると、ZINC と呼ばれる化合物データベースへの検索結果が表示されます。この中から希望の構造を選択します。化合物は複数選択することも可能です。実習では、1 つの化合物を選択し、 Dock 1 selected ligand をクリックします（**図 9-12**）。ローカルマシンに保存している化合物データを参照する場合は、mol2 形式のファイルで用意する必要があります。

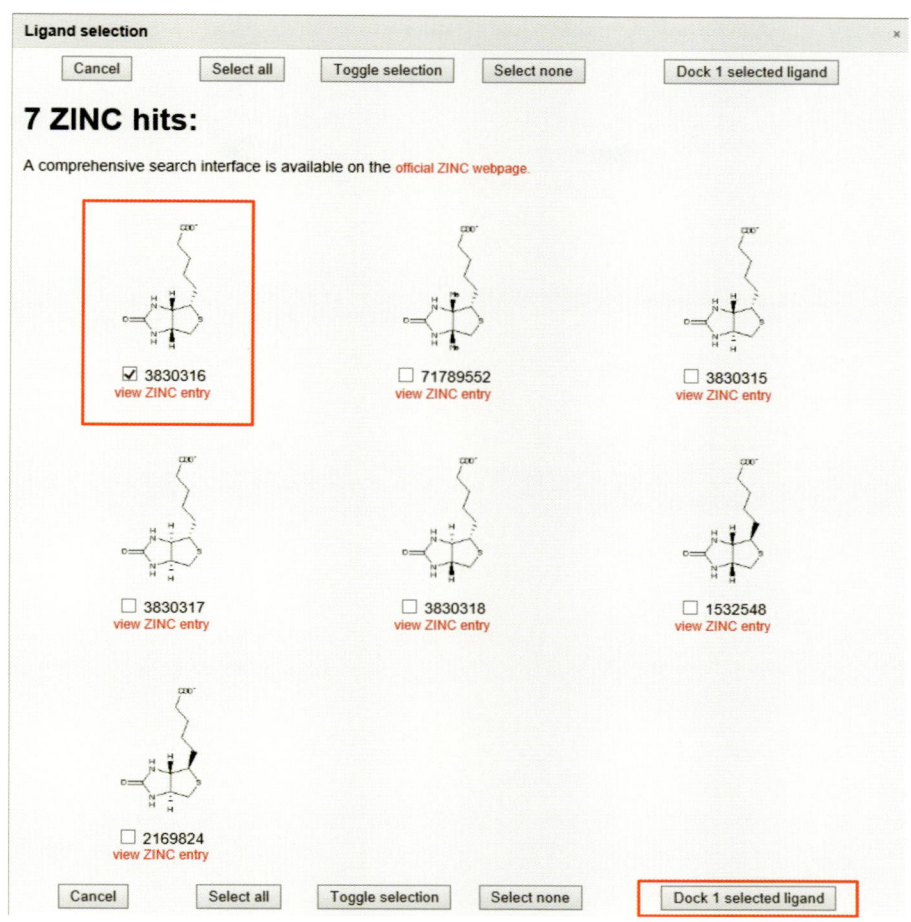

図9-12 キーワード検索からの化合物の指定方法

❻ 標的タンパク質および化合物の指定が終わったら、ジョブのタイトルと必要に応じて計算結果通知用のメールアドレスを入力します。途中でWebブラウザを終了する可能性が高い場合は、メールアドレスの入力をお勧めします。 Start Docking でドッキング計算を実行します（図9-13）。

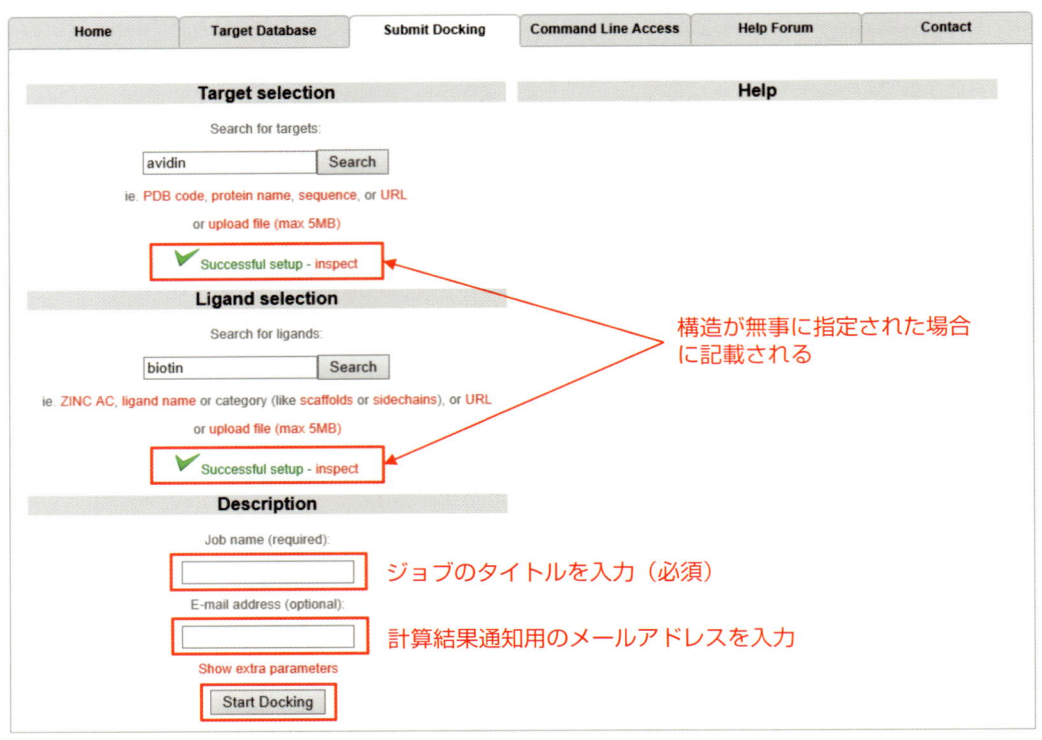

図9-13 入力データの確認

❼ 計算が実行されると**図9-14**のページが表示され、計算が終了すると自動的に結果が表示されます。

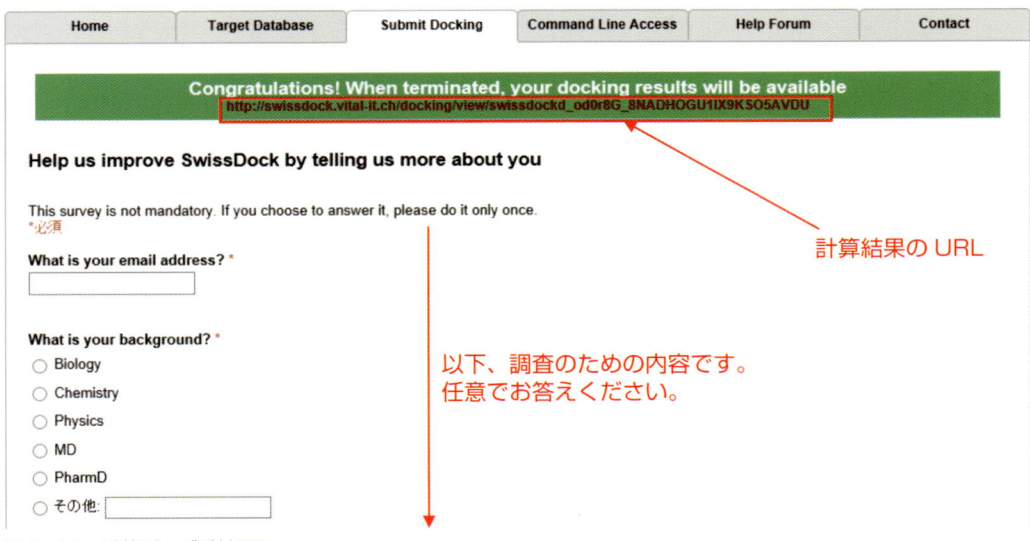

図9-14 計算ジョブ受付画面

❽ 計算が終了すると、計算結果のダウンロードページが表示されます。ダウンロードデータには、2種類あります。解析データをダウンロードする場合は、左側のDownload your predictions fileをクリックします。これは、パラメータファイル等も含まれており、中・上級者向けのデータファイルとなります。一方、右側のUCSF Chimera可視化用ファイルは、UCSF Chimeraを通じてわかりやすい表示が自動的に構築されています。実習では、このファイルをダウンロードして、UCSF Chimeraで読み込みます。"Launch UCSF Chimera……"をクリックして、解析結果ファイルopen.chimeraxをダウンロードします。一度、任意の場所に保存して、UCSF Chimera起動後、File/Openで読み込む方法か、ダウンロードの際、直接UCSF Chimeraを指定して開く方法で読み込みます（図9-15）。

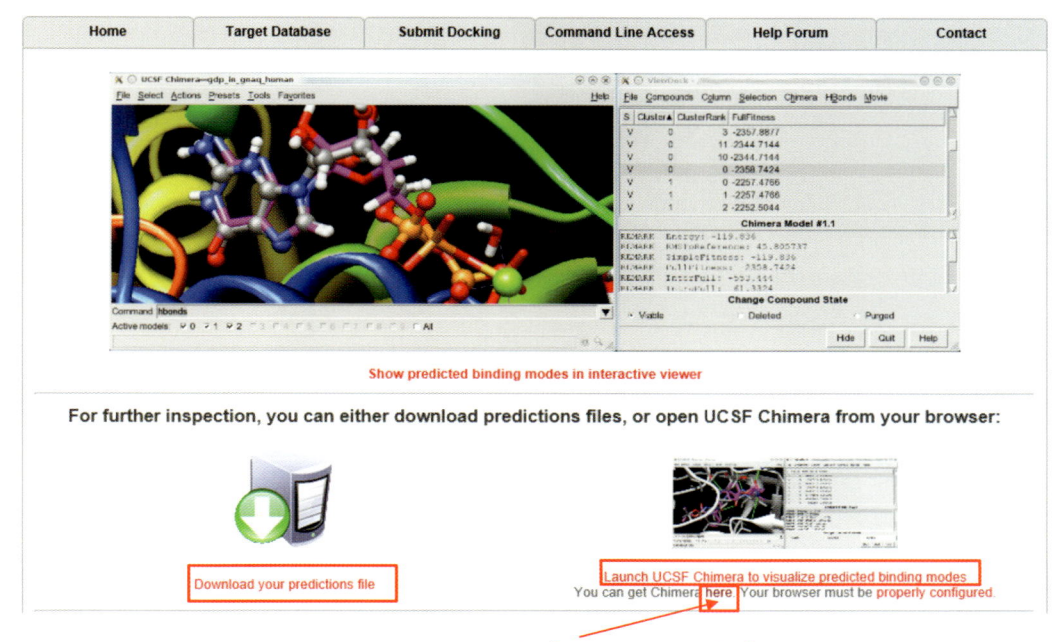

図9-15　ドッキング計算結果データのダウンロード

❾ 計算結果は、グラフィックスウィンドウとドッキングスコアが表示されているViewDockウィンドウで解析できます。グラフィックスウィンドウでは、標的タンパク質であるストレプトアビジンがリボンモデルで表現されています。化合物のビオチンは、スティックモデルで表現されています。ViewDockウィンドウの上段のリストをクリックするとグラフィックス上で、選択した結合ポーズが表示されます。リストの下にあるテキスト領域には、選択されている結合ポーズについてドッキングスコアなど詳細な情報が表示されます。ドッキング計算結果は、類似した結合ポーズはクラスタリングによってまとめられています。ドッキングスコアが低い結合ポーズで構成されているクラスターが、予想される正解のドッキングモデルに近い傾向があります。リストをいろいろ選択して、ドッキングスコ

アとストレプトアビジンのポケット内で結合しているビオチンのポーズを比較してみるとよいでしょう。気になった結合ポーズは、グラフィックスウィンドウの File メニューからPDB ファイル（Save PDB）や画像ファイル（Save Image）に保存できます（**図9-16**）。

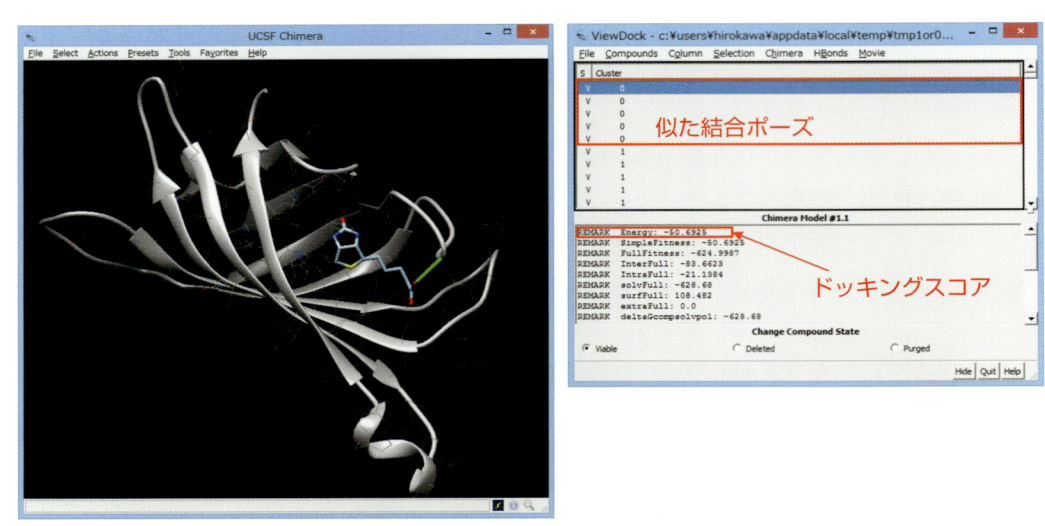

図9-16　UCSF Chimera によるドッキング計算結果解析

［文献および関連サイト］
[1] ChEMBL　https://www.ebi.ac.uk/chembl/
・LBDD について
[2] 奥野恭史編、「最新創薬インフォマティクス活用マニュアル」、第2章1　リガンド情報に基づくバーチャルスクリーニング、遺伝子医学 MOOK 別冊、メディカルドゥ（2011）
・SBDD について
[3] 奥野恭史編、「最新創薬インフォマティクス活用マニュアル」、第2章2　構造情報に基づくバーチャルスクリーニング、遺伝子医学 MOOK 別冊、メディカルドゥ（2011）

CHAPTER 10

BIOINFORMATICS

生物情報リテラシーの残された課題

> **概要**
>
> 　近年の解析技術の急速な発展によって生物系ビッグデータが得られるようになりました。大量のデータがあれば、従来の手法でも生物に関する多くの新しい知識が得られます。しかし、ビッグデータの意義はそればかりではありません。生物科学者の情報リテラシー（情報を使いこなす力）を桁違いにステップアップさせることを、ビッグデータは強く要求しているのです。そこで本章では生物科学の原点に立ち戻り、とてもすぐには答えられないような疑問や次世代の情報リテラシーで課題となるような問題について考えてみたいと思います。そして、ゲノム（DNA塩基配列）の情報が実に多様な生物現象と関係している事実から、生物を統一的に理解するための情報リテラシーのあり方が浮かび上がってきます。

▼ 生物情報に対する研究の歩み

　生物情報に関わる学問分野は、19世紀に遡ります。ダーウィンが提唱した進化論、メンデルによる遺伝の法則、パスツールの生物の自然発生の否定は、いずれも暗黙裡に生物情報の本質をつかんでいます［1-3］。いずれも現代の生物科学の指導原理となっていますが、それは生物情報のあり方を的確に把握したものだったからです。ダーウィンは進化的時間における生物情報の変化を扱い、メンデルはより短い世代交代の時間における生物情報の伝搬を扱いました。また、パスツールは生物の発生には生物情報が必須であることを示したと言えます。ただ19世紀半ばには、生物の分子的背景についてはほとんどわかっておらず、遺伝情報の実体の解明には、さらに100年の時間がかかりました。ワトソンとクリックによるDNAの二重らせん構造の発見と、その後の遺伝暗号の解明によって、セントラルドグマを中心とした生物の進化と遺伝の分子的原理が明らかにされたのです。すべての生物が共通の分子的仕組みによって生き、次世代を残し、進化してきたことが明らかにされたわけです。この生物に関する原理的理解に基づいて、生物情報を解析し、操作するためのさまざまな技術が急速に進展しました。遺伝子組み換え技術によって、生物種を超えてDNA塩基配列の組み換えが可能になり、PCR技術によって、DNA塩基配列断片を大量に増幅することもできるようになりました。また、ヒトゲノム計画を契機として、生物個体の持つ全ゲノム配列を解読することも容易になりました。DNAチップ技術によって、各細胞内でどのような遺伝子がどのくらい発現しているかを定量的に測定することもできるようになりました。そして現在は、さまざまな生物ゲノムや、多くのヒトのパーソナルゲノムを（時間的にも費用的にも）容易に解析できるようになっています。

　生物系ビッグデータが得られて最も期待されていることは、私たち自身の健康維持や病気の診断・治療にこれらのビッグデータが大いに役立つのではないかということです。私たちの健康や病気は、遺伝情報（ゲノム情報）と何らかの意味で関係しています。なかでもメンデル型遺伝病と言われるタイプの病気では、1か所の遺伝子変異が発病への決定的な要因となっていて、ゲノム情報からの解析は従来からの手法が有効です。ただこのタイプの遺伝病は、発生の頻度が低いため、大きなデータの解析が必要となります。これに対して、頻度が圧倒的に高いごく普通の病気（生活習慣病など）の場合、複数の遺伝子変異が関係しているばかりか、生活

習慣や人間に共生している微生物叢、その他の環境が、病気のリスクに大きく影響していることがわかっています。そのような病気の場合、ある1つの遺伝子変異が発症のリスクを高める度合いを調べてみると、確かに影響はあるものの、その寄与率は小さく、確実な診断にはつながらないようです。発症につながる因子の数が非常に多いのです。多くの人々を対象として、健康状態と複数の遺伝子変異との相関を取ることに加えて、環境因子の影響も解析することが必要となります。そのための情報リテラシーの整備は今後の課題として残されていると思います。

ヒトゲノム計画が立ち上がった20数年前のことを思い起こすと、ゲノム情報から「生物のどのようなことがわかるのか？」についてさまざまな問題が議論されました。例えば、「生物の大進化の分子的メカニズムはどうなっているのだろうか？」というような大きな疑問が考えられていたと思います。しかし、生物系のビッグデータが得られるようになった現在、このような大きな疑問を解く試みはあまり行われていないように思います。それはとてももったいないことです。生物のさまざまな現象は、ゲノム情報（DNA塩基配列）やそれから生まれるさまざまな分子集団と関係しています。今こそ生物に対するナイーブな、そして大きな疑問に答えられる情報リテラシーを考え出すときです。生物系のビッグデータは、未来に向けて情報リテラシーを大きく前進させるべくバイオインフォマティクスのパラダイムシフトを要請していると考えるべきでしょう。

▼ バイオインフォマティクスの残された課題

パラダイムシフトというのは、それまで問題としていた疑問から、新しい疑問への転換という意味を持っています。今、生物系のビッグデータから要請されているバイオインフォマティクスのパラダイムシフトでも、多くの基本的疑問が浮上します。まず生物の情報リテラシーが扱うべきできるだけ大きな疑問を列挙します。

①**生物界繁栄の謎**

生物が誕生したのは38億年以上前と考えられています。それ以来、生物は途切れることなく生命をつないできました。その間には、最低5回の大絶滅事変があったとされています［4］。生物分類の科のレベルで半分ほどが絶滅してしまったこともあったようです。その原因についてはいろいろな説が出されていますが、環境の大変動があったことは間違いありません。それにもかかわらず、生命は連綿とつながれてきました。しかも、大絶滅以前と比べて生物の多様性は毎回増大しています。このことはDNAを設計図とした生物のシステムが非常にロバストである（変化に対して強い）ということを意味しています。現在解析されている多くの生物種のDNA塩基配列には、生物システムのロバスト性について、何らかの情報が書き込まれていると考えられます。図10-1は、宇宙の階層性を示した図ですが、地球レベルの生物界全体の繁栄と生物を構成する分子（特にDNA、タンパク質）がどう関係しているかは、生物に関連する最も大きな疑問だと思います。今まであまり議論されたことがない問題なのですが、生物系ビッグデータはそれを解決する材料を提供しているはずです。

図 10-1 宇宙の階層（Glashow 博士のヘビを改変）[5]
図中の分子から地球までが生物と関係しています。生物高分子（DNA 二重らせん）、生物個体（ヒト）、生態系（富士山）、すべての生物を含む生物界（地球）。

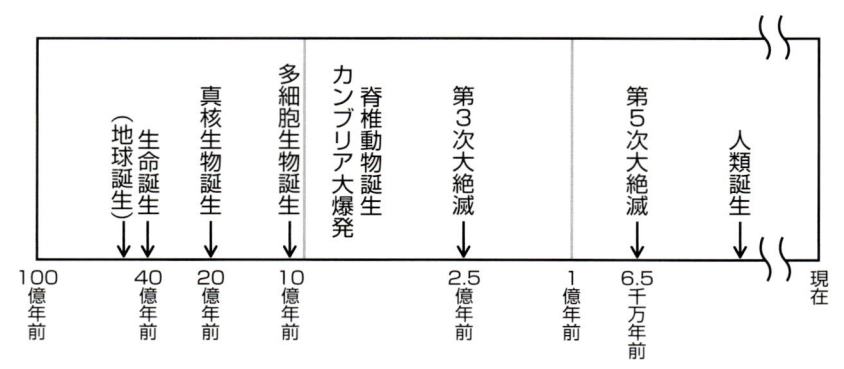

図 10-2 生物進化の歴史
生物の大進化と大絶滅が特徴的です。

②生物の大進化

　生物の歴史を見ると、大絶滅事変の前後で生物種の数が変化しただけではありません。大進化と言われる大きな質的変化が認められます（**図 10-2**）。生命誕生から 20 億年以上経った頃、細胞の内部に核やミトコンドリアなどの膜系を含んだ大きな細胞（真核生物）が誕生しました。それからさらに 10 億年ほど歴史を下ると、それまで単独の細胞だった真核生物の中から、複数の細胞からなる多細胞生物に進化したものがでてきました。それらはカビ、植物、動物などに分かれましたが、数億年前に動物の中に脊椎動物が誕生しました。言うまでもなく、ヒトは脊椎動物に属しています。ヒトゲノム計画の目的の 1 つは、生物の大進化（原核生物から真核生物、単細胞生物から多細胞生物、動物の中から脊椎動物など）がどのように起こったかということを、DNA 塩基配列のレベルで理解するということでした。現在、多くの生物のゲノム配列がすでに解析されています。しかし、当初のこの目的はまだ達成されていません。この問題の解決には、多くの生物のゲノムに含まれるすべての遺

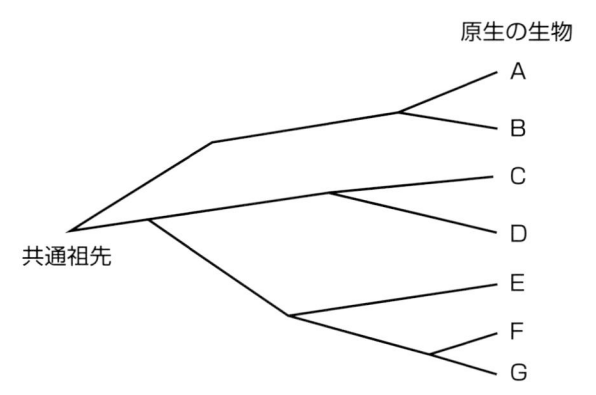

```
                              原生の生物
                              ┌─── A
                          ┌───┤
                          │   └─── B
                     ┌────┤
                     │    │   ┌─── C
                     │    └───┤
                     │        └─── D
        共通祖先 ────┤
                     │        ┌─── E
                     │    ┌───┤
                     └────┤   └─── F
                          │
                          └─────── G
```

図 10-3　すべての生物がつながっている系統樹の模式図

伝情報を理解することが必須なのですが、まだ未知の遺伝子が多いからです。それこそバイオインフォマティクスのパラダイムシフトが求められる問題です。

③ **遺伝子変異の規則性**

　生物では、DNA 塩基配列という設計図があり、それからつくられるタンパク質という部品がシステムを構成し、生物の個体ができています。こういう構成を見ると、生物は一種の機械だと言えます。しかし、生物という機械は人間がつくる機械と比べて、非常に不思議な性質があります。すべての生物個体（機械で言えば個々の製品）の設計図がすべて異なっています。**図 10-3** は生物の系統樹をモデル的に示したものです。各生物で対応するタンパク質のアミノ酸配列を比較し、どのくらい似ているかという類似性によって共通祖先から分岐した時間を示したのが系統樹です。このような解析ができる理由は、配列が時間に依存してどんどん変化しているからです。すべての生物を系統樹の中に位置付けることができるということは、すべての生物種の設計図が体系的に異なっているということを暗黙裡に意味しています。さらに同じ生物種でもすべての個体の設計図が異なっており、それに基づいて個性が生まれています。生物は自己複製機械であって、次の世代の個体をつくって命をつないでいくのですが、親と子の DNA 塩基配列は明らかに違っています。その違いは複製の間違いによるのですが、それによって生物の多様性が生まれ、生態系を形成しているのです。

　人間のつくる機械では、共通の設計図に基づいて同じ製品がたくさんつくられます。そして、設計上の不都合があると、大量のリコールを行わねばならないことがあります。これに対して、自然のテクノロジーによってつくられた生物という一種の機械では、その設計図（DNA 塩基配列）が常に書き換えられており、すべての個体の設計図が違うという大きな多様性を示しています。生物は環境の変化に対して非常にロバストですが、それは生物個体や生物種の多様性と深く関係していると考えられています。しかし、生物の多様性を引き起こす遺伝子変異の規則性については、まだよくわかっていません。

④ **メタゲノムの遺伝子配列情報**

　多様性は生物の大きな特徴なのですが、多様な生物がそれぞれ孤立して生きているわけではありません。微生物の世界（微生物叢）を考えてみましょう。例えば、人間の体は 60 兆もの細胞でできていますが、人間の体には、それをはるかに超える数の微生物が共存してい

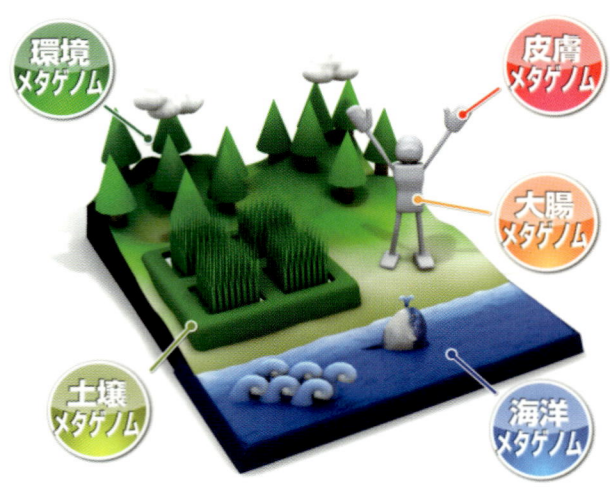

図10-4 さまざまな微生物叢のメタゲノム

ます。口腔、胃、腸、皮膚など、それぞれの部位に数百種もの微生物が存在しています。また同じ皮膚でも、場所によって微生物の分布は異なっています。人の体だけではなく、すべての生物の内外に微生物叢があります。また、土壌、海中、空中、さらに高温の温泉中、南極の氷の中、地下の岩の隙間など、地球上のあらゆるところに微生物叢があります（**図10-4**）。

　これらの局所的な生態系を構成する微生物はお互い強く依存しあっていることがわかっています。単独に培養することが困難で、通常の研究手法がなかなか通用しないのです。最近は、そうした微生物叢についてもゲノムの混合物（メタゲノム）を丸ごと解析することが可能となっています。メタゲノムのDNA塩基配列をすべて解析し、局所生態系全体の姿や生存戦略を明らかにできるだろうと期待されているのです。しかし、メタゲノムからの遺伝子の配列情報はすでに解析されているデータベースとの類似性が乏しく、この分野でも新しい情報リテラシーが求められています。

⑤病気の発症リスクと遺伝子変異の関係

　健康であることは、私たち人間にとって最も重要な問題の1つです。遺伝子と病気の関係は、これまで精力的に研究されてきました。人には個性があり、体質も人によっていろいろです。病気の発症リスクの違いは、それらの個性や体質の一部です。ヒトゲノムのDNA塩基配列には、数百万の単一塩基多型（SNP）が報告されています。また、短い配列の挿入や消失、長い配列のコピー数変異（CNV）なども、最近の全ゲノム解析からわかってきました。それらの多型性や変異の組み合わせは、人によって異なっていて、個性や体質の原因となっていると考えられます。20世紀末からのヒトゲノム計画の強い動機として、個々人のゲノムにおけるDNA塩基配列の多型性や変異がわかれば、人の健康や病気についての知識が大きく拡大されるだろうという期待がありました。ヒトゲノム計画完了からほぼ10年、技術的な発展によって健康診断としてのパーソナルゲノムの解析も視野に入ってきました。しかし、問題はそれほど単純ではないということもはっきりしてきました。

　遺伝病の中にはDNAの1塩基変異で重篤な疾患（例えば、ハンチントン舞踏病など）

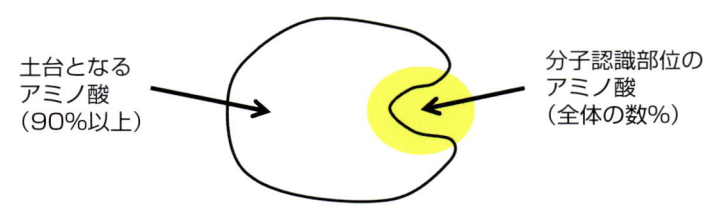

図10-5 タンパク質の立体構造の二重性
タンパク質の全体は柔らかい秩序構造であり、アミノ酸より大きなユニットの平均的物性の組み合わせで構造が決まっています。そして、全体の数％のアミノ酸が活性部位を形成していて、機能発現にはその原子配置が重要です。

を誘発するものがあります。それらは頻度が低いため、解析が困難ですが、解析手法自体は従来からの方法が有効です。これに対して、1つの遺伝子に原因を求めることのできない病気も多く存在しています。いわゆる「生活習慣病」と呼ばれるものの多くがそれです。病気に対して影響を与える遺伝子変異が複数あり、それぞれの遺伝子変異は疾患リスクを高める割合がわずかです。しかも、疾患のリスクは、生活習慣や共生している微生物叢（大腸菌など）の分布などとも関係していて、解析が困難です。これらの病気の発症リスクが、DNA塩基配列の変異の集団とどのように関わっているかは、これからの課題です［6］。

⑥分子認識の原理の理解

生物のシステムを構成する主な部品であるタンパク質は、何らかの他の分子（その多くはタンパク質）を分子認識しています。生物という自然がつくり出した機械の部品の特徴は、分子認識をシステム構成の基本としていることです。同じ基質に対するタンパク質の結合部位は、同じアミノ酸の組み合わせと三次元の配置を持つ場合が少なくありません。したがって、タンパク質の立体構造がわかれば、結合部位の予測ができる場合があります。三次元のアミノ酸の配置に対応する配列のモチーフなどでも、ある程度解析できます。しかし、タンパク質の分子認識とアミノ酸配列の関係を一般論として扱うことはまだできていません。タンパク質の立体構造をみるとすぐわかることなのですが、分子認識部位に直接関係するアミノ酸は、タンパク質の全アミノ酸の数％に過ぎません。残りの90％以上はその分子認識部位を支える土台の立体構造となっています（図10-5）。したがって、アミノ酸配列から分子認識を予測しようとする場合、全体の90％を超える土台の部分の構造形成を理解しなければなりません。その原理がまだよくわかっていないのです。そして、生物をタンパク質集団のシステムとして理解するには、この分子認識を原理から理解しなければなりません。

⑦タンパク質の立体構造予測

最後は、タンパク質の立体構造予測の問題です。本書でもタンパク質の立体構造予測は主な課題の1つとして取り上げられており、かなりの精度で可能となっています。ホモロジーモデリングでは、アミノ酸配列が似たタンパク質の立体構造を借りてくることで、高い精度の予測ができます。しかし、類似配列がない場合はそれほど楽観できず、予測が当たらないということも覚悟しなければなりません。現実の細胞内では、タンパク質の立体構造が短時間にほぼ確実に形成されています。これに対して、私たちの現在の情報リテラシーでは、高性能のコンピュータを用いても、長時間の計算が必要であり、結果の精度は十分ではありま

せん。特に、タンパク質のサイズが少し大きくなると、予測がきわめて難しいのが現状です。私たちの理解がまだ不足しており、タンパク質の立体構造予測についても新しい情報リテラシーが求められているのです。

▼ 問題解決への仮説

　生物のようにきわめて複雑なものの理解には、何らかのモデル化が必要です。ダーウィンによる進化論やメンデルによる遺伝の法則なども、現在では完全に確立していますが、当初は実験や観察の結果を説明するモデル、つまり仮説からスタートしました。ビッグデータを手にしつつある私たちも、生物を説明するための、より進化したモデル（仮説）を考え、それによってすべてのビッグデータ（DNA塩基配列データ、タンパク質の立体構造データ、機能データ、医薬学データなど）を同時に解析できるようにする必要があります。

　前節で、7つの課題を列挙しました。いずれも大きな問題で、容易に解決できるとは思われません。しかし、こうして列挙してみると、すべての課題に共通することがあります。問題の源は、すべてDNA塩基配列（ゲノム情報）に遡ることができるということです。独立の課題であれば、それぞれがとても難しい問題ですが、すべてが1つのもの（DNA塩基配列とその変異集団）に原因があるとすれば、それを理解するためのモデル（仮説）をさまざまな側面から絞り込むことができます。ここでは3つのレベルからモデルを考え、生物系のビッグデータに対する情報リテラシーの方向性を議論したいと思います。①生物界の安定性、進化、多様性のレベル、②生物個体の個性、体質、病気のレベル、③タンパク質の分子認識、立体構造のレベルです。もちろんそれらは、1つのモデルの異なる側面でなければなりません。

①生物界の安定性、進化、多様性のレベル

　第1の課題で述べたように、生物のシステムは何回かの環境の激変を経験しながらも、全体としては38億年にわたって安定に繁栄してきました。DNA塩基配列を設計図とし、タンパク質を部品とした生物のシステムは、環境の変化に対して非常に安定だということを意味しています。生物のシステムの安定性には、2つの意味が考えられます。遺伝子やタンパク質のパスウエイによる複雑なネットワークが生物システムを構成しているので、システムの安定性と言うと、まずはでき上がっている複雑なネットワークの入出力関係がイメージされます。そして、ネットワークが大きな振動や発散をしないとき、システムは安定だということになります。この意味での安定性は、生物個体の時間スケールでの安定性です。そして、システムズバイオロジーという言葉で議論されているのはこのタイプのもので、本書でも新しい流れとして紹介されています。

　生物システムの安定性として、もう1つ考えなければならないのは、生物界全体の安定性の問題です。DNA塩基配列は世代交代の時に常に書き換えが起こっており、その中に含まれる遺伝子の分布（つまりタンパク質の分布）が変わる可能性があります。特に、進化的な時間では多くのDNA塩基配列の変異が集積するので、遺伝子の分布の変化は避けられないでしょう。もしそういう変化に対して、生物の安定性が十分でなければ、生物界全体があっという間に絶滅していたに違いありません。現実の生物システムは、これまで安定に繁栄してきたわけで、それには遺伝子変異に対する安定性の仕組みがあるはずです。そのモデ

【必然性のプロセス】　　　　　　　【偶然性のプロセス】

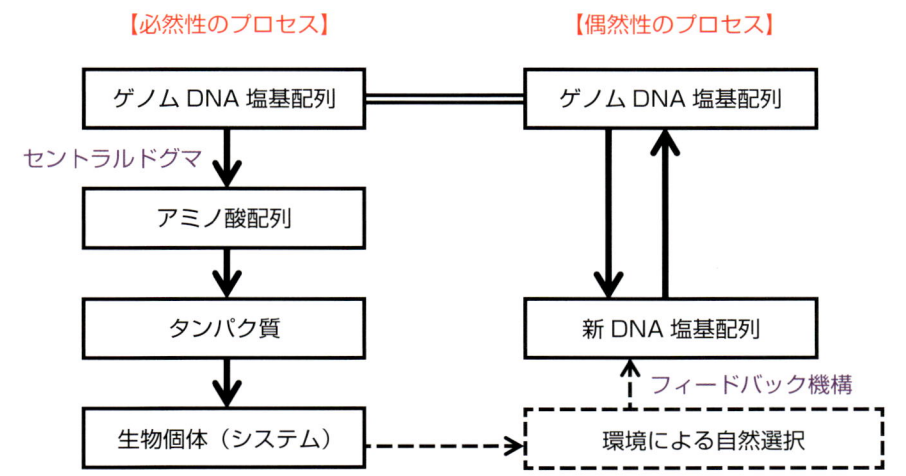

図10-6　生物（生物界）を形成するプロセスの流れ図についての現在の理解
DNA塩基配列は無秩序な変異で書き換えられており、自然選択のフィードバック機構で全体のプロセスが閉じています。

ル化はビッグデータ解析の大事なターゲットです。

　世代交代を含む生物のプロセスを、現在の生物科学の知識に基づいてモデル化すると、**図10-6**のようになると思います。生物のさまざまなプロセスは、大きく分けると2つの流れにまとめることができます。「必然性のプロセス」と「偶然性のプロセス」です。前者はDNA塩基配列ありきのプロセスで、DNA塩基配列中の遺伝子の情報に基づいてタンパク質がつくられ、そのネットワークによって生物個体のシステムが形成されます。もちろん環境の影響によって、必然性のプロセスにもさまざまな変化が起こりますが、このプロセスは全体としてDNA塩基配列によって支配されています。これに対して、生物個体の個性や体質などを発現させたり、新しい生物種を生み出したりするのは、偶然性のプロセスによって起こります。生物の世代交代の時にDNA塩基配列には何らかの遺伝子変異が起こります。現在の理解では、遺伝子変異はランダムに起こると考えられています。もちろんランダムな変異が集積すると、環境の中で生き延びることが難しい個体が発生し、自然選択によってそのような変異の集積は個体の集団からは排除されることになります。そのようにして現実の生物ゲノムが形成されたと考えたのが図10-6です。

　しかし、遺伝子変異が完全に無秩序なランダムプロセスを基本としていると考える図10-6には、無理があります。一言で言うと、配列の組合せ爆発という問題が発生するのです。DNA塩基配列を完全に無秩序に発生させると、塩基は4種類なので、DNA塩基配列のサイズをNとすると、組み合わせの数は4のN乗というとんでもなく大きな数になります。これに対して、生物が生き延びることができるDNA塩基配列の組み合わせの数も十分大きければ生物が生き延びる確率は期待されます。しかし、完全に無秩序にDNA塩基配列を発生させた場合と比べると、桁外れに少ないようです。アミノ酸配列を無秩序に発生させてみると、現実のタンパク質のようなちゃんとした立体構造をつくるものはほとんどできないようなのです。つまり、図10-6においてDNA塩基配列の書き換えが無秩序に起こるとす

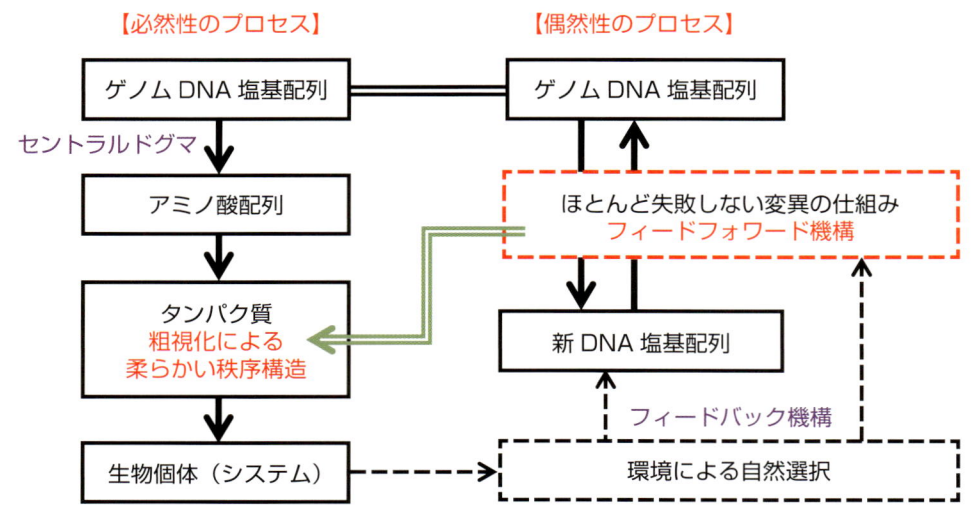

図 10-7 生物（生物界）を形成するプロセスの流れ図についての新しい考え方
DNA 塩基配列に対する変異は細胞内のプログラムで制御されており（フィードフォワード機構）、そのプログラムが自然選択によって生まれています（フィードバック機構）。そして、フィードフォード機構における細胞内プログラムのターゲットはタンパク質を柔らかい秩序構造にすることです。

れば、膨大な無駄が起こることになり、モデルの変更が避けられません。これに対して、生物の設計図をつくるための DNA 塩基配列の変異が完全には無秩序でないとすれば、遺伝子変異の起こり方は何らかの機構で制御されていることになります。進化を考えるのには、自然選択というフィードバック機構だけでは、不十分らしいのです。

一般的には制御の別の仕組みとして、フィードフォワード機構というメカニズムも考えられます。つまり、細胞内に何らかのプログラムが導入されていて、遺伝子変異の起こり方に偏りが起こるということです。プログラムを導入するというと非常に人工的な感じがしますが、DNA 塩基配列における各塩基の出現確率を偏らせる、何らかの分子装置があればよいのです（例えば修復酵素の働きに偏りがあるなど）。生物をつくるための必然性のプロセスでは多くの分子装置（例えばリボソームなど）があり、精巧な生物システムがつくられています。実際に DNA 塩基配列における各塩基の出現確率やコドンの使用頻度には大きな偏りがあることが知られています。図 10-7 は、遺伝子変異の制御にフィードフォワード機構を導入したモデルです。このモデルでは、フィードフォワード機構によって組み合わせ爆発の問題が非常に軽減されます。自然選択の役割は、その細胞内プログラムを進化させるという一段高いプロセスになるでしょう。ビッグデータを解析する目標の 1 つに、この問題があるということを指摘しておきたいと思います。

②**生物個体の個性、体質、病気のレベル**

個体のレベルでは、さまざまな形質が多少とも遺伝子の支配を受けています。現在パーソナルゲノムの解析が可能となっており、普通に見られる遺伝子の多型性が数百万見出されています。また、頻度の低い変異も各個人毎に情報が得られるようになりました。しかし、それらの遺伝子変異がどのような形質とどのくらい関係しているかという問題は、まだ解決していません。ビッグデータはその問題解決のためにあると言っても過言ではありません。

遺伝子変異と形質との関係を明らかにするための研究方針は、図10-6を仮定する（完全に無秩序な変異に基づく）場合と、図10-7を仮定する（変異が細胞内プログラムに基づく）場合とでまったく異なってきます。（家族性の遺伝を別として）偶然的に起こる変異が完全に無秩序だと想定すると（つまり図10-6を仮定すると）、遺伝子変異と形質の関係を明らかにするには、多くの個体についての統計的解析を行う以外に方法はありません。しかし、1つの形質に対して同じような寄与率で複数の遺伝子が関係しているときは、統計的解析が非常に困難になります。これに対して、変異が細胞内の何らかの仕組みで偏っている場合（つまり図10-7を仮定する場合）は、その偏りのあり方をまず明らかにし、それに基づいて遺伝子変異の偏りと形質の関係を調べるという新しい手法が可能となります。

　分子進化学では「変異の中立性」という考え方があります。ゲノムの中に非常に多くの多型性がみられることは遺伝子の中立性を支持しています。細胞内の何らかの仕組みで中立な変異ばかりが起こるとすれば、多くの多型性が淘汰されずに個体集団の中に共存することが自然に理解できます。もちろん細胞の仕組みとして、ほとんどの変異が中立になるようにするには、どのようなメカニズムを考えればよいかという別の問題は残りますが、それは最後の節で配列情報の解析結果とともに述べることにします。

　この仮説を遺伝子変異と病気の発症リスクの関係に適用して考えてみます。ゲノムレベルの解析を行い、遺伝子変異の頻度と発症リスクの影響の大きさについての相関を調べた研究によれば、大きく分けると2つのタイプに分けられます。頻度は低いが発症リスクの影響が大きいメンデル型遺伝病と、個々の遺伝子変異の頻度は高いが発症リスクの影響が小さく、複数の変異と環境要因が複雑に絡んだ病気（生活習慣病など）があります。しかし、中程度の頻度で影響も中程度というような遺伝子変異があまり見当たらないということが最近の研究でわかってきています。細胞の仕組みとして、ほとんどの変異が中立になるようにプログラムされているとすれば、この事実も自然な現象と言えるでしょう。生活習慣病を理解するには、やはり細胞内の遺伝子変異に対するフィードフォワード機構の仕組み（モデル）を明らかにすることが重要で、それがビッグデータ解析の大きなターゲットです。

③ **タンパク質の分子認識、立体構造のレベル**

　遺伝子変異に対するフィードフォワード機構は、変異を中立にする方向に働いていると述べたのですが、分子的にはこれをどう理解すればよいのでしょうか。タンパク質の立体構造の章（3章）で、配列の類似性と立体構造の類似性の関係について説明しましたが、配列の変異に対して立体構造はかなりロバストです。つまり、配列の類似性がたかだか30％程度でも立体構造は良く保存されている場合が多いのです。タンパク質の機能は立体構造を介して発現するので、立体構造が保存されている限り機能を保つ可能性が高くなります。配列に変異が入っても、立体構造は保存され、機能も保たれるとしたら、変異を中立にする機構の分子的背景は、変異に対して立体構造をロバストにする機構と読み換えることができるでしょう。

　この問題に対するモデルは、ソフトマター物理の分野から借りてくることができます。ソフトマターというのは、コロイドや液晶など柔らかい秩序構造をつくる物質のことです。柔らかい秩序構造の一般的な特徴は、秩序のユニットが大きく、そして揺らぎが大きいという

ことです。構造の揺らぎが大きいということと、物質が柔らかいということは物理的には同じことです。そこでタンパク質について見てみると、三次元の立体構造を形成している場合が多いのですが、それでも物質としては非常に柔らかいことがわかっています。そうすると、タンパク質の秩序構造を形成している物理的なユニットは大きいということになります。必然的にタンパク質の立体構造を考えるときには、原子やアミノ酸より大きなユニットをとらねばならないのです

　ここで気を付けなければならないことは、分子認識部位ではアミノ酸や原子レベルの配置が重要だということです。分子認識部位に直接関係するアミノ酸はタンパク質全体の数％であり、残りの90％以上はその土台に相当する立体構造です。つまり、数％については原子レベルの構造を考えねばなりませんが、残りの90％以上を考えるときには、それをソフトマターとみて大きなユニットを考えるべきなのです。本書で膜タンパク質予測システムを紹介しましたが、そこでは10残基以上のアミノ酸断片の疎水性や両親媒性の平均値を用いて、高精度の予測を可能にしています。ソフトマターに対しては粗視化という解析手法がしばしば用いられますが、タンパク質を理解するのにも1つの側面として粗視化というモデル化が非常に有効なのです（図10-7）。

ここまで生物を理解するための7つの課題を示し、それらをすべて矛盾なく説明できる単一のモデルがありえるかを検討しました。その結果は、2つの仮説を考慮したモデルで、全体が矛盾なく説明できる可能性を示すことができました。第1の仮説は、偶然的に起こる遺伝子変異のほとんどが中立になるように、細胞内のプログラム（何らかの分子装置）で制御されているというものです。そして第2の仮説は、生物システムの部品であるタンパク質はソフトマターであり、その柔らかい秩序構造は配列の物性分布の粗視化によって形成されていて、高分解能の原子配置が必要なのは、分子認識部位などごく一部分だけだということです。

● 仮説を裏付ける若干の証拠

　以上のモデルの説明には、事実の裏付けをほとんど示しませんでしたが、データ解析に基づく若干の証拠を最後に示します。筆者はこれまでできるだけ常識を取り払ってデータ解析を行い、得られたさまざまな事実を矛盾なく説明するモデルを考えてきました。その時に用いた事実の一部を示すことにします。

大量のバクテリアゲノムのDNA塩基出現確率

　多数のバクテリア（真正細菌と古細菌）のDNA塩基配列をGC含量で整理してみると、0.2～0.7と広く分布しています（**図10-8**）。しかし、各ゲノムの中のGC含量分布は、平均からのずれが小さく、ほぼ一定だということがわかっています。もしDNAの塩基が無秩序に配列すれば、GC含量は0.5になるはずなので、この事実だけでも、ゲノムにおけるDNAの塩基出現確率が無秩序な分布から大きく偏っていることがわかります。ただGC含量の広い分布の意味は必ずしもよくわかっていません。そこでDNA塩基出現確率の偏りについて、さらに調べてみます。**図10-9**は500以上のバクテリアゲノムにおける4種類の塩基の出現頻度をコドン位置に分けてプロットしたグラフです。グラフの各点はバクテリアのゲノムを表しています。横軸はDNAのGC含量です。図中の破線は、GC含量を前提とした完全

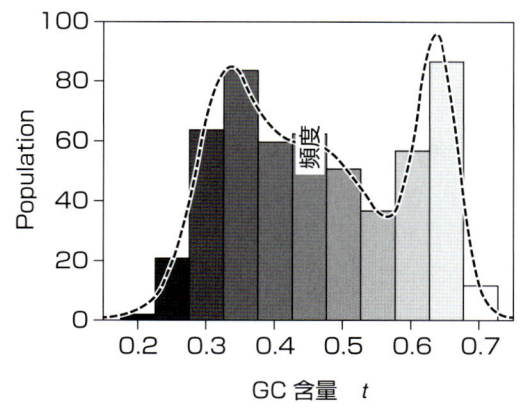

図 10-8 バクテリアゲノムにおける DNA 塩基配列の GC 含量 [7]

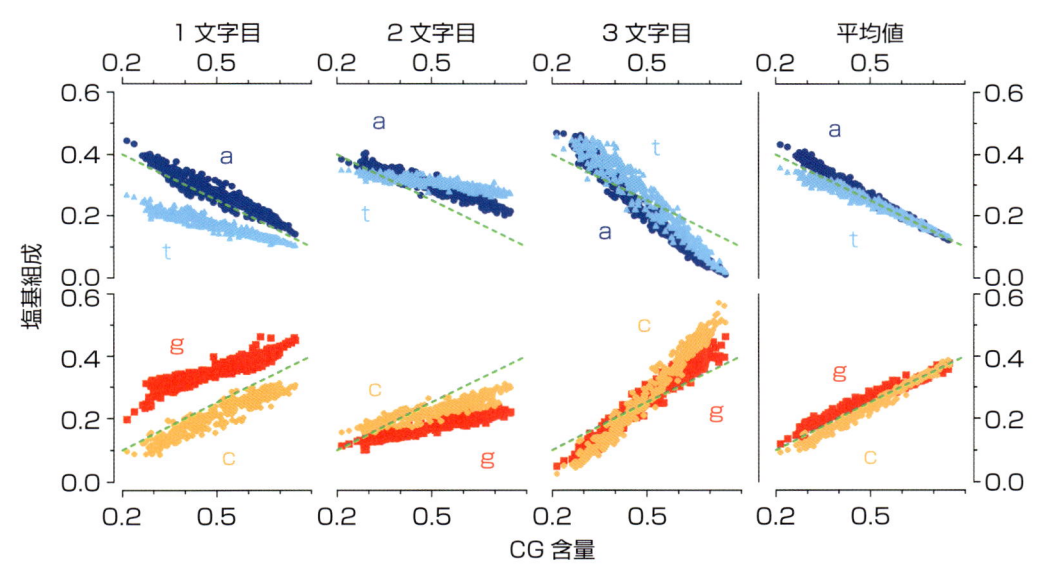

図 10-9 バクテリアゲノムにおけるコドンの位置による DNA の塩基出現確率 [7]
図中の破線は塩基が無秩序に出現し、G と C、A と T が同じ確率である場合の依存性。

な無秩序の出現確率を表しています。一番右の図はコドンの位置によらず平均の出現確率を示したものですが、ほぼ無秩序の場合に一致しています。ところが、コドンの 1 文字目、2 文字目、3 文字目に分けて塩基の出現頻度をプロットしてみると、無秩序の場合から大きくずれています。しかも、1 文字目、2 文字目、3 文字目によって非常に特徴的なずれ方をしています。1 文字目では、U（T）が異常に少なく、G が異常に多くなっています。2 文字目では、すべての塩基で GC 含量に対する依存性が弱いのですが、U（T）の依存性が特に弱いようにみえます。これに対して、3 文字目はいずれも GC 含量に対する依存性が強くなっています。遺伝暗号表をみるとわかることですが、コドンの位置によるこの塩基の出現頻度の偏りは、翻訳されたときのアミノ酸の組成を介してタンパク質の物性を制御しているようにみえます。さらに興味深いことは、この DNA 塩基出現確率の偏りがバクテリアの環境に依らないというこ

とです。ここで解析したバクテリアの中には、約70種の極端環境微生物（超好熱菌など）を含んでいます。それらもすべて図10-9の同じ傾向に従っています。この出現確率は環境からの自然選択には関係なく、細胞自体が持つ仕組みによると考えられるのです。

　DNA塩基出現確率の偏りが非常に体系的ではっきりしていて、細胞自体が持つ仕組みによるらしいということは、先に述べた「生物界の繁栄を可能にするには、DNAの塩基配列に対する変異が何らかの仕組みでプログラムされているだろう」という生物のモデル化（図10-7）と符合します。そうだとすると、DNA塩基出現確率の偏りは生物にとって何か大きなメリットがあるのだろうと考えられます。それを確かめるために、DNA塩基出現確率の偏りと生物のシステムを構成するタンパク質集団の分布との関係を調べる必要があります。タンパク質の活性部位（分子認識部位）は、タンパク質の機能にとって決定的な部位ですが、全アミノ酸の数％に過ぎません。それに対して、その分子認識部位を支えるタンパク質の立体構造（柔らかい秩序構造）は、全アミノ酸の90％を超えます。DNA塩基出現確率の偏りには統計的な側面が強いので、そのような仕組みで影響されるのは、全アミノ酸の90％を超える柔らかい秩序構造のほうだと目星が付きます。タンパク質にはフォールドや膜との関係などでさまざまなタイプのものがみられますが、その割合がアミノ酸の組成（遡るとDNA塩基出現確率の偏り）によって影響を受けると考えられます。例えば、細胞が働くためには細胞内外の物質輸送、情報伝達、エネルギー変換などを担う膜タンパク質がある程度一定割合存在する必要があると考えられます。もし遺伝子変異の集積によって、膜タンパク質が極端に少なかったり、多くなったりすれば、細胞として生き延びることが難しいと考えられます。これに対して、DNA塩基配列に対して大量に変異が導入されても、膜タンパク質の割合が変わらないような、変異の入り方の偏りの仕組み（一種のプログラム）が組み込まれていれば、生物の世代交代における失敗は非常に減ると考えられます。

　そのような考察に基づいて、ゲノムからの全アミノ酸配列が、どのくらいの膜タンパク質を含んでいるかを調べたのが**図10-10**です。500以上のバクテリアゲノムから得られる全アミノ酸配列を、膜タンパク質予測システムSOSUIで解析しました。バクテリアの種類によって遺伝子の数（横軸）は広く分布していますが、膜タンパク質の数（縦軸）は遺伝子の数にほぼ比例していることがわかります。この結果だけみると、膜タンパク質の割合がほぼ一定となる原因は必ずしもわかりません。そこで現実のゲノムのDNA塩基配列に対して、変異を導入するシミュレーションをコンピュータ上で行ってみました。その時に、DNA塩基出現確率の偏りを考慮して変異を入れる場合と、偏りを考慮しない場合のシミュレーション結果を比較しました。評価はやはり膜タンパク予測システムSOSUIで解析し、膜タンパク質の割合の変化を見ます。シミュレーションの結果は驚くほど違いがありました。DNA塩基出現確率の偏りを考慮した場合は、現実のゲノムの場合と同じように膜タンパク質の割合が一定になる傾向がみられました。これに対して、偏りを考慮しない場合は、膜タンパク質の割合がほぼゼロになるものから、非常に大きな割合を示すものまで、広く分布していました。

　図10-5に示した通り、タンパク質は90％以上のアミノ酸によってつくられる柔らかい秩序構造の中に、数％の活性部位（分子認識部位）が組み込まれる形でつくられています。そして、活性部位の機能発現には、アミノ酸や原子の三次元配置が非常に重要ですが、残りの

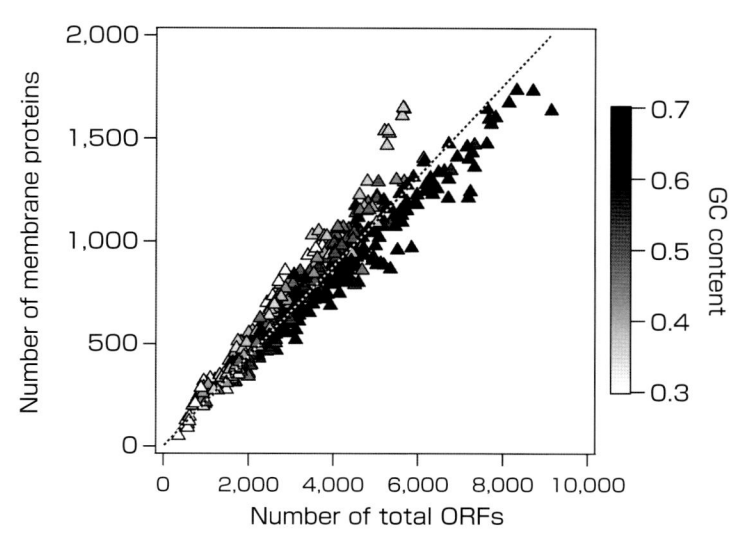

図10-10 バクテリアゲノムからの全アミノ酸配列を膜タンパク質予測システム
（SOSUI）で解析したときの膜タンパク質のプロット［7］
ゲノム中の遺伝子数に対してほぼ一定の割合（約23％）となっています。

90％以上の秩序構造はより大きなユニットの物性の平均的性質によって決まっています。ゲノムのDNA塩基配列に対して変異が導入されても、大きなユニットの平均化によって、全体として概ね秩序構造が保存されることになります。それによって生物は非常に安定なものになっていると考えられます。

アミノ酸配列の電荷分布の解析

前節で述べたことだけでは説明できない課題があります。生物の大進化がどのように起こったかという問題です。これは単なる個別の遺伝子変異の集積では説明できそうにありません。結論を先に述べると、図10-7に示した遺伝子変異のフィードフォワード機構における細胞内のプログラムは1つではなく、大進化の度に新しいプログラムが追加されてきたと考えられます。つまり、大進化の時に起こったことは、単なる遺伝子変異の追加ではなく遺伝子変異の仕組みの追加なのです。例えば、オルタナティブ・スプライシングという一種の遺伝子変異の仕組みと多細胞生物の誕生とは強く相関しています。

それでは脊椎動物の誕生と強く相関して追加された遺伝子変異の仕組みについて考えてみましょう。ゲノムの情報から得られる全アミノ酸配列をもれなく解析し、新しい遺伝子変異の仕組みによって増加したと考えられるタンパク質集団を探すことが目標となります。

ゲノムからの全アミノ酸配列を電荷の配列に変換し、得られた（＋1, 0, －1）の数値列に対して自己相関関数による解析を行ってみます。電荷に注目した理由は、物理的に最もよくわかっている性質で、生物の世界でも大事な役割を果たしているだろうという一種の直感です。自己相関関数は、アミノ酸配列のi番目と（$i+j$）番目のアミノ酸の電荷を掛け算して、すべてのiについて平均します。そうすると間隔jでの相関の平均が求められます。間隔jに対して、ヒトゲノムからの全アミノ酸配列の自己相関関数の値をプロットしたのが**図10-11**です。ここでは示しませんが、バクテリア（原核生物）のゲノムからのアミノ酸配列では、

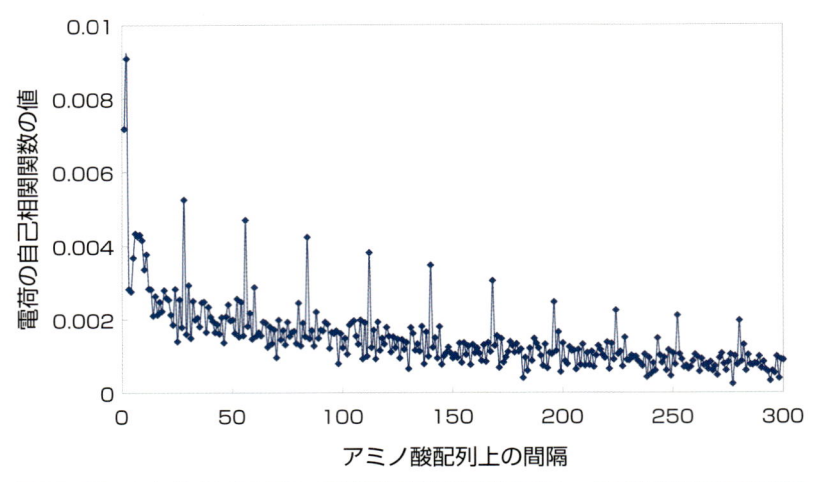

図 10-11　ヒトゲノムの全アミノ酸配列を電荷の配列に変換し、その数値列を自己相関関数によって解析した結果 [8]
特徴的な 28 残基の電荷周期性がみられます。

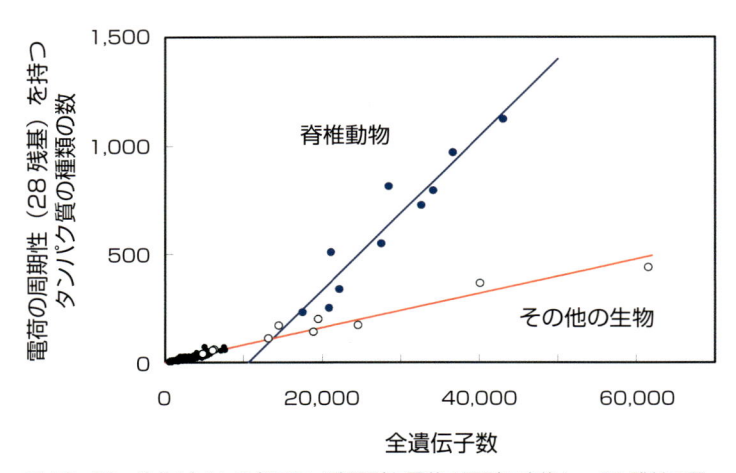

図 10-12　生物ゲノムの各アミノ酸配列を電荷の配列に変換し、28 残基の電荷周期性を示すタンパク質の数を全遺伝子数に対してプロットした図 [8]
脊椎動物だけがこのタイプのタンパク質が増加しています。

すべての間隔 j に対してほぼゼロです。それとの比較からみても、ヒトゲノムの配列が非常に特徴的な電荷分布を持っていることがわかります。図 10-11 は 2 種類の特徴的電荷分布（28 残基電荷周期性とブロードな正の電荷相関）があることを示しています。いずれも興味深い、特徴的な物性分布ですが、紙面が限られているので、ここでは 28 残基電荷周期性についてのみ論じます。同じ解析は、得られている全生物ゲノムに対して行うことができます。特徴のあるなしをみてみると、28 残基電荷周期性は、すべての脊椎動物ではみられますが、それ以外の生物ではほとんどみられませんでした。つまり、28 残基電荷周期性は脊椎動物だけの特徴なのです。そして、ヒトゲノムの全遺伝子の 2〜3% がこのタイプのものでした。これから推測されることは、28 残基（DNA では 84 塩基）というかなり長い配列の電荷の繰

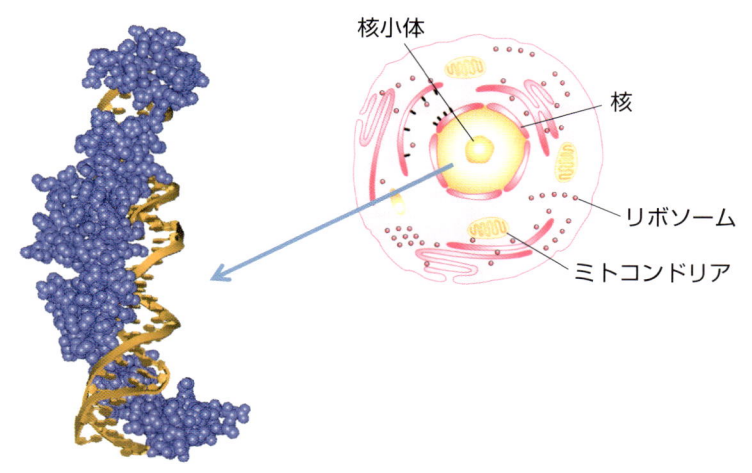

図10-13　増加した28残基の電荷周期性を持つタンパク質はジンクフィンガータイプのDNA結合性タンパク質です。

り返しが脊椎動物の誕生とともに現われ、重要な働きをしているらしいということです。実際、個々のアミノ酸配列に対しても同じ解析を行ってみると、明らかに28残基電荷周期性のあるタンパク質集団があり、それを抽出することができます。それらのタンパク質の数を、各生物ゲノムにおける遺伝子数に対してプロットしてみると図10-12のようになります。明らかに脊椎動物の誕生とともにこのタイプのタンパク質が増加しています。このグラフではバクテリアなどでも28残基電荷周期性があるように見えますが、28残基のピークだけを数えたためで高次のピークも考慮すると脊椎動物以外でこのタイプのタンパク質はほとんどありません。28残基電荷周期性を持つタンパク質の中で、脊椎動物で顕著に増えたもののほとんどは未知配列でしたが、その特徴から図10-13に示すようなジンクフィンガータイプのDNA結合性のタンパク質だと推定されました。何らかの遺伝子制御を担ったタンパク質（遺伝子のスイッチ）と考えられます。

　それでは話を戻して、脊椎動物が誕生したときにどのような遺伝子変異の仕組みが追加されたかについて考えてみます。脊椎動物で電荷の28残基周期性を持つタンパク質が体系的に増加しているということは、DNA塩基配列では100塩基近い断片が反復していることになります。さらにそのようなタンパク質が多く重複していることを意味し、最近、注目されているコピー数変異が体系的に起こっていることが示唆されます。脊椎動物の誕生はこのタイプのコピー数変異の仕組みができたことと関係していると想像できます。一度新しい変異の仕組みができると、それに基づいて多様な生物ゲノムがつくられ、生物の多様性がより豊かなものになっていくと考えられます。

▼ おわりに

　本章では、これから解決されるべきバイオインフォマティクスの課題を中心に議論を展開しました。これから解くべき大きな問題がたくさんあること、そしてそれらは解決可能な問題であるということを理解してもらえたのではないでしょうか。今後の生物科学における情報リテラシーの発展を期待したいと思います。

[文献および関連サイト]

[1] 斎藤成也著、「ダーウィン入門―現代進化学への展望」、筑摩書房（2011）
[2] 斎藤成也ほか著、「遺伝子とゲノムの進化」、岩波書店（2006）
[3] 美宅成樹著、「分子生物学入門」、岩波書店（2002）
[4] Raup DM, Sepkoski JJ Jr. Periodicity of extinctions in the geologic past. Proc Natl Acad Sci USA. 1984 ; 81（3）: 801-5.
[5] Sheldon Glashow, sketch reproduced in T. Ferris, *New York Times Magazine*, Sept. 26, 1982, p. 38
[6] Manolio TA, et al. Finding the missing heritability of complex diseases. Nature. 2009 ; 461 : 747-53.
[7] Sawada R, Mitaku S. Biological meaning of DNA compositional biases evaluated by ratio of membrane proteins. J Biochem. 2012 ; 151 : 189-96.
[8] Ke R, et al. Vertebrate genomes code excess proteins with charge periodicity of 28 residues. J Biochem. 2008 ; 143 : 661-5.
[9] 美宅成樹編、金田行雄・笹井理生監、「ゲノム系計算科学―バイオインフォマティクスを越え、ゲノムの実像に迫るアプローチ」、共立出版（2013）
[10] 美宅成樹著、「生物とは何か？―ゲノムが語る生物の進化・多様性・病気」、共立出版（2013）
[11] Rob Phillipsほか著、笹井理生ほか訳、「細胞の物理生物学」、共立出版（2011）

BIOINFORMATICS 付録

バイオインフォマティクス関連 Web サイト

○統合化システム

GenomeNet	www.genome.ad.jp/
Entrez	www.ncbi.nlm.nih.gov/
SRS	srs.ebi.ac.uk/

○配列データベース

核酸塩基配列

GenBank	www.ncbi.nlm.nih.gov/Genbank/index.html
EMBL-ENA	www.ebi.ac.uk/ena/
DDBJ	www.ddbj.nig.ac.jp/searches-j.html

アミノ酸配列

UniProt	www.uniprot.org/
PIR	pir.georgetown.edu/
PRF	www.prf.or.jp/seqdb.html

ゲノム配列情報（ヒトゲノム関連を中心に）、ゲノムブラウザ

Genomes Online Database（GOLD）	www.genomesonline.org/cgi-bin/GOLD/index.cgi
Human Genome Resources	www.ncbi.nlm.nih.gov/genome/guide/human/
Entrez Map Viewer	www.ncbi.nlm.nih.gov/mapview/
UCSC Genome Browser	genome.ucsc.edu/
Ensembl	asia.ensembl.org/index.html
Integrated Microbial Genomes（img）	img.jgi.doe.gov/
Genome data download（FTP）	www.ncbi.nlm.nih.gov/Ftp

RefSeq	www.ncbi.nlm.nih.gov/refseq/
National Human Genome Research Institute	www.genome.gov/
HUGO	www.hugo-international.org/
GeneCards	bioinfo.weizmann.ac.il/cards/index.html
UniGene	www.ncbi.nlm.nih.gov/UniGene/Hs.Home.html
Stacks	creskolab.uoregon.edu/stacks/
OMIM	www.ncbi.nlm.nih.gov/entrez/query.fcgi?db=OMIM
HGNC	www.genenames.org/

指標、その他データベース

Gene Ontology	www.geneontology.org/
AAindex	www.genome.jp/aaindex/
Codon Usage Database	www.kazusa.or.jp/codon/

多型・変異体データベース

dbSNP	www.ncbi.nlm.nih.gov/SNP/
Protein Mutant Database	pmd.ddbj.nig.ac.jp/~pmd/pmd-j.html
HGMD	www.biobase-international.com/product/hgmd

○配列解析

アミノ酸・核酸塩基配列相同性検索

BLAST	www.ncbi.nlm.nih.gov/BLAST/
	blast.genome.ad.jp/
	blast.ddbj.nig.ac.jp/blastn?lang=ja
FASTA	fasta.genome.ad.jp/
	fasta.bioch.virginia.edu/fasta/cgi/searchx.cgi?pgm=fa
SSEARCH	www.ebi.ac.uk/Tools/services/web/toolform.ebi?tool=fasta&program=ssearch&context=nucleotide

モチーフ検索

InterPro	www.ebi.ac.uk/interpro/
MOTIF Search	www.genome.jp/tools/motif/
Pfam	pfam.sanger.ac.uk/
FingerPRINTScan	www.ebi.ac.uk/Tools/pfa/fingerprintscan/
PROSITE Scan	www.ebi.ac.uk/Tools/pfa/ps_scan/
The MEME Suite	meme.nbcr.net/meme/

マルチプルアラインメント

Clustal W	www.ebi.ac.uk/Tools/msa/clustalw2/ clustalw.genome.ad.jp/
Clustal X	ftp://ftp.ebi.ac.uk/pub/software/clustalw2/
Clustal Omega	www.ebi.ac.uk/Tools/msa/clustalo/
T-Coffee	www.tcoffee.org/Projects/tcoffee/
PRRN	www.genome.jp/tools/prrn/
MAFFT	www.genome.jp/tools/mafft/
MUSCLE	www.ebi.ac.uk/Tools/msa/muscle/
SAM	www.cse.ucsc.edu/research/compbio/sam.html
BiBiServ	bibiserv.techfak.uni-bielefeld.de/bibi/Tools_Alignments.html
AliBee	www.genebee.msu.su/services/malign_reduced.html

系統樹作成

PHYLIP	evolution.genetics.washington.edu/phylip.html
Phylodendron	iubio.bio.indiana.edu/treeapp/treeprint-form.html
PhyML	www.atgc-montpellier.fr/phyml/
TreeTop	www.genebee.msu.su/services/phtree_reduced.html
T-Rex	www.trex.uqam.ca/
Phylogeny.fr	www.phylogeny.fr/version2_cgi/index.cgi

遺伝子予測

ORF Finder	www.ncbi.nlm.nih.gov/gorf/gorf.html
GENESCAN	genes.mit.edu/GENSCAN.html
GrailEXP	grail.lsd.ornl.gov/grailexp/
Genie	www.fruitfly.org/seq_tools/genie.html

| HMMgene | www.cbs.dtu.dk/services/HMMgene/ |

スプライス部位予測

Splice site prediction	www.fruitfly.org/seq_tools/splice.html
NetGene2	www.cbs.dtu.dk/services/NetGene2/
SpliceView	zeus2.itb.cnr.it/~webgene/wwwspliceview_ex.html
GeneSplicer	www.cbcb.umd.edu/software/GeneSplicer/gene_spl.shtml

プロモータ部位予測

Neural Network Promoter Prediction	www.fruitfly.org/seq_tools/promoter.html
PROSCAN	www-bimas.cit.nih.gov/molbio/proscan/
McPromoter	tools.igsp.duke.edu/generegulation/McPromoter/
CorePromoter	rulai.cshl.org/tools/genefinder/CPROMOTER/
Promoter 2.0	www.cbs.dtu.dk/services/Promoter/

プライマー設計、制限酵素地図作成

WebCutter	rna.lundberg.gu.se/cutter2/
WWWtacg	biotools.umassmed.edu/tacg4/
Primer3	primer3.wi.mit.edu/

膜貫通領域予測

SOSUI	bp.nuap.nagoya-u.ac.jp/sosui/
TMHMM	www.cbs.dtu.dk/services/TMHMM/
DAS	www.sbc.su.se/~miklos/DAS/maindas.html
HMMTOP	www.enzim.hu/hmmtop/
OCTOPUS	octopus.cbr.su.se/index.php?about=OCTOPUS
TOPCONS	topcons.cbr.su.se/
MetaTM	MetaTM.sbc.su.se
TopPred	mobyle.pasteur.fr/cgi-bin/portal.py?#forms::toppred
MEMSAT	bioinf.cs.ucl.ac.uk/psipred/
SPLIT	split4.pmfst.hr/split/
TSEG	www.genome.jp/tools/tseg/
TMpred	www.ch.embnet.org/software/TMPRED_form.html

| PRED-TMR | athina.biol.uoa.gr/PRED-TMR/ |

局在・シグナルペプチド予測

PSORT	psort.nibb.ac.jp/
SignalP	www.cbs.dtu.dk/services/SignalP-2.0/
TargetP	www.cbs.dtu.dk/services/TargetP/
PrediSi	www.predisi.de/
Phobius	phobius.sbc.su.se/

○タンパク質立体構造：データベース、構造分類・比較・予測

タンパク質立体構造・分類データベース

PDB	www.rcsb.org/pdb/index.html
MMDB	www.ncbi.nlm.nih.gov/Structure/MMDB/mmdb.shtml
SCOP	scop.mrc-lmb.cam.ac.uk/scop/
CATH	www.biochem.ucl.ac.uk/bsm/cath_new/index.html
PDBeFold	www.ebi.ac.uk/msd-srv/ssm/
HOMSTRAD	tardis.nibio.go.jp/homstrad/
HSSP	srs.ebi.ac.uk/srsbin/cgi-bin/wgetz?-page+LibInfo+-lib+HSSP
ASTRAL	astral.berkeley.edu/
PDBsum	www.biochem.ucl.ac.uk/bsm/pdbsum/

類似立体構造検索・比較

VAST	www.ncbi.nlm.nih.gov/Structure/VAST/vast.shtml
Dali	ekhidna.biocenter.helsinki.fi/dali_server/
CE	source.rcsb.org/jfatcatserver/ceHome.jsp
DBAli	salilab.org/DBAli/
MATRAS	strcomp.protein.osaka-u.ac.jp/matras/

ドメインデータベース

| ProDom | prodom.prabi.fr/prodom/current/html/home.php |
| BIRKBECK'S PROTEIN DOMAIN DATABASE | www.cryst.bbk.ac.uk/PPS2/course/section10/tab1.html |

局所構造・表面解析、相互作用データベース

Protein3D	protein3d.ncifcrf.gov/tsai/
PINTS	www.russelllab.org/cgi-bin/tools/pints.pl
Catalytic Site Atlas	www.ebi.ac.uk/thornton-srv/databases/CSA_NEW/
eF-site	ef-site.hgc.jp/eF-site/index.jsp
eF-surf	ef-site.hgc.jp/eF-surf/top.do
CASTp	sts-fw.bioengr.uic.edu/castp/index.php
Q-SiteFinder	www.modelling.leeds.ac.uk/qsitefinder/
GHECOM	strcomp.protein.osaka-u.ac.jp/ghecom/
Atlas of Protein Side-Chain Interactions	www.biochem.ucl.ac.uk/bsm/sidechains/index.html#
Database of Macromolecular Movements	molmovdb.mbb.yale.edu/MolMovDB/
ProTherm	www.abren.net/protherm/
ProNIT	www.abren.net/pronit/

二次構造予測

PSIPRED	bioinf.cs.ucl.ac.uk/psipred/
PredictProtein	www.predictprotein.org/
PROF	www.aber.ac.uk/~phiwww/prof/
GOR	gor.bb.iastate.edu/
NNPREDICT	www.bioinf.manchester.ac.uk/dbbrowser/bioactivity/nnpredictfrm.html
CFSSP	www.biogem.org/tool/chou-fasman/

ホモロジーモデリング：Web サーバー系

3D-JIGSAW	bmm.cancerresearchuk.org/~3djigsaw/
CPHmodels	www.cbs.dtu.dk/services/CPHmodels/
SWISS-MODEL	swissmodel.expasy.org/
FAMS	www.pharm.kitasato-u.ac.jp/fams/index.html
MaxSprout	www.ebi.ac.uk/Tools/structure/maxsprout/
MODWEB	modbase.compbio.ucsf.edu/ModWeb20-html/modweb.html
ESyPred3D	www.unamur.be/sciences/biologie/urbm/bioinfo/esypred/

ホモロジーモデリング：プログラム系

CONGEN	www.congenomics.com/congen/congen.html
ICM	www.molsoft.com
Discovery Studio	accelrys.com
Modeller	salilab.org/modeller/
MOE	www.chemcomp.com/
Prime	www.schrodinger.com/
SYBYL-X	www.tripos.com/
SCWRL	dunbrack.fccc.edu/scwrl4/
WHAT IF	www.cmbi.kun.nl/whatif/
PDFAMS	www.pd-fams.com/index_ja.html

構造認識法

I-TASSER	zhanglab.ccmb.med.umich.edu/I-TASSER/
RaptorX	raptorx.uchicago.edu/
Phyre2	www.sbg.bio.ic.ac.uk/~phyre2/html/page.cgi?id=index
FUGUE	tardis.nibio.go.jp/fugue/
GenTHREADER	bioinf.cs.ucl.ac.uk/psipred/?genthreader=1
HHpred	toolkit.tuebingen.mpg.de/hhpred
LOOPP	cbsuapps.tc.cornell.edu/loopp.aspx
Superfamily	supfam.org/SUPERFAMILY/
MUSTER	zhanglab.ccmb.med.umich.edu/MUSTER/
FFAS	ffas.burnham.org/ffas-cgi/cgi/ffas.pl
FORTE	www.cbrc.jp/htbin/forte-cgi/forte_form.pl

その他の立体構造予測

ROBETTA	robetta.bakerlab.org/
foldit	fold.it/portal/
Folding@home	folding.stanford.edu/home/

構造評価

Verify3D	www.doe-mbi.ucla.edu/Services/Verify_3D/
ERRAT	www.doe-mbi.ucla.edu/Services/ERRAT/
PROCHECK	www.ebi.ac.uk/thornton-srv/software/PROCHECK/

ProSA-web	prosa.services.came.sbg.ac.at/prosa.php
ANOLEA	melolab.org/anolea/index.html
ProQ	www.sbc.su.se/~bjornw/ProQ/ProQ.cgi

立体構造可視化・解析・アノテーション

RasMol	www.umass.edu/microbio/rasmol/index2.htm
PyMOL	www.pymol.org/
Protein Explorer	www.umass.edu/microbio/chime/explorer/
Cn3D	www.ncbi.nlm.nih.gov/Structure/CN3D/cn3d.shtml
Discovery Studio Visualizer	accelrys.co.jp/products/discovery-studio/visualization.html
MPEx	blanco.biomol.uci.edu/mpex/
MOLMOL	www.mol.biol.ethz.ch/groups/wuthrich_group/software
MolScript	www.avatar.se/molscript/
Raster3D	www.bmsc.washington.edu/raster3d/raster3d.html
UCSF CHIMERA	www.cgl.ucsf.edu/chimera/
LIGPLOT	www.biochem.ucl.ac.uk/bsm/ligplot/ligplot.html

○ DNA・RNA立体構造：データベース、構造予測

DNA・RNA立体構造データベース

NDB	ndbserver.rutgers.edu/
Functional RNA Project	www.ncrna.org/

RNA二次構造予測

CentroidFold	www.ncrna.org/centroidfold/
Mfold	mfold.rna.albany.edu/?q=mfold/RNA-Folding-Form
Vienna RNA Package	www.tbi.univie.ac.at/~ivo/RNA/
RNA secondary structure prediction	www.genebee.msu.su/services/rna2_reduced.html

○タンパク質の種類に特化したデータベース

Enzyme Structures Database	www.biochem.ucl.ac.uk/bsm/enzymes/index.html
GPCRDB	www.gpcr.org/7tm/
SEVENS	sevens.cbrc.jp
Nuclear RDB	www.receptors.org/nucleardb/
Mitochondrial Proteins	www.mitop.de:8080/mitop2/
HIV Molecular Immunology Database	hiv-web.lanl.gov/content/immunology/index.html
Homeobox proteins	www.biosci.ki.se/groups/tbu/homeo.html
Cytochrome P450	drnelson.uthsc.edu/homepage.links.html
Transport Proteins	www.tcdb.org/
Metallothioneins	www.genenames.org/genefamilies/MT
Kinase database	kinase.com/kinbase/
Ligand-Gated Ion Channel database	www.pasteur.fr/recherche/banques/LGIC/LGIC.html
Antibody related database and software	www.antibodyresource.com/antibody-database.html
Olfactory Databases	senselab.med.yale.edu/senselab/

○パスウェイ、ネットワーク、シミュレーション

パスウェイ

KEGG PATHWAY	www.genome.jp/kegg/pathway.html
Biochemical Pathway Maps	www.expasy.ch/cgi-bin/search-biochem-index
Wnt Signaling Pathway	www.stanford.edu/~rnusse/wntwindow.html
BIOCYC	biocyc.org/
Biochemical Pathway Maps	web.expasy.org/pathways/
BIOCARTA	www.biocarta.com/genes/index.asp
TRANSPATH	genexplain.com/transpath-db
tair	www.arabidopsis.org/

YeastCyc	pathway.yeastgenome.org/
ECOCYC	ecocyc.org/
SoyBase	soybase.org/
Minimaps	www.iubmb-nicholson.org/minimaps.html
The Interactive Fly	www.sdbonline.org/fly/aimain/1aahome.htm

タンパク質－タンパク質相互作用データベース

KEGG BRITE	www.genome.jp/kegg/brite.html
DIP	dip.doe-mbi.ucla.edu/
BOND	bond.unleashedinformatics.com/index.jsp?pg=0
MIPS	mips.helmholtz-muenchen.de/proj/ppi/
IntAct	www.ebi.ac.uk/intact/

タンパク質－タンパク質ドッキング

ClusPro	cluspro.bu.edu/
ZDOCK, RDOCK	zlab.umassmed.edu/zdock/
RosettaDock	rosettadock.graylab.jhu.edu/
GRAMM-X	vakser.bioinformatics.ku.edu/resources/gramm/grammx/
Hex Server	hexserver.loria.fr/
3D Garden	www.sbg.bio.ic.ac.uk/~3dgarden/

ネットワーク構築、バイオシミュレーション

Cytoscape	www.cytoscape.org/
E-Cell	www.e-cell.org/
A-Cell	www.ims.u-tokyo.ac.jp/mathcancer/a-cell/
BioSPICE	biospice.sourceforge.net/
DBSolve	insysbio.ru/en/soft/dbsolveoptimum.html
Gepasi	www.gepasi.org/
SCAMP	sbw.kgi.edu/software/winscamp.htm
Virtual Cell	www.nrcam.uchc.edu/
NEURON	www.neuron.yale.edu/
SBW	sbw.kgi.edu/research/sbwIntro.htm
JDesigner	sbw.kgi.edu/software/jdesigner.htm

○創薬関連

創薬ターゲットデータベース

DrugBank	www.drugbank.ca/
TargetMine	targetmine.nibio.go.jp/
KeyMolnet	www.immd.co.jp/keymolnet/index.html
Therapeutic Targets Database	bidd.nus.edu.sg/group/cjttd/TTD.asp
STITCH	stitch.embl.de/
SuperTarget	bioinf-apache.charite.de/supertarget_v2/
PDTD	www.dddc.ac.cn/pdtd/
MCSIS	www.cmbi.kun.nl/mcsis/index.shtml
GLIDA	pharminfo.pharm.kyoto-u.ac.jp/services/glida/

化合物データベース

PubChem	pubchem.ncbi.nlm.nih.gov/
ChEMBL	www.ebi.ac.uk/chembl/
ZINC	zinc.docking.org/
Namiki Library	www.namiki-s.co.jp/

ドッキング計算

Swiss Dock	swissdock.vital-it.ch/
AutoDock	autodock.scripps.edu/
DOCK	dock.compbio.ucsf.edu/
Glide	www.schrodinger.com
CDOCKER	accelrys.com/products/discovery-studio/simulations.html
MOE	www.chemcomp.com
GOLD	www.ccdc.cam.ac.uk/products/life_sciences/gold/
FRED	www.eyesopen.com/oedocking
FlexX	www.biosolveit.de/flexx/
ICM	www.molsoft.com
Surflex-Dock	tripos.com/surflex/

○プロテオミクス、発現プロファイル

二次元電気泳動解析

| WORLD-2DPAGE | www.expasy.ch/ch2d/2d-index.html |

発現プロファイル

KEGG EXPRESSION	www.genome.ad.jp/dbget-bin/get_htext?Exp_DB+-n+B
GEO Profiles	www.ncbi.nlm.nih.gov/geoprofiles/
NEXTDB	nematode.lab.nig.ac.jp/
ArrayExpress	www.ebi.ac.uk/arrayexpress/
Stanford Microarray Database	genome-www5.stanford.edu/MicroArray/SMD/
READ	read.gsc.riken.go.jp/
Connectivity Map (CMAP)	www.broadinstitute.org/cmap/
BIOGPS	biogps.org/#goto=welcome
SBM DB	www.lsbm.org/database/index.html
H-ANGEL	www.h-invitational.jp/links_jp.html

○ゲノムアノテーションデータベース

配列解析・比較ゲノム

PEDANT	pedant.gsf.de/
KEGG GENES	www.genome.ad.jp/kegg/kegg2.html#genes
FANTOM	www.gsc.riken.go.jp/e/FANTOM/
COGs	www.ncbi.nlm.nih.gov/COG/

立体構造帰属・構造予測

GTOP	spock.genes.nig.ac.jp/~genome/
FAMSBASE	daisy.nagahama-i-bio.ac.jp/Famsbase/
ModBase	modbase.compbio.ucsf.edu/modbase-cgi/index.cgi
SWISS-MODEL Repository	swissmodel.expasy.org/repository/
SAHG	bird.cbrc.jp/sahg/

○文献情報、その他

PubMed	pubmed.gov/
CiNii	ci.nii.ac.jp/
ScienceDirect	www.sciencedirect.com/
JDreamII	pr.jst.go.jp/
EMBASE	www.embase.com/
NDL-OPAC	ndlopac.ndl.go.jp/
Online Life Science Dictionary	lsd.pharm.kyoto-u.ac.jp/ja/service/weblsd/index.html
OpenHelix	www.openhelix.com/

索引

あ
アミノ酸配列　　26, 90
アラインメント　　21
遺伝子制御ネットワーク　　122
遺伝子の系統樹　　25
インシリコスクリーニング　　142
イントロン　　108
エキソン　　108
塩基配列決定技術　　106
オーソログ遺伝子　　23
折りたたみ様式　　93

か
隠れマルコフプロファイル法　　74
隠れマルコフモデル　　108
活性ポケット候補探索　　94
機械学習　　77
機能モチーフ　　73
偶然性のプロセス　　163
クラスター係数　　124
クロスバリデーション　　77
形状類似性検索　　144
系統樹　　25
系統樹解析　　25
ゲノム　　2
ゲノムアノテーション　　73
ゲノム地図　　106
ゲノムブラウザ　　108
構造認識法　　41
構造モチーフ　　73
国立生物工学情報センター　　15

さ
最適化問題　　21
細胞内局在　　73
細胞内局在予測　　77
シグナルペプチド　　76
次数分布　　123
システムズバイオロジー　　162
次世代シーケンサー　　110
ジデオキシ法　　106
ジャックナイフ　　77
種の系統樹　　25
上皮成長因子受容体遺伝子　　5
情報リテラシー　　156
ショットガン法　　106
スケールフリーネットワーク　　123
スレッディング法　　41
正規表現法　　74
生物学的機能　　73
相同性検索　　22, 133
疎水性指標　　75
ソフトマター　　165

た
代謝ネットワーク　　122
ダイナミックプログラミング法　　21, 24
多重配列アラインメント　　23, 31
タンパク質　　2
タンパク質相互作用ネットワーク　　122
タンパク質-タンパク質相互作用　　42
タンパク質-タンパク質ドッキング計算　　42, 47
タンパク質の折りたたみ　　51
タンパク質の立体構造情報　　90
タンパク質立体構造予測　　41
ツリーベース法　　24
問い合わせ配列　　26

動的計画法　21
ドッキング計算　42, 144
トポロジー　93

な
二重らせん構造　2

は
バイオインフォマティクスのパラダイムシフト　157
配列比較　20
配列モチーフ　23
バクテリアゲノム　166
パスウェイ　3, 124
パスウェイデータベース　124
パスウェイマップ　127
非経験的手法　42
必然性のプロセス　163
ヒトゲノム配列　106
標的タンパク質　150
ファルマコフォア検索　143
フィードフォワード機構　164
フォールド　93
部分構造検索　145
プライマー設計　33
フラグメントアセンブリ法　41
プロファイル法　74
分子機能　73
分子生物学データベース　3
ペアワイズアラインメント　23
変異の中立性　165
ホモロジーモデリング法　41, 43

ま
膜貫通領域　75
マルチプルアラインメント　23
無根系統樹　26
メタゲノム　160

モチーフデータベース　74
モチーフの表現方法　74

や
有根系統樹　26
予測構造評価　42

ら
ランダムネットワーク　123
立体構造モチーフ　91
類似化合物検索　131
類似構造検索　131
類似性検索　145

欧字
AAindex　75
Advanced 機能　60
Anolea 法　46
biological process　72
BLAST　27, 133
CAPRI（Critical Assement of PRediction of Interactions）　43
CASP（Critical Assessment of techniques for protein Structure Prediction）　42
CASTp　94
cellular component　72
Class　94
ClusPro　48
Clustal X　31
Cytoscape　134
dbSNP データベース　118
DNA 塩基出現確率　166
DrugBank　128
eF-surf　100
EGFR　5, 26
Entrez　56
E-value　29

FASTA 形式　　6, 31
Foldit　　51
Genie　　108
Genome Earth　　112
Genome Map　　111
GenomeNet　　4
GENSCAN　　108
GO（Gene Ontology）　　72
GOLD　　110
GrailEXP　　108
GROMOS 法　　46
HMM プロファイル法　　74
HMMgene　　108
InterPro　　78
KEGG　　124
KEGG GENES　　12
LBDD（Ligand-Based Drug Design）　　142
Map Viewer　　112
MeSH（Medical Subject Headings）項　　63
molecular function　　73
My NCBI　　66
NCBI（National Center for Biotechnology Information）　　15, 57
N-J（neighbor joining）法　　26
ORF（open reading frame）　　107
ORF Finder　　107

PCR　　33
PDB（Protein Data Bank）　　7
Phylodendron　　33
PINTS　　98
Primer3　　34
PROSITE　　91
PSORT　　81
PubChem　　145
PubMed　　57
QMEAN4 法　　46
SBDD（Structure-Based Drug Design）　　142
Score　　29
SIF（Simple Interaction Format）　　122
SIF ファイル　　139
SignalP　　80
SITE 行　　92
SOSUI　　76, 83
SRS　　57
SwissDock　　149
SWISS-MODEL　　44
Synonymous　　23
Target selection　　150
Tm 値　　33
TMHMM　　76
UCSF Chimera　　149

著者略歴

広川貴次（ひろかわたかつぐ）
沖縄県出身。
東京農工大学工学部物質生物工学科（現 生命工学科）卒業。同大学大学院工学研究科博士課程修了（工学博士）。
（株）菱化システム計算科学部勤務を経て、2001年に産業技術総合研究所に入所。生命情報科学研究センター、生命情報工学研究センターを経て、2013年より創薬分子プロファイリング研究センター理論分子設計チーム長。バイオインフォマティクスおよびインシリコ創薬に関する方法論の開発と応用研究を目指している。
東京大学大学院新領域創成科学研究科客員准教授および北海道大学大学院生命科学院客員教授を併任。日本生物物理学会、日本蛋白質科学会、日本バイオインフォマティクス学会、CBI学会会員。
趣味はスポーツと料理（主に洋食）。

美宅成樹（みたくしげき）
三重県出身。
東京大学理学部物理学科卒業。同大学大学院を終了後、東京大学工学部物理工学科助手、東京農工大学工学部生命工学科教授、名古屋大学院工学研究科マテリアル理工学専攻応用物理分野教授を経て、現在は名古屋大学名誉教授、豊田理化学研究所客員フェロー。
日本生物物理学会、日本物理学会、日本分子生物学会、日本バイオインフォマティクス学会会員。
著書・訳書は『できるバイオインフォマティクス』『即活用のためのバイオインフォマティクス入門』（以上、中山書店）、『ヒトゲノム計画とは何か』『科学101の未解決問題』『子供にきちんと答えられる遺伝子Q&A100』（以上、講談社ブルーバックス）、『分子生物学入門』（岩波新書）、『生きもの探検！親から子へ伝わる遺伝のしくみ』（数研出版）、『はじめての科学英語論文（第2版）』（丸善）、『生物とは何か？』（共立出版）など。
1990年から始まったヒトゲノム計画にはゲノム情報の側面から関わり、プロジェクトの推移を内部で体験。当初からゲノム科学における教育の問題と社会との接点の問題が重要と考え、バイオインフォマティクス講習会や市民講座などを継続的に行ってきた。
趣味は観劇（宝塚歌劇）、映画鑑賞、囲碁、スノーボード、水泳、アイロンがけなど。

Webで実践　生物学情報リテラシー

2013年9月2日　初版第1刷発行 ©　　　〔検印省略〕

著者 ───── 広川貴次　美宅成樹

発行者 ───── 平田　直

発行所 ───── 株式会社 中山書店
　　　　　〒113-8666　東京都文京区白山1-25-14
　　　　　TEL 03-3813-1100（代表）　振替 00130-5-196565
　　　　　http://www.nakayamashoten.co.jp/

DTP・印刷 ── 新日本印刷株式会社

Published by Nakayama Shoten Co., Ltd.　　Printed in Japan
ISBN 978-4-521-73772-0
落丁・乱丁の場合はお取り替え致します

本書の複製権・上映権・譲渡権・公衆送信権（送信可能化権を含む）
は株式会社中山書店が保有します．

[JCOPY] 〈(社)出版者著作権管理機構 委託出版物〉
本書の無断複写は著作権法上での例外を除き禁じられています．
複写される場合は，そのつど事前に，(社)出版者著作権管理機構
（電話 03-3513-6969, FAX 03-3513-6979, e-mail: info@jcopy.or.jp）の許諾
を得てください．

本書をスキャン・デジタルデータ化するなどの複製を無許諾で行う行為は，著作
権法上での限られた例外（「私的使用のための複製」など）を除き著作権法違反
となります．なお，大学・病院・企業などにおいて，内部的に業務上使用する目
的で上記の行為を行うことは，私的使用には該当せず違法です．また私的使用の
ためであっても，代行業者等の第三者に依頼して使用する本人以外の者が上記の
行為を行うことは違法です．

ヴォート 生化学 上・下

第4版

D. Voet, J. Voet 著
田宮信雄・村松正實・八木達彦・
吉田 浩・遠藤斗志也 訳

A4変型判　カラー　上巻：720 ページ
　　　　　　　　　下巻：644 ページ
定価各 7140 円

世界的に高い評価を確立した教科書の最新版．分子生物学，ゲノム，構造解析，実験技術など最近7年間に著しく増大した知識と進歩を取入れ正確に記述した改訂版．

ストライヤー 生化学

第7版

J. M. Berg, J. L. Tymoczko, L. Stryer 著
入村達郎・岡山博人・清水孝雄 監訳

A4変型判上製　カラー　1144 ページ
定価 14595 円

世界的に定評がある教科書の最新版．従来の特徴的な部分はそのままに，代謝・遺伝子調節・実験技術を中心に最新知見を盛込み大幅に改訂．章末問題が5割増え，読者の理解を深めるのに役立つ．

基礎コース 細胞生物学

S. Bolsover, E. Shephard, H. White, J. Hyams 著
永田恭介 監訳

B5判　カラー　328 ページ　定価 5040 円

細胞生物学の基礎事項を生命系(医学系，薬学系，農学系，保健学系，看護学系など)の学生向けにやさしく解説した入門的教科書．免疫系や癌などの医学的話題にも触れている．また，ゲノムという視点からも生物を捉えられるように配慮されている．

遺伝子工学
― 基礎から応用まで ―

野島 博著

A5判上製　2色刷　360 ページ　定価 4410 円

遺伝子工学，ゲノム工学，RNA工学，タンパク質工学の基礎知識から応用までをまとめた入門者向けの教科書．本書は，好評前著の「ゲノム工学の基礎」(2002年刊)に，その後新たに進展した知識を取入れた待望の改訂版である．

生物学の基礎
― 生き物の不思議を探る ―

和田 勝著

B5判　2色刷　228 ページ　定価 2625 円

大学に入って生物学を初めて学ぶ学生を対象に，生物学の基礎事項についてわかりやすく解説した入門教科書．自分の体で起こっていることや，身近な題材を中心にして，工夫を凝らした図を有効に活用しながら，生物学の重要な事項が平易に理解できるよう配慮．

科学のとびら 53
細胞 基礎から細胞治療まで

T. Allen, G. Cowling 著／八杉貞雄 訳

B6判　180 ページ　定価 1365 円

細胞の構造，細胞分裂，細胞死などの基礎知識から，幹細胞，iPS細胞，細胞治療など最先端の話題に至るまで，初心者向けにわかりやすく概説したよみもの．奥深い細胞学を手軽に学べる一冊．

主要目次　細胞とはなにか／細胞の構造／核／細胞の生涯／細胞の活動／幹細胞／細胞治療／細胞研究の未来

現代化学
毎月18日発売　定価 800 円

広い視野と専門性を育む月刊誌

2013年9月号

※ 直接予約購読をおすすめします．
6ヵ月： 4500円
1ヵ年： 8100円
2ヵ年：14900円

Watch　インパクトファクターは個人の業績評価に使えない　　小野寺夏生

インタビュー　有機金属の可能性に挑戦する
　　候 召民 博士　　聞き手 佐藤健太郎

解説
◆ 「おいしい」と「まずい」塩味を感じる仕組み　　岡 勇輝
◆ 生物を生きたまま電子顕微鏡で観察する　　針山孝彦
◆ 農薬ネオニコチノイドでミツバチが失踪？　　山田敏郎

海外　米国での独立ポジション探し　　中西孝太郎

〒112-0011 東京都文京区千石3-36-7　　**東京化学同人**　　Tel 03-3946-5311／Fax 03-3946-5317

http://www.tkd-pbl.com　　info@tkd-pbl.com

DISCOVERY STUDIO® を使用した高分子モデリング

多くの医薬品・バイオ企業で活用されているアクセルリスのソフトウェアが、創薬・バイオインフォマティクス研究を加速します

酵素、受容体、抗体、DNA、RNA、などの高分子の3次元構造とその特性の同定は、さまざまな研究活動の基本となっています。たとえば、低分子が結合する場所とその特性の予測や、治療用生物製剤の安定性や選択性の最適化などにも、厳密で正確な分子モデルへのアクセスが必要です。Discovery Studio は、市場をリードする検証済みの計算科学ツールを統合された形で提供し、高分子研究のあらゆる側面を支援します。

構造データベースの利用
- RCSB データベースの直接検索
- タンパク質レポートの作成
- タンパク質のクリーンアップ
- 欠落したループ構造の構築（SEQRES 利用）
- 側鎖コンフォメーションの最適化（CAHRMm による）

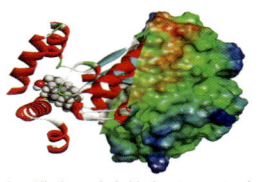

図1: リボン構造と疎水性表面により表示された、17β-水酸化ステロイド脱水素酵素タイプ1とテストステロンの複合体 [PDB:1JTV]

配列の利用
- テンプレートの特定（PSI-BLAST）
- 配列の迅速かつ正確なアライメントの実施（Align123,SALIGN）
- タンパク質構造の重ね合わせ
- ホモロジーモデルの作成（MODELER）

X-線の利用
- 電子密度マップの作成（CNX）
- 完全な精密化
- 複合体構造の高速自動構築（HT-X PIPE）

核酸の利用
- RNA および DNA-RNA の作成
- モデルの変更

モデルの検証
- Verify Protein（Profiles 3D）
- Verify Protein（MODELER）
- ラマチャンドラン プロット

力場ベースの高分子モデリング
- タンパク質イオン化とアミノ酸 pK 値の予測（GB 溶媒モデル）
- 高分子構造のシミュレーション（CHARM,NAMD,QM/MM）

タンパク質－タンパク質ドッキング
- ZDOCK の使用
- ZRANK スコアリング関数の使用

タンパク質設計
- 結合親和性の予測
- タンパク質安定性の最適化
- "Spatial Aggregation Propensity" アルゴリズムによる凝集予測

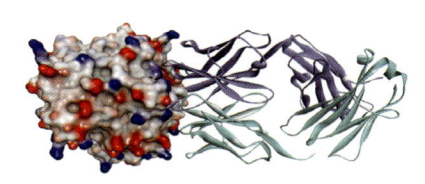

図2: 抗体 Fab ドメインとその抗原のタンパク質-タンパク質結合相互作用の例 [PDB: 3PGF]

お問い合わせ先:
accelrys
アクセルリス株式会社 http://accelrys.co.jp
〒100-0013 東京都千代田区霞が関 3-7-1
霞が関東急ビル 17 階 TEL: 03-5532-3800
Email: info-japan@accelrys.com

大学・官公庁関連販売代理店
DAIKIN COMTEC ダイキン工業株式会社
ダイキン工業株式会社 http://www.comtec.daikin.co.jp/SC/
〒108-0075 東京都港区港南 2-18-1
JR 品川イーストビル TEL: 03-6716-0460
Email: info@sc.comtec.daikin.co.jp

ライフサイエンス研究における化合物調達のお手伝い

■ 「年間500社からの輸入実績」と「高品質なカスタム合成」により、あらゆる化合物を1品目から調達

● 市販品調査

有機化合物、天然物、代謝物等の生理活性物質を用いた研究は数多く実施されておりますが、その中には**入手困難な物**も数多くございます。ナミキ商事では、海外でしか販売されていない様なレアな化合物も、独自のノウハウを用いて網羅的に調査し、**安価かつ迅速な輸入調達**にてご提案する事が可能です。

市販品がどうしても見つからない場合

平均調達期間：受注後2週間

～こんな時も是非ご相談下さい～
- ✓ 既存薬の有効成分を入手したい
- ✓ 文献に載っている化合物が欲しい
- ✓ DataBaseに載っているが入手先・販売元が分からない

● カスタム合成

- ✓ 低コスト
- ✓ 高品質
- ✓ 低リスク

ナミキ商事が信頼を置く厳選された海外メーカーとのパートナーシップにより、斬新かつ利便性の高い受託サービスを実現。外注先を弊社に切り替えて頂く事で、品質や合成率を維持しつつ、年間の外注**コストを約1/3**に抑える事に成功した例もございます。合成方法が分からないケースや合成難易度の高い化合物でも、基本的に成功報酬型の形態でお引き受けし、合成失敗の場合や大幅な納期遅延の際には無償でのキャンセルも可能。外注に伴う**リスクを極限まで軽減**しております。更に、秘密保持契約下での新規化合物の合成や、誘導体のデザイン・合成にも豊富な実績がございます。

平均調達期間：受注後2.5ヶ月

ご希望の化合物の情報（構造式、化合物名、CAS番号等）と必要な容量をメールでご連絡下さい。御見積はもちろん無料。担当者より、折り返しご連絡をさせて頂きます。

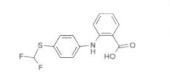

combinatorial compound　Natural Products (Taxol)　Drug (Saxagliptin)

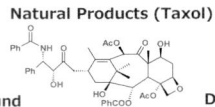

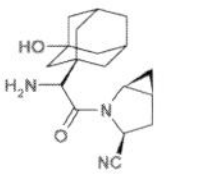

■ 化合物ライブラリ調達で国内トップシェアのトータルサポート

● ナミキ商事のサービス
- 市販化合物DataBaseのご提供
- ITによる化合物選択のお手伝い
- 新規化合物ライブラリの設計～合成
- 化合物の輸入調達/法規制Check
- 化合物の秤量・溶液化作業

● 化合物ライブラリの種類

General-Library 様々な研究テーマに対応すべくDiversityを重視して構築
　製薬企業や研究所が所有する私的ライブラリの他、国立の大学・研究機関が保有する公的ライブラリがある

Focused-Library 研究テーマに合わせて構築（例：Kinase　エピジェネティクス　蛋白質間相互作用）
　General-Libraryを用いたスクリーニングから得られたヒット化合物の類似構造やin-sillico アプローチによる推定ファーマコフォア等に基づき、収集、ないしはデザイン～合成される

その他　天然物、生理活性化合物、フラグメント等が創薬手法に合わせて収集・利用される

● 化合物ライブラリを用いた創薬研究初期の一般的な流れ

- 創薬標的の決定
- スクリーニング
- ヒット化合物の同定
- Focused-Libraryの構築
- SARのある母格の同定
- Lead化合物の決定

【スクリーニング】すぐに使用できる構築済みの化合物ライブラリが無い場合でも、ご予算や目的によって様々な方法があります。
① 公的ライブラリの活用
② **スクリーニング用の化合物セット**をナミキ商事から購入
　（ナミキ商事が目的に合ったセットをご提案致します）
③ ナミキ商事のDataBaseを用いた**in-sillicoスクリーニング**
　（ナミキ商事でin-sillicoスクリーニングの受託も可能です）

【ヒットの確認】スクリーニングによりヒットが得られた場合、偽陽性やサンプルの劣化等が無い事を確認する為にも、各種分析試験などで、ヒットした化合物の**同定**をする作業が重要です。これらの作業に必要なヒット化合物の再調達も、もちろんナミキ商事がお手伝いを致します。

【ヒット後の展開】有効なヒット化合物が同定できた場合、構造活性相関（＝SAR）の解析の為、ヒット化合物の類縁体を市販品から購入（**SAR by Catalogue**）しFocused-Libraryを構築する形も有効です。類縁体が市販されていない場合や、SARのありそうな母格の同定が進んだ場合には、合成による新規ライブラリ（**Custom-Library**）を構築する等、Lead化合物の決定に向けた作業もナミキ商事が幅広くお手伝い致します。

● 化合物ライブラリの販売形態

✓ **在庫品（500万化合物）**
　低分子化合物/天然物/生理活性化合物
　平均調達期間：受注後1.5ヶ月

✓ **Virtual品（2,500万構造）**
　新規性の高い低分子化合物　/　合成率70％程度
　平均調達期間：受注後3-6ヶ月

✓ **化合物セット（数百～数万品目）**
　低分子化合物/天然物/生理活性化合物
　平均調達期間：受注後1ヶ月

ナミキ商事が**1化合物からでもリーズナブル**に調達致します

● 上記の在庫品を中心に構造検索が可能なオンラインDataBaseも、ホームページ上にご用意しております。
http://www.namiki-s.co.jp/

ChemCupid® 日本初！
オンライン化合物構造検索

「困った時のナミキ商事」が
目的や予算に合わせた最適なライブラリをご提案致します。
皆様からのお問合せを心よりお待ちしております。

ナミキ商事株式会社

東京本社：info@namiki-s.co.jp Tel:03-3354-4026
大阪支店：infowest@namiki-s.co.jp Tel:06-6231-5444

XV PANTERA MP SYSTEM 高速SDS-PAGEシステム

高速泳動15分、高速ブロッティング25分により
実験行程がわずか60分以内で終了!!

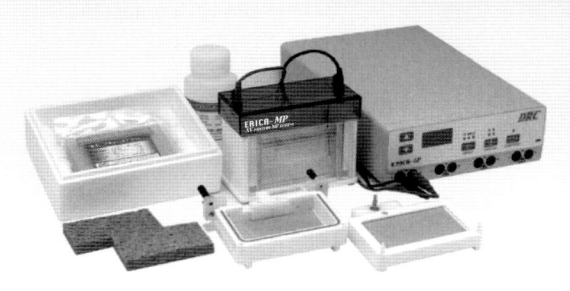

- 今まで以上の高い分解能（泳動距離45mm）
- 転写効率を考えたウェット式の高速ブロッティング！
- 高い分離精度によりサンプル量は従来のミニゲルの約半分です。抗体などの試薬の節約ができます。

コストダウンと時間の短縮を実現したシステムです。

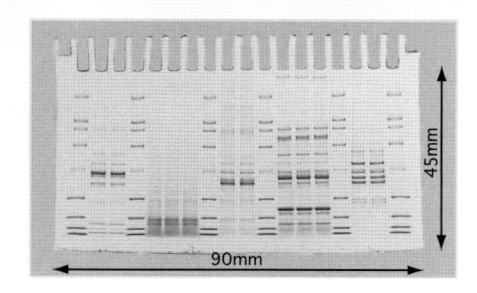

高速SDS-PAGEシステムとは？

弊社のプリキャストゲルは、完全下部バッファー冷却方式による高速電気泳動槽との組み合わせにより高電圧による高速泳動を実現しています。
高電圧による高速泳動は、サンプルの拡散を抑える効果があるためさらにシャープなバンドが得られます。

45mm / 90mm

DRC オリジナル オーダーメイドゲル

- カタログに載ってない濃度が欲しい！
- 特定の分画範囲を拡げたい！
- 文献に紹介されているゲルが欲しい！

ご相談ください!!
他社には出来ないお客様だけの
オリジナル プリキャストゲル
をご提案いたします。

ウエスタンの定量性を上げたいなぁ～

お問合せお待ちしております！！

※詳細は弊社までWeb・電話にてお気軽にお問い合わせ下さい。

★ 濃度変更品は、ゲル1枚の価格も納期も標準品と一緒だよ！！
★ 均一ゲル!? グラジェントゲル!? それとも・・・ステップグラジェント!?

SAYACA-IMAGER 化学発光・蛍光撮影装置

高感度・高解像度冷却CCDカメラとF値0.95の単焦点レンズの採用により微弱なシグナルを高感度に検出可能、Westernに最適な撮影装置です！

高性能、低価格、コンパクト、簡単操作を実現！

- 3種類の撮影モードで幅広いアプリケーションに対応！
- W300×D320×H520/750mmとコンパクト設計！
- 光源、フィルターなど多彩なオプションの組合せによりご希望の仕様にカスタマイズ！

DRC ディー・アール・シー株式会社
http://www.drc2002.com

〒206-0033 東京都多摩市落合1-6-2サンライズ増田ビル
Tel:042-310-1331 / Fax:042-310-1332

三井情報が自信をもってお薦めする「国産」解析ソフトウェアのご紹介です。

・大手製薬系企業に導入多数
・国外からも多数引き合い
・ASMSでも大好評！

ハイスループット脂質同定システム
LipidSearch

既知・未知の脂質を短時間で大量同定します。
医薬品、食品、環境分野で着目されています。

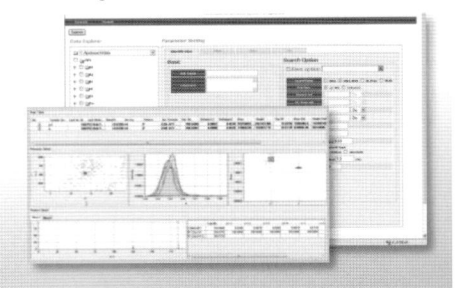

- 質量分析機器から出力される生データファイルを直接読み込み、ピーク抽出処理から脂質同定までをシームレスに実行します
- 脂質データベースは20万種以上の既知、未知の脂質構造を管理でき、カスタマイズも容易です
- 測定タイプに応じた高精度な脂質同定アルゴリズムを実装しています
- 定量機能により、複数サンプル間の定量値の変動を比較解析できます

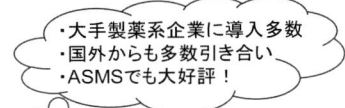

多検体サンプル解析＆マーカー探索ソフト
2DICAL

ペプチド、低分子化合物の比較解析は2DICALにお任せ！

LC-MSデータの多数サンプル間定量比較を簡単、迅速に実現します。
グラフィカルな出力結果はそのまま成果発表に使用できます。

- LC-MSの計測データを2DICALシステム上で一元的に管理できます
- 同位体標識不要で正確なピーク対応＆定量を実現します
- 多数検体に対して、ピーク検出、比較＆マーカー探索、物質同定を一括で行います
- 質量電荷比、保持時間ともに高い再現性を保証し、高精度の検体比較が可能です
- 多数検体の解析結果は数値とグラフの一覧で確認でき、詳細表示をスピーディに展開します

メタボロミクス研究のための代謝経路解析システム
CrossPath

・簡単！軽い！速い！
・プレゼン資料に最適

KEGG FTPライセンス（アカデミック/コマーシャル）をお持ちの研究機関様は半年間無償でご試用いただけます。詳細は下記までお問い合わせ下さい。

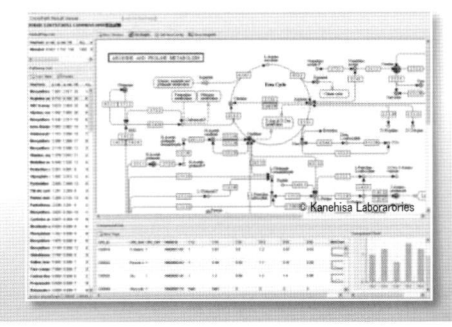

代謝物の変動を代謝パスウェイ上で直感的に俯瞰できます。
メタボローム研究者の視点による優れた画面機能を備えています。

- 代謝物の数と変動の大きさを加味した新たな指標に基づいて"動きのある"代謝パスウェイを自動的に選出します
- 充実したパスウェイ表示インターフェイスにより測定データの生理学的解釈が飛躍的に進みます
- 代謝物変動同定機能により過去の実験結果との類似度を比較できます

© Kanehisa Laboratories

MKI 三井情報株式会社
MITSUI KNOWLEDGE INDUSTRY

R&Dセンター　バイオサイエンス室
〒164-8555　東京都中野区東中野2-7-14
TEL：03-3227-5559　　　FAX：03-3360-1730
E-Mail：bio-webinfo@ml.mki.co.jp　URL：http://www.mki.co.jp

※上記商品についての詳細はお問合わせください
http://www.mki.co.jp/biz/solution/bio/index.html

- 記載の会社名、製品名は、それぞれ各社の商標および登録商標です。
- 本広告に記載の内容は予告なしに変更する場合があります。
- 本広告に掲載の記事、写真、図表の無断転載を禁じます。